纤维高强混凝土断裂性能研究

张廷毅　高丹盈　编著

中国建筑工业出版社

图书在版编目（CIP）数据

纤维高强混凝土断裂性能研究/张廷毅，高丹盈编著．北京：中国建筑工业出版社，2010．8

ISBN 978-7-112-12204-2

Ⅰ．①纤… Ⅱ．①张… ②高… Ⅲ．①纤维增强混凝土：高强混凝土-断裂力学-研究 Ⅳ．①TU528

中国版本图书馆 CIP 数据核字（2010）第 118808 号

本书对钢纤维高强混凝土、混杂纤维高强混凝土以及作为对比的高强混凝土的断裂性能进行了系统的介绍。全书共分 10 章，主要内容包括：断裂力学简介；钢纤维混凝土基本知识；钢纤维混凝土断裂与试验；断裂试验设计；钢纤维高强混凝土抗压与劈裂抗拉强度；钢纤维高强混凝土断裂韧度；高强混凝土断裂韧度的概率模型及参数估计；钢纤维高强混凝土断裂能；钢纤维高强混凝土 *J* 积分与张开位移；混杂纤维高强混凝土断裂性能。

本书论述详细，内容丰富，较为全面地介绍了钢纤维高强混凝土与高强混凝土断裂参数的测试方法，系统地分析了多因素对断裂参数的影响，提出了断裂参数的计算模式，对混杂纤维高强混凝土断裂性能也进行了比较研究。

本书可供土木工程、水利工程、道桥工程等专业工程技术人员参考，也可作为高等院校、科研单位相关领域的师生及研究人员的参考教材。

* * *

责任编辑：咸大庆　刘婷婷

责任设计：陈　旭

责任校对：王　颖　张艳侠

纤维高强混凝土断裂性能研究

张廷毅　高丹盈　编著

*

中国建筑工业出版社出版、发行（北京西郊百万庄）

各地新华书店、建筑书店经销

北京千辰公司制版

北京市密东印刷有限公司印刷

*

开本：787×1092 毫米　1/16　印张：12¾　字数：318 千字

2010 年 12 月第一版　2010 年 12 月第一次印刷

定价：**36.00** 元

ISBN 978-7-112-12204-2

（19469）

前　言

钢纤维混凝土是在混凝土基体中掺入适量钢纤维所形成的混凝土基复合材料。钢纤维的掺入改善了混凝土基体的阻裂、抗拉性能以及韧性。对于钢纤维混凝土的断裂机理、断裂参数测试、计算与评价等与断裂特性有关的研究明显不同于普通混凝土，在此过程也遇到了诸多的理论和实际问题。国内外对于钢纤维混凝土断裂性能的研究已经涉及了断裂参数及其影响因素、断裂模型的建立以及有限元模拟等诸多方面，积累了一些重要的研究成果。但是，在断裂参数的测试方法、计算方法、分析方法以及断裂参数影响因素的研究方面，没有得到统一的、公认的方法和模式，得到的结论也不尽相同，出现相互矛盾的情况也屡见不鲜。近年来，随着高强混凝土和超高强混凝土的发展，钢纤维高强混凝土的应用研究也逐渐开展。钢纤维高强混凝土在制备过程中对于材料组成有专门的要求，其混凝土基体强度较高，因而钢纤维高强混凝土的断裂破坏特点明显。混杂纤维混凝土是利用具有不同性能和优点的纤维混杂并与混凝土叠加得到的综合性能优越的高性能混凝土，目前，混杂纤维混凝土的研究较多集中在基本力学性能领域，对其断裂性能研究较少，对于混杂纤维高强混凝土断裂性能研究更少，与钢纤维混凝土相比，钢纤维高强混凝土和混杂纤维高强混凝土断裂性能的研究还比较薄弱，因此，开展此项研究具有十分重要的理论意义和工程应用价值。

本书就I型裂缝开展试验研究，采用国际材料与结构实验室联合会混凝土断裂委员会推荐的混凝土断裂性能测试方法即三点弯曲法完成断裂力学试验，在此基础上，系统地研究了多种因素对钢纤维高强混凝土和高强混凝土的断裂性能的影响；探讨了高强混凝土断裂韧度试验值的概率分布特点；采用功能关系分析了钢纤维高强混凝土与高强混凝土的断裂能；求得了裂缝尖端前缘区域屈服应力；推导了基于实测临界裂缝张开位移的裂缝扩展长度计算公式；提出了反映钢纤维高强混凝土断裂性能特点的断裂韧度计算公式；建立了钢纤维高强混凝土与高强混凝土断裂韧度、断裂能的统一计算模式；分析了混杂纤维高强混凝土断裂性能及纤维混杂效果。

本书的完成得到了黄河水利科学研究院（中央级公益性科研院所基本科研业务费专项资金资助项目：HKY-JBYW-2009-4）和河南省工程材料与水工结构重点实验室的大力支持，在此一并表示感谢。

由于作者水平所限，本书难免存在不妥之处，恳请读者批评指正。

2010 年 10 月

目　　录

第1章 断裂力学简介

1.1 断裂力学的产生与发展

1. 断裂力学的产生

传统强度理论一般假定材料是均匀连续的，内部没有微裂缝和缺陷，只要材料的应力不超过某一限制（即材料能够安全承受应力的最大值），由材料组成的构件就是安全的。基于传统强度理论的设计方法在工程中已成功使用100多年，尽管对材料破坏条件的研究不断深入，结构的应力计算方法不断进步，但其基本设计思想一直没变[1]，即只要工作应力不超过材料的允许应力就认为结构或构件是安全的[2]。随着现代生产的发展，新工艺、新材料和高强度材料的广泛采用以及其使用环境和条件的改变，使材料和结构的应用出现了新的问题，对材料和结构的性能也提出了更高的要求。许多构件和结构在诸如高温、高压或腐蚀环境等恶劣条件下运行或使用过程中，往往发生脆断破坏，而且许多破坏在低于材料的屈服极限时发生。例如，在20世纪50年代初期，美国著名的北极星导弹的发动机壳是采用屈服强度是1372MPa的高强度钢制造的，但是在实验发射时发生了爆炸。经检验后发现，当时的应力还不到其屈服强度的一半；又如日本1968年曾发生2起大型球罐爆炸事故，2台球罐直径分别为16.100m和12.450m，爆炸发生在水压试验过程中。此外还有海洋钻井平台溃塌、悬索桥钢索断裂、贮液罐破裂、汽轮机叶片断裂等等。这些事故都有一个共同的特点，就是按照传统的材料力学理论和材料强度计算、设计、制造这些材料和结构时是安全可靠的。因此，这一类低应力脆断事故引起了人们对于材料破坏理论的思考。同时，经过大量研究后，人们发现，这些断裂事故都起源于构件中存在原始的微裂缝或其他缺陷，在特定条件下，这些裂缝逐渐扩展、长大，最终导致构件的断裂。然而，传统强度理论没有考虑这些初始的微裂缝或缺陷。

实际上，以现有的工艺水平生产的构件不能保证没有裂缝，即使没有宏观尺寸的裂缝，其内部的微观缺陷（夹杂、微孔等）也可能在一定条件下发展成宏观裂缝，因而实际材料的强度显著低于理论模型的强度。只要能够保证这类带微裂缝的构件在工作时裂缝处于稳定状态而不发生失稳扩展，就可以满足工程使用的安全要求。这也就促使人们进一步去了解带裂缝材料的性能，研究裂缝扩展的规律，寻找控制材料开裂的物理参量，建立构件和结构断裂破坏的强度条件，最终完成抗裂设计。断裂力学就是在这种背景下发展起来的，它把带裂缝构件的断裂应力、裂缝大小及材料抵抗裂缝扩展的能力定量地联系在一起，合理解释了传统力学不能解释的低应力脆断事故，为避免这类事故的发生找到了解决办法，为发展新材料、新工艺指明了方向，为材料的强度设计开拓了一个新的领域，因此也可以将其称为“裂缝扩展的应用力学”[3]。

2. 断裂力学的发展

对材料脆性断裂问题的研究可以追溯到20世纪初，1913年，Inglis[4]将物体内部缺陷理想化为椭圆形切口，用线弹性理论计算了含椭圆孔无限大板受均匀拉伸的问题，得到了含椭圆孔无限平面介质的弹性力学精确分析解，并按照应力集中的观点解释了材料实际强度远低于理论强度的原因——固体材料内部存在缺陷。英国科学家Griffith[5,6]最早对玻璃、陶瓷等理想脆性材料的断裂性能进行了深入研究，并分别于1920年和1924年相继发表了2篇具有里程碑意义的论文，建立了脆性断裂理论的基本框架。在Griffith以后的20余年间，由于受生产力水平的限制，对断裂问题的认识还不充分，此间，尽管诸多科学家在这一学科领域进行着不懈的探索和研究，但是从效果看，对断裂问题的探讨基本上都局限在纯学术界而没延伸到工程应用领域。断裂力学大量的试验和理论研究工作开始于20世纪40年代末、50年代初，线弹性断裂和弹塑性断裂两方面研究内容几乎同时开始。Irwin和Orowan在同一时期内分别独立地将Griffith理论扩展应用到金属材料[7]，建立了工程材料脆性断裂理论。Irwin提出了应力场强度观点，并将Griffith理论的整体概念与表示应力场强度的裂缝尖端的应力参数联系起来，Griffith与Irwin的理论对于早期的断裂力学发展起着重要的作用，构成了线弹性断裂力学的基础，因此线弹性断裂力学也常被称为Griffith-Irwin断裂力学。Irwin在1957年完成了应力强度因子理论的基本框架，并提出弹塑性材料的小范围屈服理论，进而计算出第一批应力强度因子。1960年左右，Irwin用石墨实验测得了裂缝开始扩展时的应力强度因子，并且提出了新的断裂准则，标志着线弹性断裂力学的建立，1973年，Tada、Paris、Irwin等编纂的第一本应力强度因子手册的问世，标志着线弹性断裂力学趋于成熟[8]。

1948年，Irwin和Orowan各自独立地运用能量观点研究了塑性材料的裂缝扩展问题，提出了塑性材料裂缝扩展的能量准则，这些工作是研究弹塑性断裂力学的开端。1960年，Dugdale[9]采用Mushkelishvili方法研究裂缝尖端的塑性区，提出了D-M断裂过程区模型；同年，Barebblatt在其发表的论文中提出了内聚力断裂模型；1963年，Bilby、Cottrell和Swinden从位错概念出发研究裂缝尖端的塑性区，提出了BCS模型。这些模型的共同点是认为弹塑性断裂过程集聚于裂缝前方的条状屈服区内，它们的提出为Wells[10]在1965引入以裂缝张开位移为断裂参数建立弹塑性条件下裂缝的起裂准则做了充分的准备。与上述断裂模型的建立思路不同，Irwin关于用应力强度因子来刻画裂缝尖端应力奇异场的思想仍然为一些科学家所推崇。1968年，Rice[11]提出用围绕裂缝尖端的与路径无关的线积分（J积分）来研究裂缝尖端的变形，同年Hutchinson、Rice和Rosengren[12,13]分别发表了Ⅰ型裂缝尖端应力应变场的弹塑性分析，即著名的HRR奇异解。J积分和HRR场的提出是用应力强度因子来刻画裂缝尖端应力奇异场的重大突破，以J积分作为断裂准则，美国电力研究院发展了弹塑性缺陷评估的工程评估方法，称为EPRI方法，并在1991年推出了一本较完整的延性断裂手册，标志着弹塑性断裂力学走向成熟[14]。

我国1970年左右开始断裂力学研究，从那时至今，在裂缝尖端弹塑性奇异场[15]、断裂过程的力学模型和微观机制[16~19]、线弹性和弹塑性断裂的计算机模拟[20~23]以及疲劳裂缝扩展和超载迟滞效应等理论领域取得了有益的进展[24~29]；新技术，如激光和云纹技术，在断裂参数的测试中也得到了实际应用[30~34]；在运用断裂力学理论对于工程构件、压力容器等断裂事故的分析和残余寿命计算方面，取得了一定的经济效益和社会效益。目前，复合材料断裂、断裂动力学、概率断裂力学等研究领域方兴未艾。

1.2　裂缝的类型

结构或构件中的裂缝及其扩展是引起断裂的主要因素，在断裂力学中，裂缝不仅包括存在于结构或构件中的已开裂裂缝（微裂缝或宏观裂缝），还包括结构或构件在生产制作过程中产生的缺陷，如金属材料冶炼过程中产生的加渣；混凝土材料在生产过程中产生的气孔。按照裂缝在结构或构件中的位置或按其受力特征可对裂缝进行分类。

1. 按裂缝位置分类

按照裂缝在结构或构件中的位置，可把裂缝分为贯穿（穿透）裂缝、表面裂缝和深埋裂缝[35]。

（1）贯穿裂缝

若一个裂缝贯穿整个构件厚度，则称为穿透裂缝，也称为贯穿裂缝，如图1.1（a）所示。有些条件下，虽然裂缝并没有穿透构件厚度，仅在构件的一面出现裂缝，但若其深度已达到构件厚度一半以上时，该裂缝也常按穿透裂缝处理。构件中的穿透裂缝常当做理想尖裂缝处理，即裂缝尖端的曲率半径趋近于零，这种简化偏于保守，但在实际应用中比较安全，所以工程中易于接受。

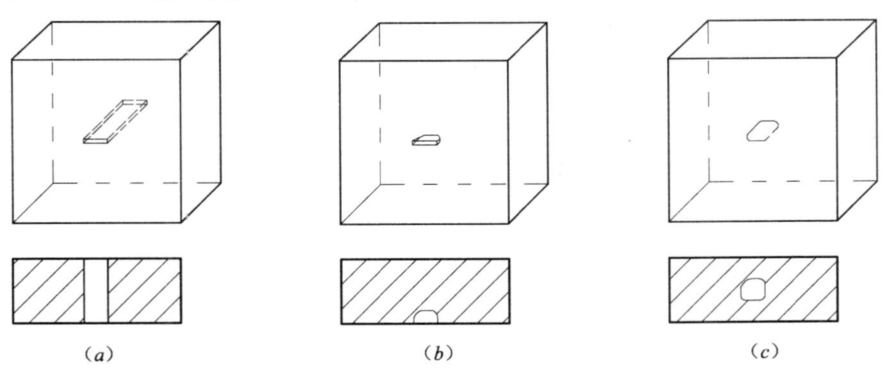

图1.1　裂缝的位置分类图
（a）贯穿裂缝；（b）表面裂缝；（c）深埋裂缝

（2）表面裂缝

若裂缝位于构件的表面或裂缝的深度与构件的厚度相比较小，则称为表面裂缝，在工程中表面裂缝常简化为半椭圆形裂缝，如图1.1（b）所示。

（3）深埋裂缝

裂缝处于构件内部，在表面上看不到开裂的痕迹，这种裂缝称为深埋裂缝。计算时，常简化为椭圆片状或圆片状裂缝，如图1.1（c）所示。

2. 按裂缝受力特征分类

按照裂缝的位置与应力方向间的关系可将裂缝分为张开型裂缝、滑开型裂缝和撕开型裂缝[36]。裂缝按照其受力情况可以分为3种：Ⅰ型（张开型）、Ⅱ型（滑开型或面内剪切型）和Ⅲ型（撕开型或反平面剪切型）。

（1）张开型裂缝（Ⅰ型）

裂缝面与应力 σ 垂直，且在 σ 作用下裂缝尖端张开，其扩展方向与 σ 垂直，这种裂缝称为张开型（Ⅰ型）裂缝或拉裂型裂缝，如图 1.2（a）所示。

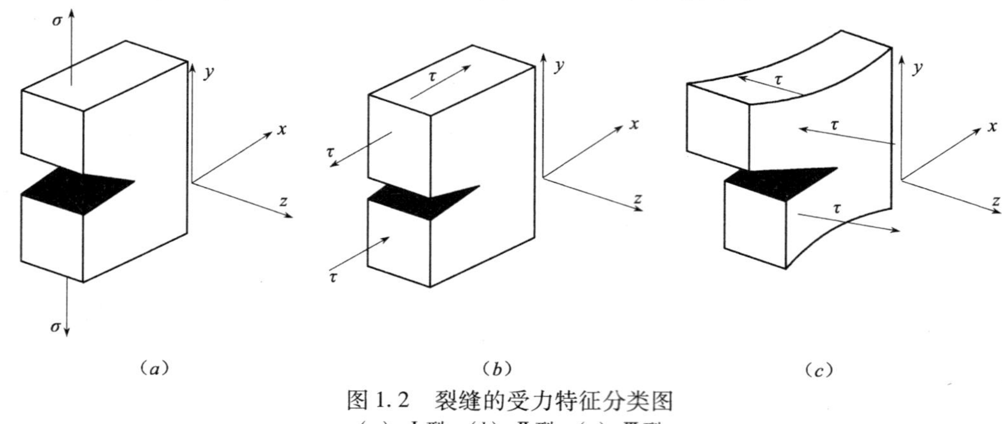

图 1.2　裂缝的受力特征分类图

（a）Ⅰ型；（b）Ⅱ型；（c）Ⅲ型

（2）滑开型裂缝（Ⅱ型）

裂缝面与剪应力 τ 平行，且在 τ 作用下裂缝滑开扩展，其扩展方向与 τ 成一角度，这种裂缝称为滑开型（Ⅱ型）或面内剪切型裂缝，如图 1.2（b）所示。

（3）撕开型裂缝（Ⅲ型）

裂缝面与剪应力 τ 平行，且在 τ 作用下裂缝沿原来裂缝面错开（而不是滑开），但裂缝扩展方向与 τ 垂直，这种裂缝称为撕开型（Ⅲ型）或反平面剪切型或扭转型裂缝。如图 1.2（c）所示。

材料变形时，各质点都要发生位移。Ⅰ型及Ⅱ型裂缝不会发生厚度方向的变形，即 $u\neq0$，$v\neq0$，$w=0$。但Ⅲ型裂缝则不然，变形时 $u=v=0$，$w\neq0$。这里，u、v、w 分别为 x、y、z 方向上的位移。

如果体内裂缝同时受到正应力和剪应力的作用或裂缝与正应力成一角度（如薄壁容器的斜裂缝），这时就同时存在Ⅰ型和Ⅱ型（或Ⅰ型和Ⅲ型）裂缝，称为复合型裂缝。

张开型裂缝（Ⅰ型）是最危险的，容易引起低应力脆断，实际裂缝即使是复合型的，也往往把它当作张开型来处理，这样做既简单又安全。因此在断裂力学的研究中，重点是研究Ⅰ型裂缝。

3. 按裂缝的形状分类

根据裂缝的真实形状，一般可简化为圆形、椭圆形、表面半圆形、表面半椭圆形，以及贯穿直裂缝等[37]。

1.3　断裂力学与断裂准则

一般地，含裂缝体受到外力作用时，裂缝尖端附近会产生局部塑性区。当塑性区的尺寸比裂缝尺寸小得多，即在小范围屈服条件下，可采用线弹性断裂力学研究裂缝的扩展规律；当裂缝尖端的塑性区尺寸与裂缝尺寸达到相同数量级，即在大范围屈服或全面屈服条件下，要采用弹塑性断裂力学研究裂缝的扩展。因此，根据所研究的裂缝尖端塑性区的大小或屈服条件的不同可将断裂力学分为线弹性断裂力学和弹塑性断裂力学。

1.3.1　线弹性断裂力学与断裂准则

脆性断裂和韧性断裂是固体断裂的两种方式。脆性断裂是指含裂缝体材料从受力变形开始到断裂为止，没有发生塑性变形，始终保持线弹性的破坏形式。线弹性断裂力学设想所研究的含裂缝体是线弹性材料（材料发生脆性断裂），通过线弹性力学理论分析裂缝尖端的应力应变场，进而研究裂缝的起始扩展、过程扩展（亚临界扩展）及失稳扩展规律。研究方法有两种：一种是能量法，认为如果当裂缝扩展释放的能量大于产生新裂缝表面所需要的能量，则发生裂缝的失稳扩展。另一种方法是应力场强度法（应力强度因子法），认为如果裂缝尖端应力强度因子（应力场强度因子）超过材料抵抗裂缝扩展的临界应力强度因子时，裂缝发生失稳扩展。采用这两种方法解决材料断裂问题，分别可以得到两个表示材料特性的线弹性断裂力学参数即能量释放率 G 和应力强度因子 K，前者表征裂缝扩展的能量变化，后者表征裂缝尖端应力应变场强度。

1. 能量释放率

1921 年，A. A. Griffith 用弹性体能量平衡方法研究了玻璃等脆性材料的裂缝扩展问题，并提出了著名的脆性材料裂缝扩展的能量准则（G 准则）。

含裂缝体裂缝在荷载作用下逐渐扩展，在失稳开裂前，扩展了单位面积 dA。荷载做功 dW，弹性应变能变化 dU，形成裂缝新表面消耗能量转化为表面能 $d\Gamma$，根据能量平衡守恒定律：

$$dW = dU + d\Gamma \tag{1-1}$$

含裂缝体势能 $\Pi = U - W$，势能变化为：

$$d\Pi = dU - dW \tag{1-2}$$

W、U 是外荷载与裂缝面积 A 的函数，表面能仅是 A 的函数[38]，由式（1-1）、式（1-2）可得：

$$-\frac{\partial \Pi}{\partial A} = \frac{\partial W}{\partial A} - \frac{\partial U}{\partial A} = \frac{d\Gamma}{dA} \tag{1-3}$$

式（1-3）左边表示裂缝扩展单位面积耗散的能量，用 G 表示，称为能量释放率，即：

$$G = -\frac{\partial \Pi}{\partial A} = \frac{\partial W}{\partial A} - \frac{\partial U}{\partial A} = \frac{d\Gamma}{dA} \tag{1-4}$$

从式（1-2）可知，能量耗散为：

$$-d\Pi = dW - dU \tag{1-5}$$

式(1-5)表明：裂缝扩展时，荷载所做的功 W 除转化为弹性应变能 U 外，其余均转化为表面能 Γ。实际上，在裂缝尖端前缘区域一般存在塑性区，因此会出现塑性应变能变化 dV，此时，式(1-4)即为：

$$G = -\frac{\partial \Pi}{\partial A} = \frac{\partial W}{\partial A} - \frac{\partial U}{\partial A} = \frac{\partial V}{\partial A} + \frac{d\Gamma}{dA} \tag{1-6}$$

能量释放率 G 可视为裂缝扩展单位长度所需要的力，是驱动裂缝扩展的动力，因此又称裂缝扩展力，单位为：$N \cdot m^{-1}$。对于Ⅰ型裂缝，临界能量释放率用 G_{IC} 表示，它是和材料性能有关的参数，也被称为裂缝扩展阻力。裂缝失稳的临界条件为：

$$G_{I} = G_{IC} \tag{1-7}$$

若 $G_{I} < G_{IC}$，则裂缝处于稳定状态，式(1-7)即为脆性材料裂缝扩展的 G 准则。

2. 应力强度因子

20 世纪 50 年代 Irwin 提出应力场强度理论，在此基础上建立了应力强度因子断裂准则（K 准则）。

由 Westergaard 应力函数法可以得到二维Ⅰ型裂缝裂缝尖端前缘区域内某点 A 沿裂缝面法线方向的应力 σ，采用极坐标表示为：

$$\sigma = \frac{K_{I}}{\sqrt{2\pi r}}\cos\frac{\theta}{2}\left(1 + \sin\frac{\theta}{2}\sin\frac{3\theta}{2}\right) \tag{1-8}$$

式中　r——点 A 距裂缝尖端的距离；

　　θ——极角。

当点 A 的位置确定后，σ 的大小只取决于 K_{I}，K_{I} 反映了裂缝尖端前缘区域内的应力场强度，称为应力强度因子，单位为 $N \cdot m^{-1}$。应力强度因子与构件几何形状、裂缝尺寸和荷载情况等因素有关，一般形式为：

$$K_{I} = C\sigma\sqrt{\pi a_{0}} \tag{1-9}$$

式中　C——形状系数；

　　σ——裂缝位置上按无裂缝计算的应力（名义应力）；

　　a_{0}——裂缝尺寸。

类似地可以定义Ⅱ型和Ⅲ型裂缝的应力强度因子为：K_{II} 和 K_{III}。在应力强度因子已知的情况下，裂缝尖端前缘区域内某点的应力场是确定的，在裂缝失稳扩展的临界状态下，临界应力强度因子就可以作为判定裂缝失稳破坏的物理量，同一种材料阻止裂缝失稳扩展的能力是确定的，故临界裂缝应力强度因子是和材料性质有关的常数，称为断裂韧度 K_{IC}。裂缝失稳的临界条件为：

$$K_{I} = K_{IC} \tag{1-10}$$

若 $K_{I} < K_{IC}$，则裂缝处于稳定状态，式（1-10）即为脆性材料裂缝扩展的 K 准则。

K 与临界应力强度因子本质上是不同的，K 惟一反映了裂缝尖端前缘区域的应力应变场的强弱，它与裂缝本身的长度、形状以及工作应力都有关系；临界应力强度因子表示材料阻滞宏观裂缝失稳扩展的能力，它与裂缝本身的长度、形状以及工作应力都无关，是一个材料常数，称为断裂韧度，通过实验方法测试得到。

通过能量原理可以建立这两个准则之间的联系。对于平面问题和反平面问题，裂缝的前缘是一条沿厚度方向的直线，裂缝前缘上各点的 K 值相同，随着外荷载的增加同时达到临界应力强度因子，此时两准则等效；对于三维裂缝问题，由于沿裂缝前缘各点的 K 值一般不相等，且 K 与 G 没有简单关系，因此两准则并不等效[38]。应力强度因子 K 是一个仅与裂缝尖端局部特性相关联的量，它的确定比 G 的确定容易些[39]，因此，从实际应用角度考虑，K 准则比较方便。应用中，K 准则可以对许多断裂事故做出定量分析，通过计算结构构件的剩余强度和允许缺陷，可对结构安全性做出评价。作为常规强度理论的一个重要补充，K 准则也可用于材料选材和结构设计。

3. 裂缝尖端小范围屈服与应力强度因子的塑性修正

式（1-8）是假定材料完全处于线弹性状态时得到的，即所定义的Ⅰ型裂缝尖端应力强度因子没有考虑裂缝尖端一定小范围内的塑性区。从式（1-8）可知，当 $r \to 0$ 时，$\sigma \to +\infty$，即在弹性裂缝尖端存在着奇异性。实际上，当裂缝前端正应力达到材料的有效屈服应力 σ_{ys} 时，材料就要屈服，在裂缝尖端产生一个微小的塑性区域，从而使裂缝尖端前缘区域的应力松弛。因此，裂缝尖端附近的应力不可能无限增大，材料屈服后，其变形发展就不再遵从弹性规律，因而应力奇异性是存在的，将线弹性断裂力学理论应用于具有塑性区的材料是不合适的。但如果塑性区相对很小（塑性区的尺寸比裂缝尺寸小得多），其周围被弹性区包围，经过修正后，采用线弹性断裂力学分析裂缝尖端前缘区域的应力应变场还是合适的。

（1） 材料屈服判据

在长期的实践中，人们根据对破坏现象的分析与研究，提出了材料失效规律的各种假说，这些假说称为强度理论。强度理论认为，无论是简单应力状态还是复杂应力状态，只要失效形式相同，就有相同的失效原因。于是可以利用简单应力状态（拉压试验）下的试验结果建立复杂应力状态下的强度失效判据和强度条件[40]。材料在复杂应力作用下的屈服判据主要有：最大剪应力判据和形状改变能判据。

1） 最大剪应力判据（Tresca theory）

该判据表达式为：

$$\tau_{max} = \frac{1}{2}(\sigma_1 - \sigma_2) = \tau_u \tag{1-11}$$

式中　τ_{max}——最大剪应力；

σ_1——最大主应力；

σ_2——最小主应力；

τ_u——材料屈服时剪应力极限值。

从式（1-11）可知，在复杂应力状态下，当最大剪应力 τ_{max} 等于材料极限剪应力时，材料屈服。

2） 形状改变能判据（Von. Mises theory）

该判据表达式为：

$$\sqrt{\frac{1}{2}[(\sigma_1 - \sigma_2)^2 + (\sigma_2 - \sigma_3)^2 + (\sigma_3 - \sigma_1)^2]} = \sigma_s \tag{1-12}$$

式中　σ_3——主应力；

σ_s——材料单轴拉伸屈服极限。

该判据认为：在复杂应力状态下，当形状改变能密度等于单向拉压屈服时的形状改变能密度时，材料就屈服。

（2） 塑性区形状和尺寸

图 1.3 为二维Ⅰ型裂缝尖端前缘区域应力单元，这是一个以裂缝端点为原点的坐标系，据此可以得到裂缝尖端前缘区域应力场：

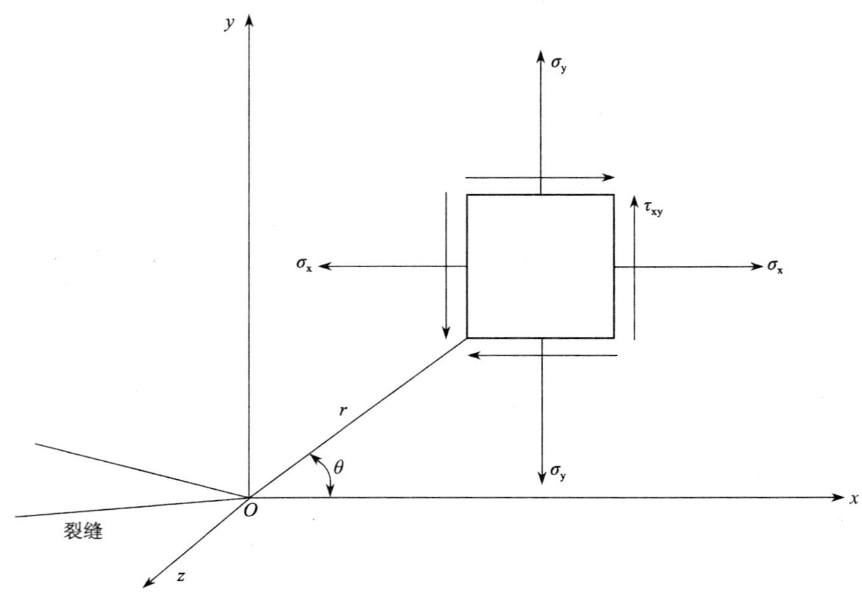

图 1.3　裂缝尖端前缘区域应力单元

$$\begin{cases}\sigma_x = \dfrac{K_I}{\sqrt{2\pi r}}\cos\dfrac{\theta}{2}\left(1-\sin\dfrac{\theta}{2}\sin\dfrac{3\theta}{2}\right)\\ \sigma_y = \dfrac{K_I}{\sqrt{2\pi r}}\cos\dfrac{\theta}{2}\left(1+\sin\dfrac{\theta}{2}\sin\dfrac{3\theta}{2}\right)\\ \tau_{xy} = \dfrac{K_I}{\sqrt{2\pi r}}\sin\dfrac{\theta}{2}\cos\dfrac{\theta}{2}\cos\dfrac{3\theta}{2}\end{cases} \tag{1-13}$$

式中　σ_x——沿裂缝扩展方向的应力；

σ_y——沿裂缝面法线方向的应力；

τ_{xy}——xoy 坐标面内剪应力。

图 1.3 中应力单元的主应力为：

$$\begin{cases}\sigma_1 = \dfrac{\sigma_x+\sigma_y}{2}+\sqrt{\left(\dfrac{\sigma_x-\sigma_y}{2}\right)^2+\tau_{xy}^2}\\ \sigma_2 = \dfrac{\sigma_x+\sigma_y}{2}-\sqrt{\left(\dfrac{\sigma_x-\sigma_y}{2}\right)^2+\tau_{xy}^2}\\ \sigma_3 = \begin{cases}0\\ \nu(\sigma_x+\sigma_y)\end{cases}\end{cases} \tag{1-14}$$

式中　ν——泊松比。

式（1-14）中，当 σ_3 为 0 时，该式表示平面应力问题解；当 σ_3 为 ν（$\sigma_x+\sigma_y$）时，该式就表示平面应变问题解。

由式（1-13）、式（1-14）可得：

$$
\begin{cases}
\sigma_1 = \dfrac{K_\mathrm{I}}{\sqrt{2\pi r}}\cos\dfrac{\theta}{2}\left(1+\sin\dfrac{\theta}{2}\right) \\
\sigma_2 = \dfrac{K_\mathrm{I}}{\sqrt{2\pi r}}\cos\dfrac{\theta}{2}\left(1-\sin\dfrac{\theta}{2}\right) \\
\sigma_3 = \begin{cases} 0 \\ 2\nu\dfrac{K_\mathrm{I}}{\sqrt{2\pi r}}\cos\dfrac{\theta}{2} \end{cases}
\end{cases}
\tag{1-15}
$$

将式（1-15）代入形状改变能判据式（1-12）可以分别得到平面应力和平面应变塑性区边界的极坐标方程，如式（1-16）和式（1-17）：

$$
r = \frac{1}{2\pi}\left(\frac{K_\mathrm{I}}{\sigma_\mathrm{s}}\right)^2\cos^2\frac{\theta}{2}\left(1+3\sin^2\frac{\theta}{2}\right) \tag{1-16}
$$

$$
r = \frac{1}{2\pi}\left(\frac{K_\mathrm{I}}{\sigma_\mathrm{s}}\right)^2\left[\frac{3}{4}\sin^2\frac{\theta}{2}+(1-2\nu)^2\cos^2\frac{\theta}{2}\right] \tag{1-17}
$$

实际上，采用最大剪应力判据也可以得到与形状改变能判据基本一致的结论。根据式（1-16）、式（1-17）确定的塑性区边界形状示意图见图 1.4。

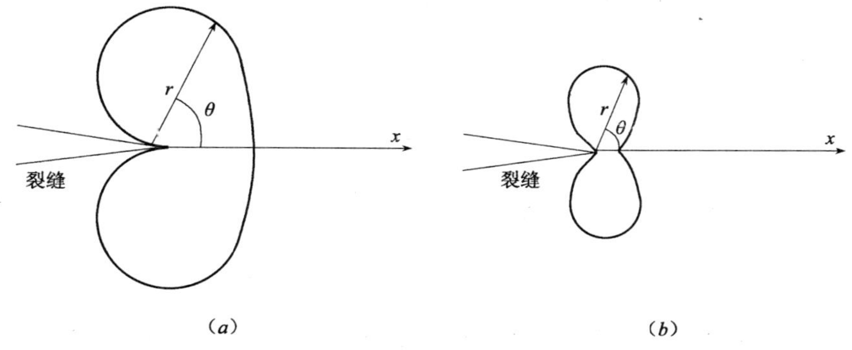

图 1.4　平面应力和平面应变塑性区边界形状示意图
（a）平面应力；（b）平面应变

（3）应力强度因子的塑性修正

式（1-16）、式（1-17）确定的塑性区边界方程基于线弹性理论，但塑性区的存在，会使裂缝尖端前缘区域内发生应力松弛现象，因此其应力场与线弹性条件下不同，作为反映了裂缝尖端前缘区域内的应力场强度的应力强度因子也因此改变。应力松弛的结果，使裂缝体刚度下降，应力强度因子提高，这与增加裂缝长度的效果相同。也就是说，计算小范围屈服下应力强度因子，可取一等效裂缝长度 a_e 代替原裂缝长度 a_0，按线弹性断裂理论计算[38]。

图 1.5 为裂缝延伸线上沿裂缝面法线方向的应力 σ_y 分布，线弹性条件下，当 $\theta=0$ 时，有：

$$
\sigma_\mathrm{y} = \frac{K_\mathrm{I}}{\sqrt{2\pi r}} \tag{1-18}
$$

图 1.5 中虚线 ABC 即表示式(1-18)所示的应力分布。虚线 ABC 下的面积代表了裂缝平面上的内力，它应与外力平衡。由于裂缝尖端前缘区域的塑性区的存在，虚线 AB 段所表

示的应力分布应由实线 DB 所表示的屈服极限 σ_{ys} 代替，此时的应力 σ_y 分布应为实线 $DBEF$ 所示，其下的面积也代表裂缝平面上的内力，它也应与外力平衡，即虚线 ABC 下的面积与实线 $DBEF$ 下面积相等，这种应力分布发生变化的现象也就是应力松弛。曲线 EF 和 BC 均表示线弹性应力场下的 σ_y 分布，其下面积应相等，所以虚线 AB 与实线 DBE 下的面积也相等，即：

$$\int_0^{r_0}\frac{K_{\rm I}}{\sqrt{2\pi r}}{\rm d}r=\sigma_{ys}R \tag{1-19}$$

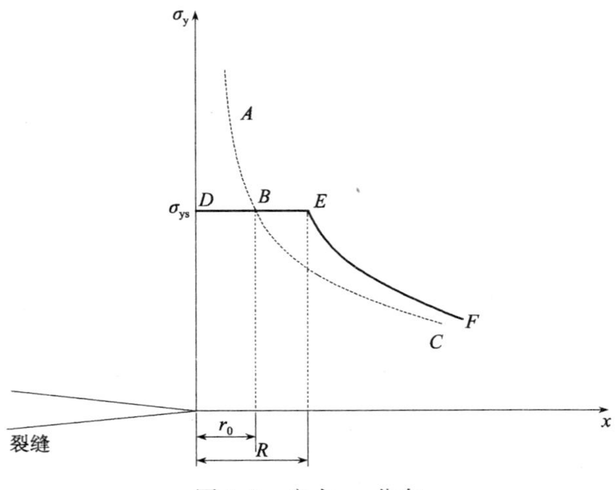

图 1.5　应力 σ_y 分布

式中　r_0——不考虑应力松弛塑性区在 $\theta=0$ 处长度；

R——考虑应力松弛塑性区在 $\theta=0$ 处长度。

对于平面应力状态，在 $\theta=0$ 处，由式（1-15）有：

$$\sigma_1=\sigma_2=\frac{K_{\rm I}}{\sqrt{2\pi r}} \tag{1-20}$$

根据形状改变能判据及式（1-20）可知：$\sigma_{ys}=\sigma_s$。所以由式（1-19）积分可得平面应力下的 R 为：

$$R=\frac{1}{\pi}\left(\frac{K_{\rm I}}{\sigma_s}\right)^2 \tag{1-21}$$

同理，平面应变状态，有：$\sigma_{ys}=\dfrac{\sigma_s}{1-2\nu}$。所以由式（1-19）积分可得平面应变下的 R 为：

$$R=\frac{(1-2\nu)^2}{\pi}\left(\frac{K_{\rm I}}{\sigma_s}\right)^2 \tag{1-22}$$

有效裂缝长度 $a_e=a_0+r_y$，计算可得[37]：

$$r_y=\frac{R}{2} \tag{1-23}$$

因此，修正后的应力强度因子一般形式为：

$$K_{\rm I}=C\sigma\sqrt{\pi a_e}=C\sigma\sqrt{\pi(a_0+r_y)} \tag{1-24}$$

由式（1-21）~式（1-24）可以得到修正后应力强度因子在平面应力和平面应变下的表达式分别为：

$$K_{\rm I}=\frac{C\sigma\sqrt{\pi a_0}}{\sqrt{1-\dfrac{C^2}{2}\left(\dfrac{\sigma}{\sigma_s}\right)^2}} \tag{1-25}$$

$$K_{\mathrm{I}}=\frac{C\sigma\sqrt{\pi a_0}}{\sqrt{1-\frac{C^2}{2}(1-2\nu)^2\left(\frac{\sigma}{\sigma_{\mathrm{s}}}\right)^2}} \tag{1-26}$$

从式（1-25）、式（1-26）可以看出应力强度因子在小范围屈服条件下比线弹性条件下有所增大，这是塑性区域应力松弛的结果。设 M_{p} 表达式为：

$$M_{\mathrm{p}}=\frac{1}{\sqrt{1-\frac{C^2}{2}\left(\frac{\sigma}{\sigma_{\mathrm{s}}}\right)^2}} \tag{1-27}$$

$$M_{\mathrm{p}}=\frac{1}{\sqrt{1-\frac{C^2}{2}(1-2\nu)^2\left(\frac{\sigma}{\sigma_{\mathrm{s}}}\right)^2}} \tag{1-28}$$

式（1-27）、式（1-28）中 M_{p} 反映了平面应力与平面应变下的应力强度因子的增大效果，称为塑性区修正因子。

经过上述的修正过程，线弹性断裂力学的重要物理量应力强度因子就可以在小范围屈服条件下继续作为衡量裂缝尖端前缘区域应力场强弱的参数应用，一般在工程应用中，线弹性断裂力学的分析仍然有效，基于这种思想，本书对钢纤维高强混凝土断裂韧度计算公式也进行了改进，详见后文。

1.3.2　弹塑性断裂力学与断裂准则

对于带裂缝或缺陷的材料，由于裂缝尖端附近的应力集中，会产生塑性区，材料在裂缝起裂后，不像脆性材料那样迅速失稳破坏，而是在经历一个裂缝缓慢发展的阶段后再发生破坏，这种破坏就是韧性破坏，韧性断裂是固体断裂的另一种方式。韧性断裂发生时，在材料内部会出现一个塑性区，当塑性区尺寸与裂缝长度相比属同一数量级时，必须充分考虑裂缝体的弹塑性行为，弹塑性断裂力学就是研究材料韧性破坏规律的一门科学[37]。由于弹塑性力学处理裂缝问题比较困难，其发展远不如线弹性断裂力学完善，目前对这类问题的处理办法一般是将线弹性断裂力学的概念加以延伸，在实验的基础上提出新的断裂参数。这些参数可以分为两类，一类是能量或能量释放率的概念，即将能量释放率概念加以延伸，得到 J 积分（J integral）的概念，从而得到 J 积分准则；另一类是从裂缝周围的应力及应变分析出发，以裂缝张开位移作为判据来处理大塑性区问题，此即为张开位移 COD（Crack Opening Displacement）的概念[35]。

1. J 积分

裂缝前缘区域的弹塑性应力场的封闭解是很难得到的，为了避开求解裂缝前缘塑性应力、应变场时数学上的困难，1968 年 Rice[11] 提出了一个绕裂缝前沿与路径无关的守恒积分，该积分能够描述裂缝前缘局部集中的应力场和应变场平均强度，是一个能够综合度量应力应变场强度的物理量。在全量理论和比例加载的条件下，已证明 J 积分之值与路径无关。在线弹性情况下，J 积分与能量释放率 G 相等，并且可以用势能对裂缝长度的变化率评估 J 积分。Rice、Rosegren[13] 和 Hutchinson[12] 分别独自地用 J 积分对平面裂缝前缘塑性应力场作了近似分析，得到了裂缝前缘应力、应变场具有 HRR 奇异性，这是 Irwin 应力场理论的自然延伸。

J 积分的定义如下[41]，见图 1.6：

$$J = \int_C \left(W_1 \mathrm{d}y - T_i \frac{\partial u_i}{\partial x} \mathrm{d}s \right) \qquad (1\text{-}29)$$

式中 C——由裂缝下表面某点到裂缝上表面某点的简单的积分路线（所谓简单曲线是指此曲线不打结）；

W_1——弹塑性应变能密度；

T_i——线路上作用于 $\mathrm{d}s$ 积分单元上 i 方向的面力分量；

u_i——线路上作用于 $\mathrm{d}s$ 积分单元上 i 方向的位移分量。

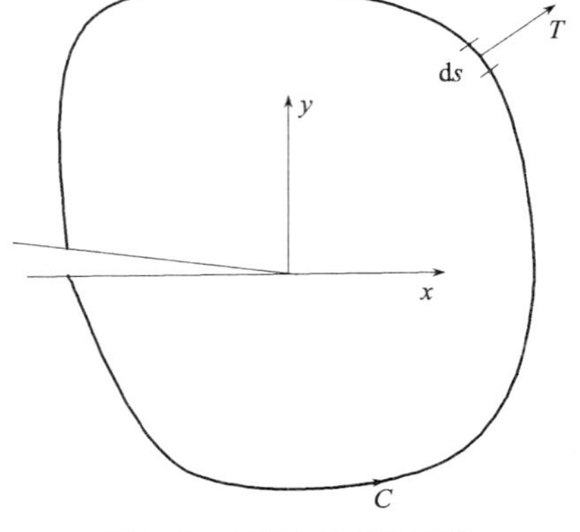

图 1.6 J 积分的积分路线

可以证明式（1-29）的 J 积分与积分路线的选取无关，因此，可选取应力应变场较易求解的路线来得到 J 积分值，而此值与路线非常靠近裂端的结果是相同的，换句话说，裂缝前端应力应变场的综合强度可以用 J 积分值来表示。当 J 积分达到临界值 J_C 时，裂缝起始扩展的条件为：

$$J = J_C \qquad (1\text{-}30)$$

裂缝扩展分为稳定扩展和不稳定扩展两种形式。对于裂缝的稳定缓慢扩展，式（1-30）代表裂缝的开裂条件；对于不稳定的快速扩展，式（1-30）代表裂缝的失稳条件[42]。式（1-30）即为 J 积分断裂准则。

从 J 积分定义可知其与路径无关，能够表征裂缝尖端处的应力场强度这些特点使得 J 积分可较好地作为弹塑性条件下的断裂参数。对于裂缝前缘的塑性区由于裂缝的扩展而出现应力松弛、卸载的情况，J 积分就不再有效。

2. 裂缝张开位移

在受荷以后，对裂缝前缘出现较大塑性区的材料而言，其变形发展较快而应力上升较慢，若采用应变或位移作为表征断裂的物理量可能更合适，基于这种设想，1965 年 Wells 引入裂缝张开位移作为断裂参数[10]。裂缝张开位移是指在一个客观参考系下所度量的裂缝表面间的距离，它可以具体特指裂缝尖端张开位移（Crack Tip Opening Displacement，简称 CTOD），裂缝嘴张开位移（Crack Mouth Opening Displacement，简称 CMOD）[16]。试验研究表明，裂缝表面张开位移的大小与含裂缝体的受荷状况有关，含裂缝体在受荷以后裂缝尖端的应力应变场随着荷载的变化而发生改变，因此，张开位移也就间接反映了裂缝尖端应力应变场的强弱。当裂缝张开位移 δ 达到临界值 δ_C 时，裂缝起始扩展的条件为：

$$\delta = \delta_C \qquad (1\text{-}31)$$

δ_C 是材料常数，式（1-31）即为张开位移断裂准则。式（1-30）和式（1-31）的断裂准则是把含裂缝体受力后 J 积分和裂缝张开位移作为材料的断裂性能指标，用相应的断裂判据确定材料在发生大范围屈服断裂时构件的工作状态，达到判定裂缝失稳的目的。

1.4　断裂力学的研究内容及应用

对固体断裂的研究包括宏观和微观两方面，宏观研究在文献上称之为断裂力学，微观研究称之为断裂物理，这主要是从断裂行为空间尺度来分类，毫米尺度以上为宏观断裂，小于毫米尺度为断裂物理（微观断裂）[43]，按照这种分类方法，断裂力学的研究内容关系可用图 1.7 表示。

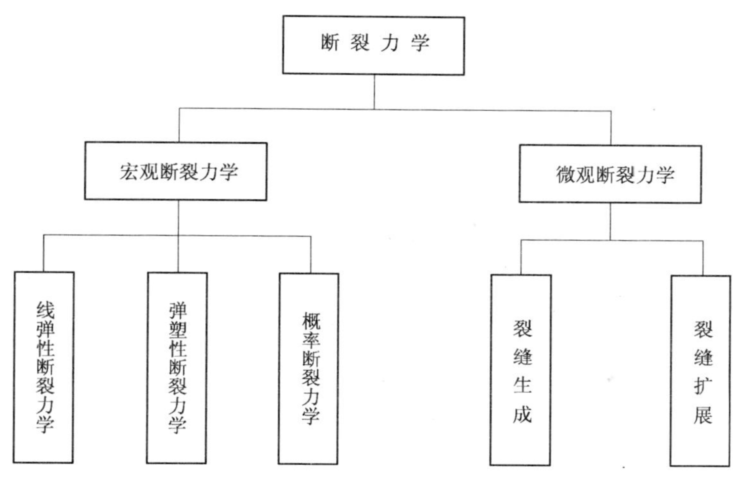

图 1.7　断裂力学研究的基本内容

在应用上，断裂力学可作为常规强度设计的一个补充。它的主要任务是研究裂缝尖端附近应力应变情况，掌握裂缝在荷载作用下的扩展规律，了解带裂缝构件的承载能力，从而提出抗断裂设计的方法，保证构件的安全性[44]。由断裂力学确定的临界应力和临界裂缝尺寸可以在工程强度和韧性设计时采用；断裂力学可以用来估算结构的存活寿命；可以帮助选材及指导工艺；在应力腐蚀、蠕变及静载下裂缝缓慢扩展研究中也得到广泛应用。

1.5　断裂力学应用实例

断裂力学理论的进一步发展以及实验技术的不断进步使其在工程中得到越来越广泛的应用，这里举例说明。

1. 构件的剩余强度计算[44]

工程中带有缺陷的构件常称为破损构件。这种破损构件能否继续使用，需通过计算确定。破损构件还能承担的载荷称为剩余强度。按照断裂力学的观点，它是属于已知裂缝尺寸和材料的断裂韧度求解临界载荷的问题。

战斗机的副翼动力控制系统由四个平行的油缸组成。已知平均名义工作压力为 10.3MPa。飞行时引起的油压波动在 5.2 ~ 15.5MPa 之间。最高名义压力为 20.7MPa，短暂的冲击压力可达 31MPa。某油缸内孔有一椭圆表面裂缝（深度 $a=0.64$，长度 $2c=1.42$cm），扩展后成一条穿透裂缝（$2a_1\approx2.7$cm）。部件材料用铝合金 2014-T6 制成，其屈服极限为385MPa，断裂韧度 $K_{IC}=19.8\text{MPa}\cdot\text{m}^{1/2}$。油缸直径 $D=5.56$cm，油缸壁厚 $t=0.84$cm。为保证战斗机飞行的安全，可采用断裂力学方法确定油缸的剩余强度。油缸裂缝断口是平坦的，可认为是脆性断裂。因此，根据应力强度因子准则（K 准则），当裂缝为穿透裂缝时，有：

$$K_I=\sigma(\pi a_1)^{1/2}=K_{IC} \tag{1-32}$$

或

$$\sigma=\frac{K_{IC}}{(\pi a_1)^{1/2}} \tag{1-33}$$

式中 K_I——应力强度因子，$\text{MPa}\cdot\text{m}^{1/2}$；

a_1——穿透裂缝半深，cm；

σ——裂缝尖端附近区域应力，MPa；

K_{IC}——断裂韧度，$\text{MPa}\cdot\text{m}^{1/2}$。

根据式（1-33）可得 $\sigma=96.1$MPa，该值即为假定油缸存在裂缝情况下的剩余强度。

因为油缸直径比壁厚大得多，所以油缸按薄壁圆筒计算。当最大内压等于2倍平均名义压力时，环向应力为：

$$\sigma_r=2pD/2t \tag{1-34}$$

式中 σ_r——环向应力，MPa；

p——平均名义内压，MPa；

D——油缸直径，cm；

t——油缸壁厚，cm。

当 $\sigma_r=96.1$MPa 时，由式（1-34）可得油缸内名义内压力 p 为14.5MPa，计算结果表明，油缸的剩余承压能力只能小于14.5MPa。而油缸工作时的最大油压可达15.5MPa，这个数值已超过油缸的剩余承压能力，油缸有可能发生断裂。油缸的剩余承压能力14.5MPa是在假设裂缝穿透壁厚的情况下计算出来的一个油压上限值，此时油缸会发生渗漏，已不能再保证正常工作。本例也说明，如果油压小于临界值14.5MPa，则即使裂缝扩展成穿透裂缝也不会发生快速扩展断裂，这种设计方法工程上称为断裂前渗漏设计。

若椭圆裂缝修正系数 $Q\approx2.2$，则表面椭圆裂缝的应力强度因子可用下式计算：

$$K_I=\sigma\left[1+0.2\left(1-\frac{a}{c}\right)\right]\left[\frac{\pi a}{Q}\left(\frac{2t}{\pi a}\tan\frac{\pi a}{2t}\right)\right]^{1/2} \tag{1-35}$$

式中 c——表面裂缝半长，cm；其他符号含义同前。

由式（1-35）可得：$K_I=0.134\sigma$。假设 $K_I=K_{IC}=19.8\text{MPa}\cdot\text{m}^{1/2}$，可得：$\sigma=148$MPa，将此值代入（1-34）得：$p=22.3$MPa。

通过上述计算说明，油缸在正常工作压力下，表面椭圆裂缝不会发生失稳扩展。但是在瞬时冲击压力下，仍有可能因裂缝失稳扩展而导致油缸的断裂。

2. 结构裂缝稳定性分析[45,46]

在常规荷载作用下，拱坝上游面坝踵处会出现很大的梁向拉应力，从而导致坝踵开裂。对于宽河谷、坝高为300m级的特高拱坝，一旦开裂，在高水压力作用下裂缝可能扩张，甚至破坏止水帷幕，从而导致严重后果。考虑拱坝安全，希望尽量避免在坝内出现拉应力。小湾电站拦河大坝是云南省澜沧江小湾水电站项目建设重要组成部分，为双曲薄拱坝，坝高 292m，为世界高拱坝之一。因此，小湾拦河坝除在设计上进行体型优化外，还采用“以缝治缝”的结构措施，设计单位考虑在高程 964m 设置 20m 深的底缝，可使坝体应力改善及坝踵处过大拉应力得到释放。

采用断裂力学 K 判据（K 准则）对坝底人工底缝扩展稳定性进行分析。由于裂缝受力特征的复杂性，采用三维 K 判据，形式如下：

$$K^* = K_C^* \tag{1-36}$$

式中　K^*——复合应力强度因子；

K_C^*——与 K^* 对应的断裂韧度临界值。

K_C^* 值与材料断裂韧度有关；当 K^* 小于临界值则裂缝不会扩展，反之，裂缝扩展。

采用有限单元法计算应力强度因子。考虑到拱坝底缝为弧形裂缝，可采用常规单元在缝端进行单元网格加密，小湾拱坝三维有限元网格剖分共得坝体和基岩 16824 个单元，节点 22040 个。采用有限元软件 ANSYS 可计算出底缝缝岸上各节点在局部坐标系下的位移，再由不具有奇异性缝尖单元缝岸上 4～6 个点的应力强度因子外推法求得底缝各段缝端处的应力强度因子，经过适当的复合原则即可得到 K^*。为了直观判别底缝各段的稳定性及其稳定程度，可采用定量衡定方法，即通过缝端稳定安全系数 n（K_C^*/K^*）确定裂缝的稳定程度。若 $n>1$，则缝端稳定，n 越大，稳定程度越高；若 $n<1$，则缝端不稳定，必将扩展；若 $n=1$，则处于临界状态。混凝土断裂韧度取 2.0MPa·m$^{1/2}$。计算结果见表 1.1，K^*、K_C^* 与混凝土断裂韧度单位相同，共计分析底缝不同位置 18 处。

断裂韧度取 2.0MPa·m$^{1/2}$ 时底缝前缘各处裂缝稳定安全系数　　**表 1.1**

编号	K_C^*	K^*	n	评价	编号	K_C^*	K^*	n	评价
1	1.954	0.942	2.075	稳定	10	1.339	1.431	0.935	失稳
2	1.841	1.174	1.567	稳定	11	1.316	1.451	0.907	失稳
3	1.796	1.156	1.554	稳定	12	1.332	1.442	0.924	失稳
4	1.671	1.236	1.353	稳定	13	1.403	1.405	0.999	临界
5	1.575	1.266	1.244	稳定	14	1.500	1.361	1.100	稳定
6	1.451	1.335	1.087	稳定	15	1.615	1.305	1.237	稳定
7	1.340	1.356	1.002	临界	16	1.701	1.280	1.329	稳定
8	1.332	1.423	0.940	失稳	17	1.797	1.212	1.482	稳定
9	1.344	1.423	0.944	失稳	18	1.849	1.218	1.518	稳定

经计算分析可知：靠近河岸两侧底缝稳定，河谷位置底缝失稳，其中Ⅰ型断裂（张开型）占了主导地位；失稳坝段的裂缝稳定安全系数均在 0.9 以上，若适当减少中间坝段的底缝深度 2～3m 以降低 K^* 值，即能确保底缝的稳定性；若断裂韧度取 2.2MPa·m$^{1/2}$，则底缝整体均处于稳定。

参考文献

[1] 胡传炘．断裂力学及其工程应用［M］．北京：北京工业大学出版社，1989.

[2] 尹双增．断裂判据与在混凝土中的应用［M］．北京：北京科学出版社，1996.

[3] H. L. Cox. A general introduction to fracture mechanics [M]. Mechanical Engineering Publication Limited, London. 1978.

[4] C. E. Inglis. Stress in a plate due to the presence of cracks and sharp corners [J]. Transactions Institution of Naval Architects, 1913, 55: 219-241.

[5] A. A. Griffith. The phenomena of rupture and flow in solides [J]. Philosophical Transactions Royal Society of London, 1921, A221: 163-198.

[6] A. A. Griffith. The theory of rupture [C] //Proceedings of the 1st international Congress for Applied Mechanics Delft, 1924: 55-63..

[7] Mel Vin F. Kanninen,. Carl H. Popelar. 著. 洪其麟，郑光华等译. 高等断裂力学 [M]. 北京：北京航空学院出版社，1987.

[8] 王占桥. 纤维增强与加固混凝土断裂与粘结能力 [D]. 郑州：郑州大学博士学位论文，2007.

[9] D. S. Dugdale. Yielding of steel sheets containing slits [J]. Journal of the Mechanics and Physics of Solids, 1960, 8 (2): 100-108.

[10] A. A Wells. Application of Fracture Mechanics at and beyond General Yielding [J]. British Welding Journal, 1963, 10: 563-570.

[11] J. R. Rice. A path Independent Integral and the Approximate Analysis of Strain Concenration by Notches and Cracks [J]. Journal of Applied Mechanics. 1968, 35: 379-386.

[12] J. W. Hutchinson. Singular Behavior at the end of a Tensile Crack in a Hardening Material [J]. Journal of the Mechanics and Physics of Solids, 1968, 16 (1): 13-31.

[13] J. R. Rice and G. R. Rosengren. Plane Strain Deformation near a Crack Tip in a Power-Hardening Material [J]. Journal of the Mechanics and Physics of Solids, 1968, 16 (1): 1-12.

[14] 刘佳毅. 混凝土双K断裂参数及其尺寸效应 [D]. 大连：大连理工大学硕士学位论文，2000.

[15] 黄克智，高玉臣. 断裂力学中的裂纹尖端奇异场 [J]. 力学进展，1984，14 (4)：405-414.

[16] 王启智. 断裂过程区D-B模型的盛加原理和载荷修正法 [J]. 力学与实践，2001，23 (4)：30-32.

[17] 庄茁，曲绍兴. 后断裂过程区的研究 [C] //第十届全国疲劳与断裂学术会议论文集. 广州，2000：335-338.

[18] 齐聪山，林皋. 断裂过程区折线应力分布模型 [J]. 大连理工大学学报，1993，33 (1)：65-72.

[19] 诸艾，王自强. 断裂过程区应力应变场的数学分析 [J]. 力学学报，1993，25 (5)：591-605.

[20] 侯艳丽，张楚汉. 用三维离散元实现混凝土Ⅰ型断裂模拟 [J]. 工程力学，2007，24 (1)：37-43.

[21] OUYANG Yi-fang, CHEN Hong-mei, ZHONG Xia-ping. Molecular Dynamic Simulation of Fracture and Effect of Hydrogen on Fracture of Tungsten at High Temperature [J]. Guangxi Sciences, 2006, 13 (3): 212~216.

[22] 王泽平，黄风雷，恽寿榕. 脆性材料动态断裂数值模拟 [J]. 固体力学学，1992，13 (1)：2-10.

[23] 徐菁，吴子燕. 混凝土材料细观结构断裂数值模拟 [J]. 西北工业大学学报，2003，21 (5)：556-559.

[24] 王永廉. 利用疲劳裂纹扩展速率估算断裂韧性 [J]. 航空学报，1997，18 (6)：728-731.

[25] 李庆生. 缺口短疲劳裂纹扩展的弹塑性断裂力学 [J]. 力学与实践，1984 (2)：9-14.

[26] 郦正能，李见春. 三维短裂纹的单峰超载迟滞效应研究 [J]. 航空学报，1992，13 (3)：210-213.

[27] 孙国刚，吴毓岑，陈建存. 停歇对疲劳裂纹扩展超载迟滞效应影响的研究 [J]. 力学学报，1991，

23（4）：497-502.

[28] 何庆芝．考虑超载迟滞效应的一个新模型［J］．航空学报，1981，（2）：26-34.

[29] 龚勇清，李禾，方利华，严超华，余达祥，李仁增．激光全息云纹干涉法测定高温合金材料断裂特性的试验研究［J］．江西科学，2004，22（4）：250-254.

[30] 潘自强，龚勇清，周日贵，陈庭生，韩旭．全息云纹干涉法测定高温合金断裂特性的实验研究［J］．河海大学常州分校学报，2004，18（4）：43-46.

[31] 朱梓园，张保卫，张修银，王冬梅，方如华，徐侃．云纹干涉法应用于金瓷界面抗断裂能力研究的初步探讨［J］．华西口腔医学杂志，2004，22（5）：411-414.

[32] 吴增强，王志文，璩定一．云纹技术在断裂分析中的应用［J］．华东化工学院学报，1987，13（5）：600-608.

[33] 沙风焕，陈绪．云纹干涉法在压力容器断裂分析上的应用［J］．太原理工大学学报，1994，25（1）：58-64.

[34] 陆桦．云纹干涉法及其在非均质低抗拉强度材料断裂研究中的应用［J］．天津大学学报，1983，（8）：27-36.

[35] 赵建生．断裂力学及断裂物理［M］．武汉：华中科技大学出版社，2003.

[36] 黄志标．断裂力学［M］．广州：华南理工大学出版社，1988.

[37] 李庆芬．断裂力学及其工程应用［M］．哈尔滨：哈尔滨工程大学出版社，1998.

[38] 沈成康．断裂力学［M］．上海：同济大学出版社，1996.

[39] 范天佑．断裂力学基础［M］．南京：江苏科学技术出版社，1978.

[40] 杜建根．材料力学［M］．武汉：武汉理工大学出版社，2008.

[41] 陆毅中．工程断裂力学［M］．西安：西安交通大学出版社，1987.

[42] 姜清梅．断裂力学及断裂力学标准简介［J］．冶金标准化与质量，1996，（5）：39-42.

[43] 杨卫．宏观断裂力学［M］．北京：国防工业出版社，1995.

[44] 尹双增．断裂・损伤理论及应用［M］．北京：清华大学出版社，1992.

[45] 傅树红．小湾高拱坝设计回顾［J］．云南水力发电，2002，18（1）：14-21.

[46] 邵勇，王向东．基于断裂力学的高拱坝底缝稳定性分析［J］．水电能源科学，2008，26（5）：80-82.

第2章　钢纤维混凝土基本知识

纤维混凝土是纤维与混凝土基体两部分组成的一种新型复合材料。一般可以按照纤维的性质将其分类，主要有：矿物材料，如石棉、硼、碳素、玻璃纤维；合成材料，如尼龙、聚酯、聚丙烯、芳香基聚酸酰胺等纤维；金属材料，如不锈钢和低碳钢纤维，以及植物材料纤维等。其中以钢纤维、玻璃纤维、聚丙烯纤维的使用较为普遍。混凝土基体经纤维复合后，其力学性能及耐久性都得到了一定程度的改善。尽管各种纤维增强复合材料品类繁多，各具特点，但目前应用最广、技术上最成熟、基本性能研究最透、商业化程度最高的当属钢纤维混凝土[1]。本章重点介绍钢纤维增强混凝土复合材料。

2.1　钢纤维混凝土的发展与应用

混凝土是由胶结材料、骨料和水按一定比例配制，经搅拌振捣成型，在一定条件下养护而成的人造石材。1824年，英国人Joseph Aspdin发明了波特兰水泥，大约在1830年就出现了混凝土，经过一百多年的发展，混凝土已成为当代最主要的建筑工程材料之一。

混凝土在建筑工程中得到广泛的应用，主要原因是由于其具有以下优点：原材料来源丰富、造价低廉；混凝土拌合物具有良好的可塑性；配制灵活、适应性好；抗压强度高；与钢筋有牢固的粘结力且与钢筋的线膨胀系数基本相同；耐久性好；耐火性好；生产能耗低[2]。但是混凝土材料抗裂性能差，抗拉强度低，一般其抗拉强度是抗压强度的1/10～1/20，因此韧性差，脆性较大，其脆性随混凝土强度等级的提高而加大[3]。随着混凝土用量越来越大，其抗裂性能差、脆性大等引发的问题也越来越突出。目前，混凝土结构经常是带裂缝工作的，在一般的环境条件下，当裂缝宽度在一定范围内，混凝土开裂并不影响结构的耐久性和适用性。但是如果裂缝继续发展，那么就可能出现裂缝处钢筋锈蚀、混凝土碳化、保护层剥落，进而减少结构使用寿命，增加维护保养工作量，严重的会导致结构丧失工作性能。为了抑制混凝土内部裂缝的扩展，减低混凝土脆性，提高其耐久性，可以在混凝土基体中掺入钢纤维。钢纤维是一种短纤维，在混凝土基体中乱向分布，起到阻碍裂缝内部微裂缝的扩展和阻滞宏观裂缝的发生和发展的作用。研究表明，钢纤维混凝土抗拉、抗弯、抗剪强度等较普通混凝土显著提高，其抗冲击性、抗疲劳性、裂后韧性和耐久性也有较大改善，钢纤维混凝土已被广泛用于道路、桥梁、隧道、水利、海洋、建筑和耐火材料结构等各项工程中[4]。

早在1907～1908年间，俄国最早将钢纤维应用于混凝土中，钢纤维混凝土的发展史由此开始。1910年，美国H. F. Porter提出了“钢纤维”混凝土的概念，发表了有关短纤维增强混凝土的研究报告、且获得专利，并建议把短纤维均匀分散在混凝土中用以强化基体材料。1911年，美国的Grhama把钢纤维加到钢筋混凝土中，得到了掺入钢纤维可提高混凝土强度和体积稳定性的结论。20世纪40年代，美国、英国、法国、德国等国家先后公布了用钢纤维提高混凝土性能、钢纤维制造工艺，以及改进钢纤维形状来提高钢纤维与混凝土基体粘结强度的专利。第二次世界大战期间，日本由于军事上的需要，也曾对钢纤维混凝土进行过研究，但当时尚未达到适用化的程度。直到1963年J. P. Romuadli和J. B. Batson关于纤维混凝土增强理论研究报告的发表，钢纤维混凝土的研究和应用才有了较快的发展。目前，钢纤维混凝土的研究与应用在世界各国，尤其是欧洲、美国和日本得到了广泛的开展[5~9]。

我国在20世纪70年代开始了钢纤维混凝土的研究和应用。从20世纪80年代起，钢纤维已在水利工程、建筑工程、交通工程、铁路工程等多诸多领域获得了广泛的应用；继而，在1989年、1992年、1999年和2004年陆续颁布了《钢纤维混凝土试验方法》(CECS13：89)、《钢纤维混凝土结构设计与施工规程》(CECS38：92)和《纤维混凝土结构技术规程》(CECS38：2004)等一系列钢纤维混凝土的试验方法、设计施工规程以及《混凝土用钢纤维》(YB/T 151—1999)等行业标准，这些标准的颁布推进了钢纤维在我国各项建筑工程中的应用。

钢纤维混凝土在我国许多大型工程中都有应用。

例一[10]：三峡工程临时船闸1#、3#坝段上游墩墙叠梁门槽二期混凝土。在叠梁门挡水封堵临2#坝段期间，叠梁门槽承受叠梁门传来的巨大水推力，设计单侧最大线荷载达9.81×900kN/m，混凝土内产生很大的拉、压、剪应力，普通混凝土难以满足要求[10]，同时，该混凝土部位尺寸较小，金属结构埋件多，不可能配置太多钢筋；而且若由钢筋来承受剪力，使用期间混凝土会开裂，高压水可能穿过二期混凝土从侧面喷出，最终破坏二期混凝土及门槽结构。所以，也不能靠配置太多钢筋去提高斜截面抗剪强度，只有提高混凝土材料自身的抗拉、抗压和抗剪强度，才能满足该结构受力和安全使用的要求。根据上述情况，所用混凝土材料应达到以下技术要求：混凝土强度等级达到C60，轴向抗拉强度5.5MPa，抗剪强度13.5MPa。鉴于上述原因，最终采用钢纤维混凝土施工方案，并顺利完成施工任务。

例二[11]：沈阳铁路局长（春）大（连）线维修工程。铁路桥梁防水保护层上面铺设的是石灰石道砟，道砟上面是混凝土轨枕、钢轨。火车通过时，将重量、运动加速度等以不均匀的几万次振动传递给保护层。因此，保护层的受力状态比较复杂，而且由于道床设计的要求，保护层只允许有3~5cm的厚度，所以就要求保护层能承受很大的塑性变形，要求保护层所用材料具有较高的抗压强度和抗拉强度。因此，在长大线一铁路桥梁翻修工程中，采用了高抗裂、耐冲击的钢纤维混凝土防水保护层，并考虑到列车运营的要求，研制并使用了特快硬钢纤维混凝土。经过合理的选材和施工配合比设计以及施工组织，在防水层上现浇50mm厚保护层，施工1d后即铺好道砟，恢复正常运行，使用情况良好。一次投资虽然较大，但使用年限增加，减少了翻修费用，综合经济效益明显提高。

例三[12]：沪杭高速公路长桥分离立交桥。该桥全长284m，共14孔，上部总计98片20m后张预应力混凝土空心板简支梁，桥面净宽9m，双向横坡度1%，桥梁按一级路设计。桥面铺装层设计厚度为中间15cm，边缘10.5cm，桥面铺装层配筋为ϕ6@100mm×100mm钢筋网格，桥面上部铺筑沥青混凝土。施工中发现，20m后张预应力空心板普遍存在顶板厚度不足的现象，原设计为10cm厚，但检测结果普遍为5~8cm，其他技术指标均满足要求。为有效解决因顶板超薄而造成板梁使用寿命和承载力不足的问题，经过分析计算，决定采用钢纤维混凝土进行补强处理。钢纤维混凝土补强效果较好，经济效益显著。

目前，制约钢纤维混凝土应用的主要问题是钢纤维生产成本高引起的钢纤维混凝土初始造价高，这一问题的解决，首先需要依靠技术进步，改进钢纤维制造工艺，提升钢纤维品质，节约钢纤维生产成本，降低钢纤维混凝土造价；第二需要进一步研发钢纤维混凝土应用配套的生产和施工设备，进而提高钢纤维混凝土生产效率，节约工程总造价；最后需要不断提高从业人员的技术水平，科学合理组织设计和施工，在生产过程中及时总结经验，为钢纤维混凝土的应用不断提供技术支持[4]。此外，钢纤维增强混凝土理论也需要不断完善，这可为钢纤维混凝土的应用提供重要的理论支持。总之，通过原材料控制、设备研发和人员素质提高这三个方面的不断努力，结合基础理论的研究，钢纤维混凝土的应用领域将会持续拓展，应用前景必将越来越好。

2.2 钢纤维与混凝土基本性能[13,14]

2.2.1 钢纤维的基本性能

1. 钢纤维的分类

随着钢纤维混凝土的商业化应用越来越多，为适应不同工程生产的需要，钢纤维品种也呈多样化的趋势，由于施工要求，实际工程中应用的钢纤维一般较短，其类型通常按几何特征、生产方法及原材料划分。

按钢纤维的外形分：有长直形、压痕形、波浪形、弯钩形、大头形和扭曲形等。

按钢纤维的截面形状分：有圆形、矩形、月牙形和不规则形等。

按钢纤维的加工生产方法分：有切断型钢纤维、剪切型钢纤维、铣削型钢纤维和熔抽型钢纤维等。

按钢纤维的原材料分：有普通碳钢钢纤维和不锈钢钢纤维。其中以普通碳钢钢纤维用量居多。

按抗拉强度等级分：有380级（抗拉强度为380～600MPa）、600级（抗拉强度为600～1000MPa）、1000级（抗拉强度大于等于1000MPa）。

除此之外，也有按钢纤维施工方法分为浇筑用钢纤维和喷射用钢纤维；按钢纤维直径尺寸分为普通钢纤维和超细钢纤维。

2. 钢纤维的生产方法

（1）钢丝切断法

直径为0.4～0.8mm的冷拔钢丝，按照规定的长度用切刀、冲床或旋转刀具切断成短纤维。冷拔钢丝制作的钢纤维的抗拉强度可达1000～2000MPa。但是它的表面较光滑，与混凝土或水泥砂浆基体粘结强度较差。为了增强钢纤维与基体的粘结强度，通常可改变钢纤维的外形，即用生产异型钢纤维的方法加以解决。常用的方法有：

1）压棱法。在切断钢丝前，用进给钢丝的夹送辊在钢丝上压出棱形凹坑后再切断。

2）波形法。在切断钢丝前，用进给钢丝的夹送辊在钢丝上压出波形后再切断。

3）弯钩法。在切断钢丝前，用进给钢丝的夹送辊在钢丝上等距离压出弯钩后再切断。

用冷拔钢丝切断法生产的钢纤维成本较高。工程中有时利用废旧钢丝绳拆开洗净，切断加工成钢纤维，则成本可以降低。

用钢丝切断法制成的钢纤维断面为圆形。也可以沿长度方向对钢纤维进行变形处理，加工成大头纤维。

（2）薄钢板剪切法

用冷轧薄钢板剪切而成。剪切前，用特制的小型纵剪机将冷轧薄钢板剪成带钢卷，其宽度与钢纤维的长度相同，然后将带钢卷连续送入旋转刀具或普通冲床切断成矩形截面的钢纤维。钢纤维的长度以带钢的宽度而定，钢纤维截面以切削时的进刀量与带钢卷的厚度而定。一般带钢卷的厚度要求在0.4～0.8mm，切削进刀量为0.4～0.6mm。旋转刀具的轴与薄板进给方向相互垂直或成一定角度，因此，薄钢板剪切法生产的剪切钢纤维一般都扭成一定的角度。薄钢板剪切法使用的原材料一般采用退火的冷轧钢板，为提高强度，也可使用未退火的冷轧钢板。由于冷轧钢板的成本较高，常采用边角料作为原材料以降低成本。

薄钢板剪切法生产的钢纤维截面为矩形。沿长度方向，也可制成弯钩形、波形等异型钢纤维。目前，我国生产的剪切钢纤维品种繁多，主要有：直角矩形截面、在长度方向稍有扭曲的剪切钢纤维；端部呈弯曲形的弯钩剪切钢纤维；表面凸压痕状的刻痕钢纤维；波形带钢剪切而成的波形钢纤维以及集束钢纤维。集束钢纤维是由几个甚至几十个纤维并排在一起，掺入拌合料时，与水以及砂、石搅拌，使集束钢纤维均匀分散在混凝土中。

（3）厚钢板铣削法

用旋转的平刃铣刀对厚钢板或钢锭进行铣削而成。铣削时钢纤维产生很大的变形，轴向扭曲，截面为月牙形，与混凝土或水泥砂浆基体的粘结性能良好。

（4）熔钢抽丝法（简称熔抽法）

用电炉将回收的废钢融成1500～1600℃的钢液，然后在钢液表面，以一个高速旋转的熔抽轮接近钢液，熔抽轮上按照所需要的钢纤维尺寸的要求，刻出许多槽子。当熔抽轮下降到钢液面时，钢液被槽刮出，以高速旋转的离心力抛出，以极快的速度冷却成形。熔抽轮内必须通水，以保持冷却速度。

熔抽法生产钢纤维的原材料为废钢，来源广泛，成本低，制造工艺简单，生产效率高，价格较低。同时，熔抽法利用电炉将废钢熔成钢液时，还可以调整钢液的化学成分，生产出不同材质的钢纤维。改变熔抽轮上刻槽的尺寸及熔抽轮的转速，可改变钢纤维的尺寸。

由于熔抽法甩出成型钢纤维时，全部暴露在空气中，过热的钢水易氧化，形成一层强度很低的氧化层，削弱了钢纤维的截面，对钢纤维与混凝土的粘结强度有一定影响。

3. 钢纤维的几何及体积参数

表示钢纤维几何及体积特性的参数有钢纤维长度、直径（或等效直径）、长径比、体积率、钢纤维含量特征参数等。

钢纤维长度指钢纤维两端点间的直线距离，用 l_f 表示。钢纤维长度 l_f 不能太小，否则将影响其增强效率，但也不能过长，因为钢纤维太长不仅难以在混凝土中均匀分散，而且会在搅拌过程中结团，影响钢纤维作用的发挥。当钢纤维长度 l_f 大于其临界长度 l_{fcr}时，钢纤维将产生拉断破坏，虽其强度得到了充分发挥，但增韧效果变差。因此，在选定钢纤维长度时，应使 $l_f < l_{fcr}$，这样才能对混凝土产生增强与增韧双重效果。钢纤维长度可为15 ~ 60mm，常用的是25 ~ 30mm。

钢纤维截面的直径或等效直径（当钢纤维为非圆形截面时，其截面积相当于圆形截面面积时计算所得到的直径）用 d_f 表示。钢纤维与周围混凝土粘结面积与截面周界长度成正比，而拉力与截面面积成正比，截面周界长度与界面面积的比值（$4/d_f$）与钢纤维的直径有关，反映了钢纤维与混凝土的相对粘结面积。直径较大的钢纤维的相对粘结面积减小，不利于极限粘结强度的改善。通常钢纤维直径为0.3 ~ 1.2mm。

钢纤维的长径比指钢纤维的长度与直径或等效直径之比，即 l_f/d_f。钢纤维长径比（l_f/d_f）越大，对混凝土的增强效果越好，但如果 $l_f/d_f > l_{fcr}/d_f$，钢纤维的破坏不是拔出而是拉断，影响增韧效果；另外，过长过细的钢纤维与混凝土的拌合过程中容易结团弯折，使钢纤维难以实现均匀分布和配向良好。若 l_f/d_f 太小，钢纤维易于拔出，其承载力下降，对混凝土的增强作用降低。因此，l_f/d_f 应小于 l_{fcr}/d_f 并大于一定数值，通常为30 ~ 100，用得最多的是50 ~ 70。影响 l_{fcr}/d_f 的主要因素为钢纤维混凝土界面粘结强度和钢纤维自身抗拉强度：界面粘结强度越高，其值相应减小，钢纤维本身抗拉强度越高，其值相应增大。

钢纤维体积率指钢纤维所占钢纤维混凝土体积的百分数，用 ρ_f 表示。钢纤维体积率不能过大，钢纤维过多将使施工拌合更加困难，钢纤维不可能均匀分布，甚至严重结团；同时包裹在每根钢纤维周围的水泥胶体少，钢纤维混凝土就会因钢纤维与基体间粘结不足而过早破坏。因此，为了钢纤维作用的有效发挥，用钢纤维增强普通和高强混凝土基体的钢纤维体积率 ρ_f 不宜低于0.5%，也不宜大于3%。以0.6% ~2%为宜。

钢纤维含量特征参数是钢纤维体积率与长径比的乘积，用 λ_f 表示，即钢纤维体积率 ρ_f 与钢纤维长径比的乘积（$\lambda_f = \rho_f \cdot l_f/d_f$）。在钢纤维体积率和长径比的一定范围内，可以用 λ_f 反映 ρ_f 和 l_f/d_f 的综合影响。

4. 钢纤维的性能指标

（1）抗拉强度

为使钢纤维混凝土具有良好的力学性能，要求钢纤维具有一定的抗拉强度。根据钢纤维的原材料和生产工艺不同，其抗拉强度也有所区别。试验表明，用冷拔钢丝切断的钢纤维抗拉强度较高，一般为600 ~ 1000MPa，剪切型、熔抽型和铣削型钢纤维的抗拉强度一般为380 ~ 800MPa。由于普通钢纤维混凝土主要是由于钢纤维拔出而破坏，并不是因为钢纤维拉断而破坏，钢纤维在破坏时承受的最大拉应力为100 ~ 300MPa，因此，只要钢纤维的抗拉强度在380MPa以上，一般能满足使用要求。

（2）弹性模量

钢纤维的弹性模量为200GPa，极限延伸率为0.5% ~3.5%。

（3）粘结强度

由于钢纤维混凝土的破坏主要是因钢纤维拔出引起的，因此提高钢纤维与混凝土基体界面的粘结强度是十分重要的。粘结强度的提高除与基体的性能有关外，就钢纤维本身来说，应该从改进钢纤维表面特征和形状来改善它与基体的粘结性能。常用的方法有：使钢纤维表面粗糙化，截面呈不规则形状，增加与基体的接触面积和摩擦力；将钢纤维表面压痕，或压成波形，增加机械咬合力；使钢纤维两端异型化，将两端制成弯钩或大头形等，以提高其锚固力或抗拔力。

（4） 硬度

钢纤维的表面硬度较高，在与混凝土一起搅拌时，一般不易发生弯折现象。但有时由于钢纤维的材质较脆，搅拌时也易发生折断，影响增强效果。

（5） 耐腐蚀性

浇筑在钢纤维混凝土内部的钢纤维，只要捣固密实，与空气隔绝，钢纤维一般不发生锈蚀现象。暴露于混凝土表面或在裂缝宽度越过0.25mm时，跨越裂缝处的钢纤维易锈蚀。

2.2.2 混凝土的基本性能

钢纤维混凝土基体的性能是决定钢纤维增强、增韧效果以及钢纤维混凝土的破坏形式、强度和变形的主要因素。例如，混凝土基体特征对纤维—基体界面粘结和应力传递过程有很大的影响，对钢纤维混凝土的压缩性能起决定作用。另外，钢纤维混凝土结构构件的设计需要混凝土的强度指标。因此，在研究钢纤维混凝土性能之前有必要对混凝土的基本性能作简单介绍。

1. 混凝土的特性

普通混凝土由水泥、砂、石和水所组成。在混凝土中，砂、石起骨架作用，称为骨料；水泥与水形成水泥浆，包裹在骨料表面并填充其空隙。在硬化前，水泥浆起润滑作用，使混凝土拌合料具有一定的和易性，便于浇筑、施工。水泥浆硬化后，将骨料凝结成整体，共同承力、变形。混凝土材料具有下列基本特点。

（1） 多相性

混凝土材料是由基相与分散相以及结合面组成的三相复合材料，其力学性能受基相和分散相及其结合面力学性能的制约和影响。

（2） 多孔性

水泥水化所需要的水远小于混凝土制配时满足和易性所要求的水。因此，加入混凝土中的水在混凝土硬化后，一部分与水泥水化，一部分残留在混凝土内，一部分挥发于空气中使混凝土形成许多微细的孔隙。另外，混凝土结硬时，水泥砂浆收缩，当水泥砂浆收缩较大时，在骨料与水泥石的粘结面以及水泥石内部有可能产生细微的裂缝。因此，混凝土是一种多孔隙、非均质的材料。

（3） 裂缝和缺陷分布的随机性

由于混凝土骨料颗粒大小、形状、分布是随机的，因而其结合面上存在的裂缝的形状、尺寸分布也是随机的。即使是硬化水泥浆中所包含的未被水化的水泥颗粒和孔隙，其位置、形状、大小的分布也具有随机性。

（4） 时变性

混凝土拌合料拌合后，因水化作用，水泥浆可能会经历几个月、几年或几十年的一系列的化学变化和物理变化，并最终硬化。因此混凝土材料结构性能随着水泥水化过程而变化，其诸多物理和力学性能需要延续较长一段时间才能稳定，并且将因环境条件（如温度、湿度）的变化而改变。

2. 混凝土的基本性能指标

混凝土的强度和耐久性是混凝土最重要的物理力学性能。而混凝土的耐久性与混凝土的强度之间有密切的联系。一般来说，混凝土强度愈高，其刚性、密实性、抗渗性、抗风化和抗侵蚀介质的能力愈好；另一方面，混凝土强度愈高，脆性也愈大。因此，通常用混凝土强度来评定和控制混凝土的质量，并用混凝土强度反映基体对钢纤维混凝土强度的影响和贡献，所以，混凝土强度就成为衡量混凝土基本性能的重要指标，包括抗压强度和抗拉强度，本书在研究钢纤维高强混凝土基本力学性能时，主要采用的就是这两种强度指标。

（1）混凝土的抗压强度

混凝土的抗压强度包括立方体抗压强度和轴心抗压强度，这里主要介绍立方体抗压强度。目前，世界各国确定混凝土强度等级的方法尚未统一。国际标准化组织（ISO）、欧洲-国际混凝土协会（CEB）、国际预应力学会（FIP）以及美国、日本、加拿大等国家的相关组织规定采用直径为150mm、高300mm的圆柱体，作为测定混凝土抗压强度的标准试块。俄罗斯、英国、德国和我国以边长为150mm的立方体作为测定混凝土抗压强度的标准试块。我国规范规定用边长为150mm的标准立方体试块，在标准养护条件（温度20±2℃，相对湿度不小于95%）下养护28d。对混凝土强度等级低于C30，以每秒0.3～0.5N/mm^2；对强度等级等于或高于C30，且小于C60时，以每秒0.5～0.8N/mm^2；对强度等级等于或高于C60，以每秒0.8～1.0N/mm^{2}的速度在试验机上加压至破坏，所得的平均极限压应力作为混凝土的立方体抗压强度，用f_{cu}表示。即：

$$f_{cu}=\frac{P}{A} \tag{2-1}$$

式中 f_{cu}——混凝土立方体试块抗压强度，MPa；

P——破坏荷载，N；

A——试件承压面积，mm^2。

由于混凝土抗压强度与试块的尺寸和形状等因素有关，当试件的上、下表面不加润滑剂加压时，立方体的尺寸越小，试块与压力机加压板之间摩擦力作用的影响就越大，测得的极限强度值越高，反之则越低。因此，当采用边长为200mm和100mm的非标准立方体试块时，应将立方体抗压强度的试验值分别乘以抗压强度“尺寸效应”换算系数1.05和0.95换算成标准尺寸混凝土试块的立方体抗压强度。

（2）混凝土的抗拉强度

混凝土抗拉强度远小于其抗压强度，一般只有抗压强度的1/9～1/18，且不与抗压强度成线性关系。混凝土构件的抗裂、抗剪、抗扭、收缩、粘结、混凝土强度破坏理论等问题的研究与应用都与混凝土抗拉强度有关。

测定混凝土抗拉强度的方法分为两类，一类为直接测试方法，另一类为间接测试方法，如劈裂试验、弯折试验，这里主要介绍立方体劈裂抗拉试验。所采用的试件与确定混凝土强度等级的试件相同。在我国，标准试件为150mm×150mm×150mm的立方体，美国等为150mm×300mm的圆柱体，通过上下压板与试件之间各垫以圆弧形钢垫条及垫层对试件纵向中间截面施加压力。由弹性力学分析可知，在试件的垂直中面上除加力点附近的局部区域外，将产生均匀的水平拉应力，当拉应力增大到混凝土抗拉强度时，试件沿垂直中面被劈裂成两半。如果采用立方体试件时，混凝土的劈裂强度可按下式计算：

$$f_t=\frac{2P}{\pi A}=0.627\frac{P}{A} \tag{2-2}$$

式中 f_t——混凝土劈裂抗拉强度，MPa；

P——破坏荷载，N；

A——试件劈裂面面积，mm^2。

试验表明，试件尺寸愈小，劈裂强度愈高。另外垫条的大小、形状和材料性能对劈裂试验结果均有影响，如加大垫条的截面尺寸，可提高试件的劈裂强度。因此，我国规范规定，必要时可采用 100mm × 100mm × 100mm 非标准尺寸的立方体试件。采用 100mm × 100mm × 100mm 非标准试件取得的劈裂抗拉强度值，应乘以尺寸换算系数 0.85，并且非标准试件混凝土所用骨料的最大粒径不应大于 20mm。

2.3　钢纤维混凝土的基本性能

钢纤维掺入混凝土基体后，能够有效抑制基体混凝土裂缝的萌生与扩展，与普通混凝土相比，具有优良的抗拉、抗弯、抗冲击、阻裂性能，且韧性好；同时，其抗疲劳性能、耐久性也较好。

1. 钢纤维混凝土的性能特点[4,14~16]

（1）钢纤维混凝土的强度

研究表明：钢纤维混凝土中乱向分布的短纤维主要作用是阻碍混凝土内部微裂缝的扩展和阻滞宏观裂缝的发生和发展，因此对于其抗拉强度和主要由主拉应力控制的抗剪、抗弯、抗扭强度等有明显的改善作用。当纤维掺量（体积率）在 1% ~2% 范围内，抗拉强度提高 25% ~50%，抗弯强度提高 40% ~80%，用直接双面剪试验所测定的抗剪强度提高 50% ~100%。抗压强度提高幅度较小，一般在 0 ~25% 之间。

（2）钢纤维混凝土的韧性

韧性是衡量塑性变形性能的重要指标，通常用与荷载—位移曲线下（或应力—应变曲线下）面积有关的参数表示。表示方法不同，数值上会有差别。不论抗压、抗弯和抗冲击韧性都随影响纤维增强效果诸因素（如基体强度、纤维长径比、体积率、纤维与基体间的粘结强度）的增强而提高。在通常的纤维掺量下，抗压韧性可提高 2 ~7 倍，抗弯韧性可提高几倍到几十倍；弯曲冲击韧性（材料抵抗冲击或振动荷载作用的性能）可提高2 ~4倍，板式试件落球（锤）法击碎试验所测得的冲击韧性可提高几倍到几十倍。

（3）钢纤维混凝土的变形

钢纤维混凝土的收缩值随着纤维掺量的增加而有所降低。例如，掺量为 1.5%（长径比为 50）的钢纤维混凝土较普通混凝土的收缩值降低 7% ~9%。在路面和其他结构中，钢纤维的约束作用还可消除或减少收缩裂缝，或减小收缩裂缝宽度。持续荷载下钢纤维混凝土的受压徐变与其他条件相同的普通混凝土相比略有降低，然而为了获得较好的和易性而增大钢纤维混凝土的水灰比时，则其徐变会略有增加。这些不显著的差别在设计中可忽略。

（4）钢纤维混凝土的抗疲劳性能

钢纤维混凝土的抗弯和抗压疲劳性能比普通混凝土都有较大改善。当掺有1.5%钢纤维抗弯疲劳寿命为1×10^6次时，应力比为0.68，而普通混凝土仅为0.51；当掺有2%钢纤维混凝土抗压疲劳寿命达2×10^6次时，应力比为0.92，而普通混凝土仅为0.56。

（5）钢纤维混凝土的耐久性

钢纤维混凝土除抗渗性能与普通混凝土相比没有明显变化外，由于钢纤维混凝土抗裂性、整体性好，因而耐冻融性、耐热性、耐磨性、抗气蚀性和抗腐蚀性均有显著提高。掺有1.5%钢纤维的混凝土经150次冻融循环后，其抗压和抗弯强度下降约20%，而其他条件相同的普通混凝土却下降60%以上，经过200次冻融循环，钢纤维混凝土试件仍保持完好。钢纤维掺量为1%、强度等级为CF35的钢纤维混凝土耐磨损失比普通混凝土降低30%。掺有2%钢纤维的高强混凝土抗气蚀能力较其他条件相同的高强混凝土提高1.4倍。钢纤维混凝土在空气、污水和海水中都呈现良好的耐腐蚀性，暴露在污水和海水中5年后的试件碳化深度小于5mm，只有表层的钢纤维产生锈斑，内部钢纤维未锈蚀，不像普通钢筋混凝土中钢筋锈蚀后，锈蚀层体积膨胀而将混凝土胀裂。

2. 钢纤维混凝土的基本性能指标[13]

钢纤维混凝土应用领域不同，对应的基本力学性能指标也不尽相同，主要有：抗压、抗拉、抗折和抗剪强度等。

（1）抗压强度

钢纤维混凝土立方体抗压强度的试验方法与普通混凝土试验方法基本相同。采用的标准立方体试件尺寸是150mm×150mm×150mm。

（2）抗拉强度

试验表明，同普通混凝土一样，直接拉伸试验对于钢纤维混凝土来说操作复杂、对中困难，试件往往不是轴心受拉，而是偏心受拉破坏，破坏截面有时不发生在规定的标距内，试验结果波动较大。国内外大多采用劈裂法测定钢纤维混凝土的抗拉强度，试验操作方便，易于控制，所得结果波动性小，而且与钢纤维体积率和长径比等因素具有很好的相关性。钢纤维混凝土劈裂抗拉强度的试验方法与普通混凝土基本相同。采用的标准立方体试件尺寸是150mm×150mm×150mm。

（3）抗折强度

钢纤维混凝土在路面、桥面、机场跑道等领域的应用中主要承受弯曲应力。研究钢纤维混凝土的抗折强度，能为路面、桥面、机场跑道等的设计提供数据和为检验施工期钢纤维混凝土质量提供指标，具有重要的实际意义。

钢纤维混凝土小梁弯折试验是测定钢纤维混凝土抗拉强度的间接试验方法，所得到的抗拉强度称为抗折强度。钢纤维混凝土抗折强度的试验采用150mm×150mm×600（550）mm小梁作为标准试件，三分点对称加载，以弹性理论为依据可按下式计算混凝土的抗折强度，即：

$$f_{tf}=\frac{PL}{bh^2} \tag{2-3}$$

式中 f_{tf}——钢纤维混凝土抗折强度，MPa；

P——破坏荷载，N；

L——支座间距，即跨度，mm；

b——试件截面宽度，mm；

h——试件截面高度，mm。

当纤维长度不大于40mm时，可采用100mm×100mm×400mm的试件。由于靠近试模边缘的钢纤维受到一定约束而沿纵向分布，使钢纤维混凝土抗折试验试件的尺寸换算系数一般比普通混凝土小。采用100mm×100mm×400mm非标准试件测得的抗折强度值应乘以0.85的尺寸换算系数。

（4）抗剪强度

在隧洞设计中已采用钢纤维混凝土的抗剪强度指标。在把钢纤维混凝土应用于剪力墙、梁柱节点的局部增强，桥面的铺设、补强、修补等领域时，抗剪强度也是一个很好的衡量指标。另外，随着计算机科学的发展，非线性有限元分析正在深入，对混凝土和钢纤维混凝土剪切与剪切变形性能的研究提出了新要求，因此，日本混凝土学会的JCI及我国的《钢纤维混凝土试验方法》(CECS13：89）已列入钢纤维混凝土抗剪强度的试验方法。

采用截面为100mm×100mm的梁式试件，试件的抗剪强度按下式计算：

$$f_{tcv}=\frac{F_{max}}{2bh} \tag{2-4}$$

式中　f_{tcv}——钢纤维混凝土抗剪强度，MPa；

F_{max}——破坏荷载，N；

b——试件截面宽度，mm；

h——试件截面高度，mm。

2.4　钢纤维混凝土增强机理[4,17]

钢纤维混凝土增强机理的研究主要有两种理论：复合力学理论和纤维间距理论（或称为纤维阻裂理论）。这两种理论从不同角度解释钢纤维对混凝土的增强作用，其结果是一致的。

1. 复合力学理论

复合力学理论将钢纤维增强混凝土看作是一种纤维强化体系，应用混合原理推导钢纤维混凝土的应力、弹性模量和强度等，并引入纤维方向系数（η_0）和纤维长度系数（η_1），考虑在拉伸应力方向上有效纤维体积率的比例和非连续性短纤维应力沿纤维长度的非均匀分布。

在混凝土基体开裂前的近似弹性变形范围内，钢纤维混凝土的应力为：

$$\sigma=\sigma_m\rho_m+\eta_0\eta_1\sigma_f\rho_f \tag{2-5}$$

式中　σ——钢纤维混凝土的应力；

σ_f——钢纤维的应力；

σ_m——混凝土的应力；

ρ_f——钢纤维体积率；

ρ_m——混凝土体积率，$\rho_m=1-\rho_f$。

当混凝土的应变达到混凝土基体的开裂应变ε_{tu}时，混凝土开始出现可见微裂缝。其应力达到混凝土抗拉强度f_t，对应的钢纤维应力为$E_f\varepsilon_{tu}$（E_f为钢纤维的弹性模量），钢纤维与混凝土之间发生相对滑移，钢纤维开始拔出，钢纤维混凝土的开裂荷载为：

$$f_{fcr}=f_t\rho_m+\eta_0\eta_1E_f\varepsilon_{tu}\rho_f \tag{2-6}$$

由于钢纤维的阻裂、增强作用，混凝土基体出现可见裂缝后，钢纤维混凝土并未立即破坏，而随着裂缝的稳定发展，应力继续增大，直至裂缝宽度增大到一定程度，钢纤维逐渐拔出，致使钢纤维混凝土发生裂缝失稳扩展而破坏。此时，若假定钢纤维与混凝土的平均粘结应力为τ，$\eta_1=1$，则钢纤维的应力为：

$$\sigma_f=\eta_0\tau\frac{l_f}{d_f} \tag{2-7}$$

式中　l_f——钢纤维的长度；

d_f——钢纤维的直径。

将$\sigma_m=f_t$，$\eta_1=1$以及式（2-7）代入式（2-5），得到按照复合力学理论求出的钢纤维混凝土抗拉强度的计算公式为：

$$f_{ft}=f_t(1-\rho_f)+\eta_0\tau\frac{l_f}{d_f}\rho_f \tag{2-8}$$

式（2-8）的正确性已得到大量试验结果的验证。

2. 纤维间距理论

纤维间距理论根据线弹性断裂力学原理解释钢纤维对裂缝发生和发展的约束作用。该理论认为，要想增强混凝土这种本身带有内部缺陷的脆性材料的抗拉性能，必须尽可能地减小内部缺陷的尺寸，降低裂缝尖端的应力场强度因子。

该理论应用于钢纤维混凝土单向拉伸的机理研究可用图2.1表示。对于混凝土这样的脆性材料，由于其内部的水泥浆-细骨料界面区、砂浆－粗骨料界面区薄弱环节的存在，尽管各组分材料都有较高的抗拉强度，但混凝土一般均发生断裂破坏，宏观抗拉强度很低。掺入的钢纤维能跨越裂缝两边，使钢纤维与裂缝两边混凝土之间的粘结应力起着约束裂缝开展的作用，见图2.1。若设拉应力σ_l引起的内部裂缝端部应力强度因子为K_σ，与裂缝端部相邻近的粘结分布应力τ产生的起约束作用的反向应力场的应力强度因子为K_f，则总的应力强度因子K_I就减小了，即：

$$K_I=K_\sigma-K_f<K_\sigma \tag{2-9}$$

由式（2-9）可见，跨越裂缝的纤维越多或单位面积内的纤维数越多，钢纤维的阻裂、增强作用就越大。

对于钢纤维混凝土单向拉伸受力状态，可简单地用图2.1所示的张开型裂缝（即Ⅰ型）应力场进行描述，其裂缝尖端应力场强度因子的计算公式为：

$$K_I=y(\sigma-\overline{\sigma_f})\sqrt{a} \tag{2-10}$$

式中　K_I——Ⅰ型裂缝尖端的应力场强度因子，它反映裂缝端部局部区域内应力场

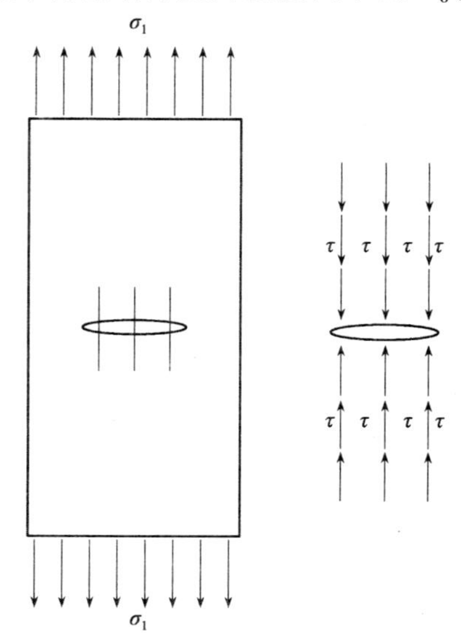

图2.1　钢纤维阻裂增强机理

的强弱情况；

γ——几何因子，主要与裂缝的几何形状、尺寸及加载方式有关，对中心贯穿裂缝，$\gamma=\sqrt{\pi}$；

σ——荷载产生的拉应力；

$\overline{\sigma}_{\mathrm{f}}$——钢纤维的平均拉应力，根据复合力学理论，并结合式（2-7）的计算式为：

$$\overline{\sigma}_{\mathrm{f}}=\eta_0\tau\frac{l_{\mathrm{f}}}{d_{\mathrm{f}}}\rho_{\mathrm{f}} \tag{2-11}$$

a——半裂缝长度。

根据断裂力学理论，当裂缝尖端的应力场强度因子达到混凝土的断裂韧度时，钢纤维混凝土发生断裂破坏，钢纤维混凝土的拉应力 σ 达到其抗拉强度 f_{ft}，即：

$$K_{\mathrm{I}}=\gamma\sqrt{a_{\mathrm{c}}}(f_{\mathrm{ft}}-\overline{\sigma}_{\mathrm{f}})=K_{\mathrm{IC}} \tag{2-12}$$

式中　a_{c}——裂缝失稳扩展时临界半裂缝长度；

K_{IC}——混凝土断裂韧度，即临界应力强度因子，其计算公式为：

$$K_{\mathrm{IC}}=\gamma\sqrt{a_{\mathrm{c}}}\,\overline{\sigma}_{\mathrm{m}} \tag{2-13}$$

$\overline{\sigma}_{\mathrm{m}}$——钢纤维混凝土断裂破坏时，混凝土基体的平均拉应力。

由于钢纤维混凝土断裂破坏时，混凝土达到抗拉强度 f_{t}，因此根据复合力学理论，破坏截面上混凝土的平均拉应力 $\overline{\sigma}_{\mathrm{m}}$ 的计算式为：

$$\overline{\sigma}_{\mathrm{m}}=f_{\mathrm{t}}\rho_{\mathrm{m}} \tag{2-14}$$

联立式（2-12）、式（2-13）和式（2-14）可得到钢纤维混凝土抗拉强度的计算公式（2-8）。复合力学理论和纤维间距理论从两个不同角度解释了钢纤维对混凝土的增强作用，殊途同归，得到式（2-8），说明了两种理论之间存在着固有的联系。

参考文献

[1] 程秀菊．钢纤维混凝土的增强机理及断裂韧性的研究［D］．南京：河海大学硕士学位论文，2005.

[2] 符芳．建筑材料［M］．南京：东南大学出版社，1995.

[3] 沈蒲生，罗国强．混凝土结构疑难释义［M］．北京：中国建筑工业出版社，2003.

[4] 赵国藩，彭少民，黄承逵等．钢纤维混凝土结构［M］．北京：中国建筑工业出版社，1999.

[5] 杨萌．钢纤维高强混凝土增强、增韧机理及基于韧性的设计方法研究［D］．大连：大连理工大学博士学位论文，2006.

[6] 王璋水，陆惠棠．高强钢纤维混凝土的性能及应用［M］．北京：空军设计研究局，1986.

[7] 黄承逵．纤维混凝土结构［M］．北京：机械工业出版社，2004.

[8] 樊承谋，赵景海，程龙保．钢纤维混凝土应用技术［M］．哈尔滨：黑龙江科学技术出版社，1986.

[9] 何晓达．低掺量钢纤维/聚丙烯纤维高性能混凝土试验研究［D］．大连：大连理工大学硕士学位论文，2002.

[10] 王小毛，杨一峰．钢纤维混凝土在三峡临时船闸的应用［J］．中国三峡建设，1998（1）：15-16.

[11] 吴淑华，李启棣，何亚雄．特快硬钢纤维混凝土在抢修铁路桥面防水层中的应用［C］//全国第五届纤维水泥与纤维混凝土学术会议论文集．广东：广东科技出版社，1994：342-351.

[12] 蒋德宝．浅谈钢纤维混凝土在桥面补强中的应用［J］．混凝土与水泥制品．1998（6）：41-43.

[13] 高丹盈，赵军，朱海堂．钢纤维混凝土设计与应用［M］．北京：中国建筑工业出版社，2002.

［14］柯名强．论钢纤维混凝土的性能、施工与应用前景［J］．科技资讯，2008（8）：70-71.
［15］陈希．钢纤维混凝土性能与应用前景［J］．中国水利，2003（5）：61-62.
［16］刘鑫，黄英．钢纤维混凝土性能与应用前景［J］．黑龙江科技信息，2009（7）：228.
［17］高丹盈，刘建秀．钢纤维混凝土基本理论［M］．北京：科学技术文献出版社，1994.

第3章 钢纤维混凝土断裂与试验

断裂力学主要研究带裂缝材料的强度及裂缝扩展规律。20世纪40~50年代，对于高强度合金材料脆性破坏的研究促成了断裂力学在金属脆断研究中广泛和系统的应用。自从1830年前后问世以来，混凝土作为一种人造石材在建筑工程中得到了普遍的使用。然而，混凝土本身是一种由粗细骨料和硬化水泥浆体组成的非均质多相复合材料，在制作、施工以及使用等一系列过程中，其内部不可避免地会出现一些微小的裂缝或其他缺陷，这些裂缝或缺陷会在一定应力状态下逐渐扩展，进而造成构件的断裂破坏。混凝土材料作为一种带裂缝工作的建筑材料，符合断裂力学研究对象的主要特征，因此，将断裂力学应用于混凝土类建筑材料的研究成为断裂力学应用的又一新领域。

3.1 混凝土与断裂力学

混凝土在受荷之前，其内部存在的大量微裂缝等缺陷一般不会出现明显的发展，在受荷以后，这些微裂缝在外力作用下，数量增多，尺寸逐渐扩大，它们是混凝土结构损伤与破坏的根源。断裂力学作为一门研究裂缝扩展规律的科学，人们一直在探索用其基本理论来研究混凝土的裂缝扩展规律和断裂机理。

混凝土断裂性能研究，从内容上看，主要有对于混凝土断裂参数（如断裂韧度、断裂能）的试验研究；对于混凝土裂缝亚临界扩展过程的研究；对于混凝土断裂模型的研究。从研究方法来看，国内外早期的研究主要是测试混凝土线弹性断裂性能参数[1~5]以及相对切口深度、加载方式、加载速度、粗骨料和龄期等因素对普通素混凝土断裂性能参数的影响规律[6~9]。

3.1.1 线弹性混凝土断裂力学

1928年，Richart就开始对硬化水泥浆和混凝土的断裂进行了系列研究[10]。1959年，Neville最先把Griffith理论应用于混凝土，他认为试件尺寸对强度的影响与混凝土中随机分布的裂缝有关[11]。1961年，M. F. Kaplan将断裂力学的概念应用于混凝土，并进行了混凝土断裂韧度试验[12]，这种方法在当时立即引起了学术界的关注与重视，引发了一系列的研讨[13~16]。

此后，各国研究人员对混凝土的断裂性能进行了大量的研究工作，积累了许多宝贵的试验资料。起初，人们将金属断裂力学理论用于混凝土断裂分析，模仿用金属材料的方法开展研究，提出了一系列应力强度因子的计算方法和经验性的断裂准则。混凝土是以硬化水泥砂浆为基体的多相复合材料，它的断裂破坏可能是硬化水泥浆体或骨料断裂；也可能是硬化水泥浆和骨料间界面粘结的失效；还有可能是这些断裂联合而引起整体破坏。从材料性质看，混凝土与金属不同，它是非均质材料；混凝土在裂缝端部没有屈服区（金属材料在裂缝尖端有明显的塑性区）。同时，混凝土是一种准脆性材料（quasi-brittle material），与玻璃、陶瓷等脆性材料可以直接使用线弹性断裂力学不同，其在接近裂缝尖端的位置存在一个材料特性呈现非线性的区域（断裂过程区），此区域内存在较多微裂缝，混凝土材料表现出非线性性质。试验表明，断裂过程区呈带状，混凝土裂缝的扩展总是以该区域为先导。断裂过程区外材料呈线弹性，区域内材料发生软化，呈非线性[17]。混凝土裂缝尖端断裂过程区的存在及裂缝（在断裂过程区内）的亚临界扩展是造成混凝土断裂性能研究复杂化的主要因素[18]。早期的混凝土断裂性能研究成果大多是以线弹性断裂力学为基础的，即构件在断裂前基本处于弹性范围内，将构件视为带裂缝体。虽然这些研究仍然基于线弹性断裂力学的基本假设，并且所考虑的裂缝数量和形态非常有限，但是这些基本研究使我们对混凝土各种断裂物理现象有了较为清晰的认识。同时，线弹性断裂力学在结构工程及设计上也有成功的应用[19,20]。但是，混凝土断裂破坏有其特殊性质，大量试验研究表明，混凝土断裂参数的测试值存在尺寸依赖性，呈现离散、变异的特点，人们对于经典线弹性断裂力学在混凝土中的适用性产生了怀疑。Kesler、Naus 和 Lott 认为用于尖裂缝的经典线弹性断裂力学理论不适用于混凝土，这个结论由 Walash 加以证实[21]。有鉴于此，人们开始考虑采用非线性断裂力学去研究混凝土材料的断裂破坏。

3.1.2 非线性混凝土断裂力学

随着研究的深入，人们逐渐认识到混凝土材料从起裂到断裂始终都不是线弹性的，用线弹性断裂力学研究混凝土，实际上忽略了主裂缝失稳断裂前的亚临界扩展和断裂过程区的影响，得到的断裂性能参数没有真实反映混凝土的断裂性能。为此，人们提出了许多混凝土断裂破坏的非线性分析方法和模型。

描述混凝土断裂破坏的非线性分析方法和模型主要有两类：一类是以线弹性断裂力学为基础，主要有阻力曲线法、过程区模型、裂缝端微裂区模型和双参数模型等，它们引入反映混凝土裂缝尖端过程区非线性特征的参数，如在阻力曲线法中，引入裂缝扩展量；在过程区模型中，引入有效裂缝长度；在裂缝端微裂区模型中，引入微裂区概念。这些模型属于修正的线弹性断裂力学模型。裂缝亚临界扩展长度和范围的确定与这些模型在混凝土断裂破坏的应用密切相关，其扩展长度的大小依试件尺寸与类型有所不同，从 3cm 到 20cm 不等[22~24]。这类模型中比较典型的是双参数模型（Two Parameter Fracture Model，简称 TPFM）[25]，它将真实裂缝与微裂区结合起来考虑，化作一条有效裂缝，然后用线弹性断裂力学的理论求解，并与数值计算方法相结合，其实质在于采用有效裂缝尖端张开位移达到临界值为开裂准则，主要参数是临界应力强度因子（K_{IC}）和临界裂缝尖端张开位移（Critical Crack Tip Opening Displacement）。

1. 双参数模型（TPFM）

双参数模型（TPFM）是在所谓 G 型试件与 N 型试件的试验基础上建立的，G 型试件包括拉荷载作用下的三点弯曲、四点弯曲、单边开裂和双边开裂试件；N 型试件是指裂缝表面中心处点荷载作用条件下的中心裂缝板试件。该模型根据试件所受荷载（P）与裂缝嘴张开位移（Crack Mouth Opening Displacement，简称 CMOD）的关系将混凝土裂缝扩展分成三个过程：

（1）荷载 P 达到最大荷载 P_{max} 的一半之前时，P—CMOD 图形是线性的，对应裂缝尖

端的应力强度因子 K_{I}（Ⅰ型裂缝应力强度因子）小于 0.5 倍的临界应力强度因子 K_{IC}，此时裂缝尖端张开位移（Crack Tip Opening Displacement，简称 CTOD）可以忽略。

（2）随着荷载的增大，P—CMOD 图形的非线性特征出现，混凝土裂缝出现缓慢的扩展，K_{I} 也逐渐增加接近 K_{IC}。

（3）荷载继续增加，CMOD 达到临界点，CTOD 达到临界值，此时 K_{I} 等于 K_{IC}。

此后，裂缝扩展可在稳定的状态值 K_{IC} 继续进行，因试件的几何尺寸有所不同，在应力强度因子和裂缝尖端张开位移达到临界值时，荷载可能未达到最大值，因此可将应力强度因子表示成荷载 P、裂缝长度 a、试件几何尺寸相关量 θ 的函数：

$$K_{\mathrm{I}} = K(P, a, \theta) \tag{3-1}$$

当荷载 P 达到 P_{max} 时，保持该荷载恒定，K_{I} 对于裂缝长度 a 是一单调递增函数。对于 G 型试件，K_{I} 对于 a 的变化率为正（$\triangle K_{\mathrm{I}}/\triangle a > 0$），$P$ 与 K_{I} 同时达到最大值；对于 N 型试件，在 K_{I} 达到 K_{IC} 时，P 没有达到最大值，在此过程中 K_{I} 对于 a 的变化率为负（$\triangle K_{\mathrm{I}}/\triangle a < 0$），此时裂缝将在 K_{IC} 为恒定值处继续扩展，直到 P 达到最大值。这就是双参数模型研究混凝土断裂破坏的基本过程，对于 K_{IC} 以及临界 CTOD 则可以通过试验测得的 P—CMOD 曲线和裂缝长度计算，计算方法见文献［26］。

混凝土裂缝的特性（裂缝形态和断裂表面等）对于其扩展是有一定影响的，基于这一认识，第二类混凝土非线性断裂破坏模型产生了，这类模型的特点是描述混凝土断裂过程区开裂过程的缝面软化。其代表为瑞典的 A. Hi11erborg 提出的模型。该类模型放弃了经典线弹性断裂力学中的某些基本概念，而采用混凝土断裂过程区中材料的软化关系和引入该区域应变集中的某些假设来模拟混凝土裂缝的开裂过程[27]。其中最典型的两个模型为：虚拟裂缝模型（Fictitious Crack Model，简称 FCM）[28]和钝裂缝带模型（Blund Crack Band Model，简称 BCBM）[29]。

2. 虚拟裂缝模型（FCM）

钝裂缝带模型用一条包含密集、平行裂缝的带来模拟实际裂缝和裂缝区。由于这条裂缝带有一定的宽度，所以缝端也有一定的宽度，即缝端不是尖的，而是钝的，该模型的主要缺点是不能有一点的开裂，而是以一个带为整体形式破坏，这对于分析混凝土材料性能如何对裂缝扩展规律产生影响是不便的。

在分析混凝土Ⅰ型裂缝扩展时，人们发现，在混凝土裂缝失稳扩展前，其裂缝前缘已经出现了大量的微裂缝区。试验表明该裂缝区是一条带状区[25,30]，混凝土裂缝的扩展总是在该微裂区开始，进而扩展到更大区域。因此，如何描述裂缝区混凝土材料的力学行为对研究混凝土裂缝的扩展规律将是十分重要的。微裂区的出现削弱了混凝土裂缝前缘部分传递应力的能力，这一现象被称为材料的软化。微裂区发展越充分，其所传递的应力越小，当微裂区扩展宽度达到材料的极限宽度 w_0 时，所传递的应力为零，并同时出现宏观裂缝，即材料软化后其传递应力的能力与微裂区的“宏观”变形之间存在着一种反比关系。根据混凝土裂缝扩展的上述特点，虚拟裂缝模型认为可以将微裂区简化成一条“虚裂缝”。该虚裂缝的张开宽度（w）代表了微裂区变形量的大小；虚裂缝面上某一点所传递的软化应力 σ（x）与该点虚裂缝面的张开宽度 w（x）之间的关系称为软化曲线。虚拟裂缝模型常与有限元法联合使用，模型所需参数为断裂能 G_{F}、抗拉强度 f_{t} 及应变软化曲线（σ—w 曲线）[31]。虚拟裂缝模型可以探讨应变软化曲线与混凝土材料性能的影响关系，在材料特性与其裂缝扩展之间建立了联系，形象描述了裂缝尖端过程区混凝土材料的物理特性，对于混凝土断裂破坏机理的研究大有裨益。

虚拟裂缝模型采用的基本假设为[32]：(1) 当混凝土缝端应力较低时，微裂区稳定不扩展，而当应力达到某一临界值时，微裂区扩展。(2) 混凝土应力达到抗拉强度时，裂缝间仍有相互作用应力。这种相互有应力作用的裂缝称为虚拟裂缝，虚拟裂缝面上传递应力的大小随虚拟裂缝张开宽度的增大而减小；在应力减小为零的点即为真实宏观裂缝的端点。(3) 虚拟裂缝区应力变化的规律由拉伸试验确定。混凝土拉伸曲线的下降段可简化为单线性或双线性软化曲线。(4) 认为混凝土拉伸软化产生在一个带内。带内微裂缝形成、扩展，带外区域则保持均匀各向同性弹性性质，无能量耗散；带的宽度一般认为是最大粗骨料粒径的3倍左右。

3.1.3 混凝土断裂性能研究概况

随着人们对于混凝土断裂性能研究的深入，新的断裂模型不断提出，混凝土非线性断裂力学得到迅速发展，表征混凝土断裂力学行为的断裂参数日益增多。断裂参数不仅是混凝土断裂力学行为的反映，而且是混凝土断裂模型应用的重要基础。从1961年Kaplan进行混凝土断裂韧度试验到美国材料试验协会（ASTM）推荐了混凝土断裂韧度测试方法；从1980年Petersson用带裂缝的三点弯曲试验梁求得了混凝土断裂能到国际材料与结构实验室联合会（RILEM）推荐“用带切口的三点弯曲梁确定砂浆和混凝土断裂能”作为标准测试方法[33]，关于混凝土断裂性能参数的研究已经相当广泛。

文献[34]将虚拟裂缝模型与线弹性断裂力学相结合，利用楔入劈拉试件在试验中测得的最大荷载及对应的裂缝口张开位移，求得了混凝土裂缝亚临界扩展量的解析解，据此计算了最大尺寸为1200mm×1200mm×200mm的楔入劈拉混凝土试件的断裂韧度及临界裂缝尖端张开位移，研究结果表明，随着试件尺寸的增加，裂缝亚临界扩展量增大，但其增长幅度明显减小；而断裂韧度及临界裂缝尖端张开位移却是与试件尺寸无关的断裂参数。文献[35]将混凝土材料视为具有随机统计特性的脆性材料，根据脆性材料破坏的“最弱环假定”，将混凝土断裂韧度作为一个随机变量，研究其所服从的概率分布模型。文献对二百余根混凝土三点弯曲试件的断裂韧度的试验观测值进行了分布假设检验，结果表明，混凝土断裂韧度试验值服从Weibull分布。在此基础上，作者给出了描述混凝土断裂韧度尺寸效应规律的计算公式。

文献[36]通过分形理论对混凝土断裂面进行了测定，在此基础上提出了真实断裂能的概念，并试验研究了真实断裂能与材料组成之间的变化规律。试验结果表明：混凝土断裂面存在分形特征；真实断裂能几乎不随骨料粒径的变化而变化，随骨料品种的变化较小，随水胶比的降低而增大；经真实断裂面修正后的真实断裂能（非线性断裂参数）接近能量释放率（线性断裂参数）。文献[37]就采用三点弯曲法确定的混凝土断裂能具有明显尺寸效应的问题，分析了三点弯曲法测量混凝土断裂能的误差来源，指出荷载—挠度曲线下降段被截断的尾部曲线对断裂能测量结果影响较大。解释了断裂能测量结果的尺寸效应现象，其根本原因是断裂区以外的附加能耗随试件尺寸增大而递增；推导了断裂能的理论值，其值消除了尺寸效应的影响，可视为材料参数。

文献[38]认为：混凝土断裂行为的非线性数值分析所需的断裂参数，一般来说可由混凝土应变软化关系来确定；众多的混凝土裂缝模型（包括一些修正的线裂缝模型）对混凝土断裂行为的分析都依赖于这种关系的确定，如何准确确定这种关系意义非常重大。考虑软化效应是混凝土强度分析理论的一大进步，对混凝土软化理论的研究，主要集中在软化系数和软化应力—应变关系的确定上[39]。

文献［40］认为：混凝土拉伸时，当应力达到混凝土抗拉强度 f_t 后，界面应力 σ 与试件裂缝断面拉开量 w 的关系曲线渐次下降。其原因显然是材料微裂缝、孔隙扩展，材料逐渐受损伤，以致小的应力即能造成较大的拉伸量。通常称 σ—w 曲线的下降段为应变软化曲线。软化曲线研究表明：材料断裂面不是达到 $\sigma = f_t$ 时突然拉断（即不是失稳断裂），而是应力达到 f_t 后断面逐步被拉开，该应力随 w 增大而减小。文献［66］认为：随着应力水平的增加，应变开始时增加，随后达到极限值，最后减小。随着应变的增加应力水平的减小称为应力软化，应力软化主要发生在试件的一个狭窄的区域内（断裂过程区或者损伤区）。混凝土软化本构曲线（软化曲线）描述了断裂过程区特性。因而，研究混凝土的破坏机理时，拉伸软化特性（断裂能、拉伸软化曲线的形状）必须作为混凝土重要的材料特性之一加以研究，它包含有解释混凝土的断裂现象所需的诸多信息，如裂缝扩展分析采用的本构方程、定量考察混凝土微裂缝区域的依据、阐明高强混凝土的脆化机理、尺寸效应、破坏模式所需的信息等。混凝土的拉伸软化特性与极限强度一样有着重要作用，考虑拉伸软化特性的数值分析对求解混凝土结构的极限荷载、后屈服现象等都具有重要意义。

混凝土的应变软化曲线一般需要由直接拉伸试验的应力—应变曲线过峰值后的下降段来确定。但大多数实验室由于缺少大刚度电液伺服实验设备而很难进行完全意义上的混凝土直接拉伸实验。Petersson 采用金属铝柱作为刚性架，在普通材料试验机上测得了混凝土拉伸应力—应变全曲线[41]。Schorn 等采用相似的刚性架，获得了混凝土拉伸过程中的应力下降段曲线[42]。但是，采用使用大刚度附件得到拉伸应力—应变曲线的误差是比较大的，试验过程也比较复杂，不易操作。基于此，目前确定软化曲线使用最多的方法仍然是数值模型法。

对于混凝土应变软化本构关系，许多学者提出了不同形式的混凝土软化曲线。Hillerborg 一开始采用虚拟裂缝模型对混凝土断裂进行数值分析时，未测定混凝土的应变软化关系，而将应变软化关系假定为一直线。Petersson 建议采用双线性简化，Valente 发现采用双线性简化仍不能较好地反映实际情况，应对混凝土的实际应变软化关系进行分段线性描述[43]。除了线性应变软化关系外，还有 Reinhardt 等人提出的指数函数形式的应变软化关系[44]。

文献［45］确立了分别基于开裂强度准则和断裂韧度准则的由三点弯曲试验确定混凝土材料抗拉软化关系的方法。该方法应用扩展的虚拟裂缝模型，通过使模拟的荷载（P）—裂缝嘴张开位移（CMOD）曲线与三点弯曲试验获得的 P—CMOD 曲线吻合来确定相应的混凝土抗拉软化关系参数。

文献［46］基于 Hillerborg 的虚拟裂缝模型，利用有限元分析方法，求得折线近似的拉伸软化曲线的逆解方法，对弹性模量、初始开裂应力的决定方法进行了研究，并以双直线模型的计算结果为算例进行了逆推分析，算例符合得很好，也较好地从试验得到的荷载—位移曲线再现了拉伸软化曲线，这对于研究混凝土的断裂能、尺寸效应等具有十分重要的意义。文献［47］利用J积分法测定了混凝土的软化曲线。文献［38］在对混凝土应变软化关系物理意义及试验方法进行分析的基础上，提出一种新的确定混凝土应变软化关系的方法，并根据获得的试验结果，通过数值计算，间接确定了混凝土的应变软化关系，实际应用结果表明这种方法是比较简便有效的。文献［48］基于混凝土的应变软化曲线与荷载—裂缝张开位移全曲线相对应的特点，根据最小二乘法原理和混凝土等效裂缝断裂模型推导出计算应变软化曲线的方法。

混凝土断裂力学从测试材料的断裂参数到研究断裂参数的影响因素，再到对断裂机理的深入研究，经历了一个由浅及深，逐步深化的过程，期间，随着试验手段的不断改进以及数学理论和方法的不断引入，混凝土断裂力学性能的研究获得了巨大的发展[18,49~51]，许多国家都制定了混凝土断裂技术应用的规范和结构设计指南，我国也制定了相应的规程[52]，混凝土断裂性能的研究和混凝土断裂技术的应用相结合，必将推动混凝土断裂力学的进一步发展。

3.2 钢纤维混凝土与断裂力学

钢纤维混凝土是在混凝土中掺入能起到增强、增韧和阻止裂缝扩展作用的钢纤维形成的新型复合材料。钢纤维混凝土出现在20世纪初，俄国开始用金属纤维增强混凝土，美国人Poter在1910年发表了介绍钢纤维混凝土的第一篇论文[53]。目前，钢纤维混凝土在道路路面、机场跑道、铁路轨枕、桥梁结构、隧道内衬、防爆设施、海洋结构、建筑抗震、刚性路面、压力管道、井巷支护、水工建筑、修复加固等工程中得到了广泛应用[54]。与普通混凝土不同，由于基体开裂后钢纤维的桥联作用，钢纤维混凝土在破坏之前有较大的缓慢裂缝扩展以及在裂缝扩展区存在阻止裂缝发展的钢纤维跨接区。试验研究表明：混凝土强度越高，脆性越大；而另一方面，普通强度的钢纤维混凝土，钢纤维与基体的界面粘结力不够，不利于基体与钢纤维桥联作用的发挥[55,56]，因此，将钢纤维掺入高强混凝土得到钢纤维高强混凝土，既满足了现代建筑技术发展对于高强混凝土的需要，提高混凝土基体的韧性，又发挥钢纤维对于基体内裂缝的产生和扩展的阻止作用，增强了材料抵抗裂缝形成及其扩展的潜力，同时，基体强度的提高也有助于钢纤维强度的发挥，所以，研究钢纤维高强混凝土不同于普通混凝土的断裂行为，不仅能够了解材料自身的断裂特征，而且为研究材料断裂机理与钢纤维高强混凝土结构的性能提供有力的理论支持。

3.2.1 钢纤维阻裂K叠加法

钢纤维高强混凝土在荷载作用前后，钢纤维都能够起到阻止裂缝扩展的作用。受荷前，如果微裂缝的长度大于钢纤维间距，那么钢纤维将跨越裂缝起到传递荷载的桥梁作用，约束裂缝的进一步扩展；如果长度小于钢纤维间距的原生裂缝扩展遇到纤维，钢纤维将迫使其改变延伸方向或跨越钢纤维生成更微细的裂缝场，这种阻裂方式显著增大了微裂缝扩展的能量消耗。钢纤维混凝土受力开始时，水泥石和粗骨料共同承担外力，微裂缝几乎无变化；当荷载继续增大，超过水泥浆体所能承受的拉力时，通过水泥浆与钢纤维的粘结作用将力传递给钢纤维，材料继续承受更大的荷载并产生弹塑性变形[57]。Ramualdi[58~60]等人提出用应力强度因子叠加法（K叠加法）来描述纤维阻裂，按照K叠加法，钢纤维混凝土中裂缝的应力强度因子可表示为：

$$K = K^{c} - K^{f} \tag{3-2}$$

式中　K^{c}——混凝土基体的应力强度因子；

K^{f}——由钢纤维作用产生的应力强度因子。

在钢纤维混凝土内，由于相邻钢纤维的制约，对给定应力值来说，钢纤维的作用是有效地减少了应力强度因子 K，在裂缝尖端把纤维从基体中剥离出来需要另加能量。换句话说，因为钢纤维作用产生的应力强度因子降低了裂缝的总应力强度因子，降低值为 K^{f}。

3.2.2　断裂过程区与断裂模型

钢纤维高强混凝土的断裂涉及到高强混凝土基体与钢纤维的联合作用，也涉及到从微观起裂到宏观破坏的一系列过程。当钢纤维混凝土结构受到外部荷载作用时，其主裂缝前端出现一断裂过程区，该过程区的性能对钢纤维高强混凝土的断裂与韧性有很大影响。以脱粘和拔出为主要特征的能量消耗依赖于起影响作用的钢纤维的表面积，钢纤维跨越裂缝传递应力的能力取决于给定截面中钢纤维的截面积、钢纤维的弹性特征以及钢纤维与混凝土的粘结特性。当钢纤维混凝土初裂以后，裂缝张开受到横跨裂缝纤维的桥接阻止作用，这种阻止作用取决于基体性能、纤维性能、纤维类型、纤维的几何形状及分布情况等。由于钢纤维乱向分布的特点，使这种开裂和阻裂也是乱向的，这就增加了裂缝开裂路径的曲折性，使钢纤维混凝土材料在荷载作用下表现为裂缝的缓慢增长，呈现“塑性”特征[61]。

国外诸多学者在对钢纤维混凝土断裂性能参数的研究分析基础上，建立多种钢纤维混凝土断裂模型。与混凝土相比，钢纤维混凝土裂缝尖端的非线性特征更加显著，断裂过程区范围更大，Visalvanich 和 Naamani 依据应力和张开位移的关系，将钢纤维混凝土裂缝分成 3 个区域：Ⅰ区域为真实裂缝，纤维被拔出或拔断；Ⅱ区域为假塑性区，此处基体已开裂，但桥接的纤维仍能提供一些阻止拔出或拉裂的作用；Ⅲ区域为复合材料中的微裂区或过程区。假塑性区本身又可分为 2 个区域，其性能与纤维长度、界面粘结性能等许多参数有关[62~64]。有文献将混凝土的断裂模型延伸到钢纤维混凝土断裂机理的研究中，如引入虚拟裂缝模型的概念，认为闭合应力是纤维长度、纤维直径和界面粘结强度的函数[65]；也有文献将等效裂缝的概念引入，考虑钢纤维桥接区和基体裂缝尖端的非线性，假定非线性的闭合力相当于纯拉作用，实际裂缝可由一有效裂缝代替，并将有效裂缝分为 3 个区域，即自由拉力区、纤维桥接区与由骨料联锁和微裂缝导致的基体过程区[66]。在这些断裂模型中，闭合应力的分布形式对于模型描述钢纤维混凝土断裂特性的准确性非常重要。

Visalanich 和 Naaman 认为闭合应力依赖于纤维的有效系数，并且是裂缝开裂外形的指数函数；但 Wecharat*ana* 和 Shah[67~69]则认为闭合应力沿裂缝面方向的分布为抛物线形。这些方法都属于引入非线性的参量或概念的模型。也有基于线弹性断裂力学方法的断裂模型，如 S. A. Hamoush 等人[70]提出考虑纤维桥联作用，计算纤维混凝土应力强度因子，以此判断裂缝的扩展情况；再如前文所述的 Ramualdi 叠加法，这些模型的特点是考虑裂缝尖端的应力强度因子，在概念上解释钢纤维混凝土断裂破坏机理比较直观，但是在求解应力强度因子时，计算比较复杂。笔者认为，在钢纤维混凝土断裂机理研究时，可将两种模型结合起来考虑，对于定性分析时，线弹性断裂模型概念清晰，便于说明问题；定量分析时，非线性模型便于将试验结果与计算结果比较，方便计算。

3.2.3 钢纤维混凝土断裂性能研究概况

文献［71］认为，应力软化曲线对于描述钢纤维混凝土裂缝开裂后的性能非常重要；不同体积率下的钢纤维混凝土应力软化曲线特性有所不同；在对钢纤维混凝土性能的评估上，采用断裂能和应力软化曲线要优于抗弯强度；钢纤维混凝土的断裂能与钢纤维的抗拉强度有关。裂缝扩展阻力随裂缝扩展增量变化的曲线被称为阻力曲线或 *R* 曲线，文献［72］研究了钢纤维混凝土的 *R* 曲线后认为，它与试件的几何条件无关。

国内的学者对钢纤维混凝土断裂参数的影响因素和断裂机理也展开了广泛的研究。文献［73］采用试件规格为 100mm × 100mm × 500mm、预制裂缝为 5cm 长的三点弯曲试件对钢纤维混凝土的断裂性能进行了试验研究，研究表明：钢纤维几何外形的改变对界面粘结强度有明显影响，两端带有弯钩的钢纤维增强效果明显优于直纤维增强的混凝土；钢纤维混凝土和普通混凝土相比较，断裂韧度和断裂能均有提高。文献［74］采用单轴拉伸、三点弯曲和楔入劈拉三种试件模型分别进行钢纤维混凝土及普通混凝土材料的抗裂性能试验，对比分析两种材料的试验结果，发现在混凝土中掺入一定量的钢纤维，对混凝土结构最大承载能力的提高作用有限，却能够非常明显地增加其材料的断裂韧性和断裂能，掺入钢纤维后混凝土材料的变形能力也会显著提高。

文献［75］在研究后认为：断裂能更能准确地评价钢纤维混凝土的断裂性能，线弹性断裂参数断裂韧度仅在材料可视为弹性材料的条件下才具有意义；钢纤维混凝土增韧机理主要依赖于钢纤维拔出破坏机制，钢纤维扩大了断裂过程区。文献［76］通过对钢纤维高性能混凝土切口梁进行三点弯曲试验表明，钢纤维类型和掺量均为影响高性能混凝土弯曲韧性和断裂能的重要因素。高性能混凝土的能量吸收能力和断裂能随纤维掺量的提高而提高；与低强凸痕型钢纤维相比，端部带弯钩的高强钢纤维对高性能混凝土弯曲韧性和断裂能的提高效果更为显著。综合利用断裂能和弯曲韧性指标，才能更全面地描述混凝土在弯曲过程中的受力与破坏特征。

文献［55］通过对钢纤维高强混凝土断裂韧度研究后认为：当钢纤维性能一定时，影响钢纤维高强混凝土断裂韧度的主要因素是混凝土基材的特性，钢纤维高强混凝土的断裂韧度比普通钢纤维混凝土增大约 30%。文献［56］也认为：普通强度的钢纤维混凝土，纤维与基体的界面粘结力不够，不利于钢纤维强度的发挥。因此，提高基体混凝土强度对改善钢纤维混凝土各种力学性能显得尤为重要。文献［77］研究表明：钢纤维的掺入是增加高强混凝土韧性的有效途径，在高强混凝土中掺入 1.5% 的钢纤维，可使临界裂缝尖端张开位移提高 4 ~ 9 倍，并且在一定范围内，基体强度的提高可使临界裂缝尖端张开位移明显增加，这既体现了钢纤维良好的增韧效果，也表明了临界裂缝尖端位移作为钢纤维混凝土断裂参数的优越性，对于同一种基体强度，钢纤维体积率在 0 ~ 2.0% 时，临界裂缝尖端张开位移随钢纤维体积率呈线性增加，钢纤维长度也是影响临界裂缝尖端张开位移的明显因素。

钢纤维的增强作用可归结为三个方面的内容：一是显著提高混凝土的韧性或能量吸收能力；二是提高混凝土的抗拉强度或应变；三是改善混凝土控制裂缝的能力[78]。文献［79］认为：考虑钢纤维增强作用的断裂破坏模型的建立必须确定准确的裂缝张开位移表达式、应力—位移关系式、开裂准则、断裂过程区作用范围，考虑尺寸效应等因素以及基体对起裂的阻止作用。文献［80］在 K 叠加法的基础上，提出了解释钢纤维阻裂机理的模型，该模型不仅揭示钢纤维的阻裂作用，而且揭示了钢纤维阻止裂缝发展的过程，说明了钢纤维阻裂的程度。

钢纤维混凝土的断裂过程区较混凝土大，因此对其断裂分析时应多从非线性关系上把握，采用钢纤维混凝土拉伸软化关系曲线不失为一种好的方法。但是鉴于软化曲线的试验测试比较困难，人们在结合混凝土材料软化曲线特征的基础上，采用数值计算的办法获得了钢纤维混凝土的软化曲线。文献［81］研究了基体软化特性和纤维拔出特性对钢纤维混凝土断裂性能的影响。文献［82］通过对试验资料的分析得到了钢纤维体积率为 1.0% 的钢纤维混凝土的软化试验曲线。文献［83，84］分别从有限元分析和力学分析的角度提出了建立钢纤维混凝土软化曲线的办法。

国内外对于钢纤维混凝土断裂性能的研究已经涉及了断裂参数及其影响因素、断裂模型的建立以及有限元模拟等诸多方面，积累了一些重要的研究成果。但是，在断裂参数的测试方法、计算方法、分析方法以及断裂参数影响因素的研究方面，没有得到统一的、公认的方法和模式，得到的结论也不尽相同，出现相互矛盾的情况也屡见不鲜。近年来，随着高强混凝土和超高强混凝土的发展，也开展了钢纤维高强混凝土的应用研究。由于钢纤维高强混凝土在制备过程中对于材料组成的某些特殊要求以及混凝土基体强度较高，使得钢纤维高强混凝土的断裂破坏特征明显。与钢纤维混凝土相比，钢纤维高强混凝土断裂性能的研究还比较薄弱，因此，亟待深入开展钢纤维高强混凝土断裂性能的研究。

3.3　断裂力学试验方法

混凝土断裂力学试验是获得混凝土材料断裂性能的重要手段，它不用进行复杂的数学理论分析，可直接获得材料的断裂性能，通过试验技术的不断进步，混凝土断裂力学试验必将为研究混凝土材料断裂性能提供更为丰富的分析资料，它与理论分析相结合，构成了混凝土断裂力学研究的完整体系。

3.3.1　断裂力学测试技术

1. 电测法

在断裂力学试验中常用到电测法和光测法。电测法是实验力学中广泛使用的效果较好的测试方法之一。结构或构件在外荷载作用下会发生变形，这些变形可以通过传感元件转变成电量，一般而言，变形较小，因此电量变化也较小，需要通过放大系统才能保存并记录下这些变化，根据这些结果，可以分析出结构或构件的变形及受力特征。最常用的传感元件是电阻应变片，它可以直接贴到结构或构件表面，当结构或构件变形时，其上粘贴的电阻应变片的电阻值会发生相应的变化，通过电阻应变仪将此电阻变化转换成电压（或电流）的变化，再换算成应变值，根据应变值可以间接得到应力变化或者变形大小。

在混凝土断裂力学研究领域，电测法已经得到广泛应用，如在混凝土断裂试验中，在试件初始切口尖端延长线两侧各水平测点处分别贴全桥和半桥应变片。利用全桥应变片可精确测得整个试件以及各测点的起裂荷载，并可利用直线内插法计算得到临界裂缝长度精确值。各水平测点处起裂荷载对应的半桥应变片的应变值即为材料的极限拉应变，根据最大应变开裂准则，利用半桥法可测得裂缝临界长度的范围[85]。也有混凝土断裂试验中，沿预制裂缝延长线上布置与预制裂缝方向垂直的应变片以测定裂缝端部的断裂过程区[86]。

对结构或构件的裂缝扩展情况及扩展速率，可以采用专门的裂缝扩展片进行判断和量测。对裂缝张开位移测量，可以采用引伸仪进行，它的工作原理也是基于电测法，有关这部分的内容将在第4章4.2节中介绍。

在混凝土断裂试验过程中，变形的微小变化量，裂缝的微扩展量都能够在记录设备上得到反映，电测法的灵敏度是较高的；输出的电信号可以实现即时传输记录，方便了试验控制。另外，电测法用到的应变片重量轻、体积小，可以按照不同的极限温度在低温、常温和高温状态下使用，适用范围比较广。电测法的上述优点使之成为一种重要的断裂力学实验手段。

2. 光测法

光测法也是实验力学中广泛使用的测试方法，常用的有光弹性法和云纹法。光弹性法基本原理是应力—光定律，简言之，具有双折射效应的各向同性透明材料受到应力作用会产生一定光学特性，即产生双折射现象，应力与双折射之间存在的固有对应关系就是应力—光定律。进行结构应力分析时，在结构的被量测部位贴上一层具有双折射效应的光弹性材料，并在模型表面涂上增强反射性能的银粉漆等物质，利用它与结构接触面上变形相等的条件，由贴片中测得的应力光图来确定结构的变形与应力，所以又称为贴片法[87]。云纹法基本原理是利用与结构受力有关的变形光栅（称试样栅）和不变形的基准栅（也称参考栅）相重叠，产生干涉条纹，再根据所获得的干涉条纹图，计算被测量物体的变形。测试时，将两块光栅重叠，一般一同覆着在结构表面上，当结构受荷变形时，在其表面上的试样栅与其一起变形，用参考栅重叠，将产生云纹干涉[88]。

混凝土裂缝扩展及裂缝尖端区域的应力应变场变化都可以采用光测法进行。文献［89］采用光弹性法系统研究了平面尺寸分别为3.6m×3.0m，3.0m×2.5m，2.4m×2.0m，1.8m×1.5m，1.2m×1.0m，0.6m×0.5m的大型混凝土紧凑拉伸试件的裂缝起裂、稳定扩展直至失稳破坏的全过程，并用录像机拍摄了光弹性贴片所显示的裂缝扩展的全过程，得到了混凝土裂缝在不同荷载阶段从起裂、稳定扩展直到失稳破坏全过程的完整而直观的观察结果，根据试验结果分析了扩展裂缝前缘形变场分布。

3. 声发射法

声发射是材料内部（局域源）由于应变能的快速释放而产生瞬时弹性波的现象，有时也称为应力波发射。材料在应力作用下会发生变形，当应力增大到一定程度时，材料内部的裂缝会不断扩展，材料最终破坏，在这个力学过程中，材料内部会不断发射瞬时弹性波，通过建立弹性波与不同力学过程之间的对应关系，并根据这种对应关系分析材料破坏过程，这种方法就是声发射法。声发射法由德国学者Kaiser首先应用于金属材料的力学过程。

混凝土在外力作用下，由于变形，材料内部将不断积蓄变形能，而当外力足够大，使材料产生塑性变形、开裂，或裂缝扩展时，变形能释放并伴随产生声发射信号，经过分析处理，就可探明塑性变形、开裂或裂缝扩展的情况[90]。文献［91］从实验入手证明了混凝土声发射过程分形特征的存在，再通过混凝土三点弯曲实验，分析了断裂过程中声发射关联分维数的变化规律，建立了混凝土临界断裂的识别模式。实际上，采用声发射法研究混凝土断裂性能本质上是寻求建立混凝土声发射过程与其裂缝扩展过程间的对应关系，据此，可进一步分析混凝土断裂过程。

断裂力学的测试方法涉及学科较多，这里所介绍的三种测试技术并不能包括其全部。进行断裂力学试验可能会应用多种技术同时进行，选用的主要依据是试验目的和试验条件，在进行断裂力学试验前要综合考虑这些因素，才能较好地完成试验任务。

3.3.2　断裂参数测试设备

断裂力学试验是结构试验的一种，通过测得试验构件或结构在外荷载作用下的各种反应，分析构件或结构的断裂性能，得出反映材料断裂性能的力学参数，测试设备主要包括加载装置、位移量测装置、数据采集系统等。

断裂力学试验对试验设备精度要求相对较高，加载过程可在万能试验机上完成，试验机加载系统一般由液压操纵台、液压加载器和机架组成，进行试验前要根据测试需要和试件的材料和尺寸选择合适的试验机。材料试验机施加给试件的荷载大小通过荷载传感器测定，荷载传感器核心部件是个厚壁筒，壁筒上贴有电阻应变片，荷载作用时，壁筒变形，贴于其上的电阻应变片便将变形转换成电量，最后根据数据记录装置记录结果即可获得试验过程中的荷载变化情况。

断裂力学试验的位移测量主要包括挠度测量和裂缝张开位移的测量。挠度（如试验试件跨中挠度）测量可采用接触式位移计（百分表）进行，在三点弯曲断裂力学试验中，通过测得的荷载—挠度曲线可以得到断裂能。裂缝张开位移的测量采用夹式引伸仪，试验试件在荷载作用下，裂缝嘴或裂缝尖端会产生相对位移，有关这部分的内容将在第 4 章 4.2 节详细介绍。

数据采集系统（简称数采系统）可以进行数据采集、处理、分析、判断、报警、直读、绘图、储存、试验控制和人机对话等。主要包括传感器、数据采集仪和计算机（控制与分析器），传感器的作用是感受各种试验物理量并把它们转变成电信号；数据采集仪的作用是对所有的传感器通道进行扫描，将扫描结果进行信号/物理量转换，然后将这些物理量数据传给计算机，或者打印、存盘；计算机通过软件系统对数据采集仪进行采样控制，对数据进行实时处理和后处理[92]。

3.3.3　常用断裂参数的测试方法

应力强度因子、J 积分和裂缝张开位移的临界值 K_{IC}、J_C 和 δ_C 是建立断裂准则的重要依据，表征了材料抵抗裂缝扩展的能力，这些参数的确定是断裂力学研究的重要内容之一，一般通过断裂力学试验完成。基于试验测得的荷载—挠度曲线、荷载—张开位移曲线，经过分析与计算就可以得到 K_{IC}、J_C 和 δ_C，对于混凝土材料，还可以得到断裂能 G_F。

混凝土断裂参数的试验测试方法主要有直接拉伸法、紧凑拉伸法、楔入劈拉法和三点弯曲法，常用的主要是楔入劈拉法和三点弯曲法，两种方法的试件样式、加载方式不同。

1. 楔入劈拉法

楔入劈拉法是通过对紧凑拉伸法的加载原理加以改进得到的，试件受力见图 3.1（*a*）。紧凑拉伸试件如图 3.1（*b*）所示。该试件节省材料，理论上，试验结果不涉及自重的影响，便于提高试验结果的精度；同时，由于试件所受荷载为水平拉力，加载比较方便。试验时，使用专门的加载工具实施拉伸加载。该方法尽管加载比较方便，但需要专门的夹具，夹具要求较高的加工精度，而且原则上不同厚度的试件需要不同的夹具相匹配[86]。

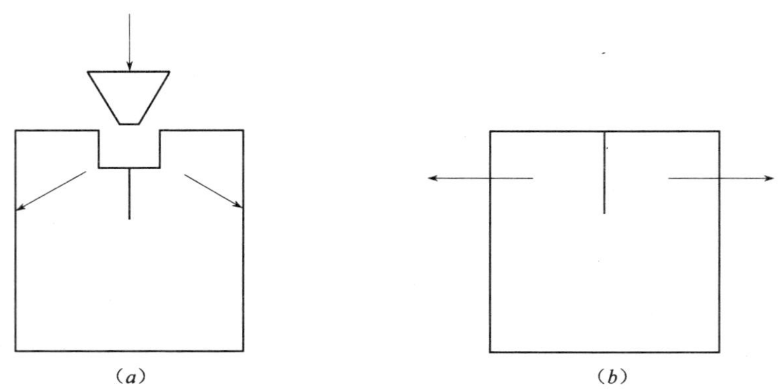

图 3.1　试件受力图示
(a) 楔入劈拉法；(b) 紧凑拉伸法

楔入劈拉法将紧凑拉伸法直接施加拉力的加载方式变为直接施加压力，这样不仅使试件易于制作，而且使试验操作变得简单，加载过程也更加容易控制。这种方法通过一套制作起来比较简单方便，造价也较低的加载器具将一个很小的竖向力转变成一个较大的水平分力，降低了对试验机刚度的要求，较容易测得较光滑的荷载—位移全过程曲线，减小了自重对断裂参数的影响，且试件韧带相对较大，比较适合于除复合型断裂以外的各种断裂力学试验。

图 3.2 为楔入劈拉法试验测试图。试验可在压力试验机上完成，过程如下：将加工好的试件置于试验机上，在试件切口张开处安装位移传感器（引伸仪），将试件对中后即可施加竖向荷载，通过自动数据采集系统可以记录荷载及张开位移大小。

图 3.2　楔入劈拉法试验测试图

2. 三点弯曲法

三点弯曲法试件的受力特点是在跨中受到一个集中荷载作用，在其中部一段区域内形成一个纯弯曲段。该方法对试验机的要求不高，试验操作简单，数据采集种类多，有较强的适用性。

在三种裂缝类型中，Ⅰ型裂缝最危险。对于在实际工程中常见的复合型裂缝，往往偏于安全地将其作为Ⅰ型裂缝处理。同时，同种材料在相同条件下，Ⅰ型裂缝断裂特征亦能反映其在复合裂缝条件下的断裂特征[93]。

三点弯曲法是 RILEM 混凝土断裂委员会推荐的混凝土断裂性能测试方法，适用于Ⅰ型裂缝。此法利用常规设备能完成稳定的弯曲试验，适合一般条件的实验室。因此，本书也采用该方法对钢纤维高强混凝土断裂性能进行试验研究，下文就钢纤维高强混凝土断裂试验设计、试验过程、数据量测及分析进行详细介绍。

参考文献

[1] T. J. Bear and B. Barr. Fracture Toughness of concrete [J] . Concrete, 1977, 13 (1): 92-96.

[2] S. P. Shah and F. J. Mi. Griffith Fracture Criterion and Concrete [J]. Journal of the Engineering Mechanics Division, ASCE, 1971, 97 (6): 1663 ~ 1676.

[3] G. B. Welch and B. Haisman. The Application of Fracture Mechanics to Concrete and the Measurement of Fracture toughness [J]. Materiaux et Constructions, 1959, 2 (9): 171 ~ 177.

[4] D. J. Naus and J. L. Lott. Fracture Toughness of Portland Cement Concrete [J]. ACI Journal, 1969, 66 (6): 481-489.

[5] F. Moavenzadeh and R. Kuguel. Fracture of Concrete [J]. Journal of Materials, 1969, 4 (3): 497-519.

[6] K. Togawa, T. Satoh and K. Araki. Parameters on the fracture toughness of mortar and concrete [C]// Review of the 27th General Meeting [J]. The Cement Association of Japan, 1973: 117-120.

[7] 王凤翼. 骨料对混凝土断裂机理的影响和混凝土复合断裂判据的试验研究 [D] . 大连: 大连理工大学博士学位论文, 1990.

[8] 徐世烺, 赵国藩. 混凝土断裂力学研究 [M] . 大连: 大连理工大学出版社, 1991.

[9] 贾艳东, 宋玉普, 黄志强. 测定混凝土断裂参数试验方法的研究 [J] . 低温建筑技术, 2004, (2): 11-13.

[10] F. E. Rich, A. Brandtzaeg and R. L. Brown. A study of the failure of concrete under combined compressive stresses [J]. Bulletin NO. 185, Engineering Experiment Station, University of Illinois Bulletin, 1928, 26 (12): 24-36.

[11] A. M. Neville. Some aspects of the strength of conerete [J] . Civil Engineering (London), 1959, 54: 1153-1156.

[12] M. F. Kaplan. Crack Propagation and the Fraeture of Conerete [J] . ACI Journal, 1961, 58 (5): 591-610.

[13] A. A Wells Application of Fracture Mechanics at and beyond General Yielding [J]. British Welding Journal, 1963, 10: 563-570.

[14] J. Glueklieh. Fraeture of Plain Conerete [J]. Journal of the Engineering Mechanics Division, ASCE, 1963, 89 (6): 127-138.

[15] S. P. Shah and G. Winter. Inelastic Behavior and Fracture of Concrete [J]. ACI Journal, 1968, 20: 5-28.

[16] T. C. Hansen. Cracking and Fracture of Concrete and Cement Paste [J]. ACI Journal, 1968, 20: 43-66.

[17] 赵志方, 徐世烺. 混凝土软化本构曲线形状对双 K 断裂参数的影响 [J] . 土木工程学报, 2001, 34 (5): 29-34.

[18] 易成, 谢和平, 孙华飞. 钢纤维混凝土疲劳断裂性能与工程应用 [M]. 北京: 科学出版社. 2003.

[19] 潘家铮. 断裂力学在水工结构设计中的应用 [J]. 水利学报, 1980 (1): 45-49.

[20] 于骁中, 居襄. 断裂力学在水工结构设计中的应用 (讨论稿)[J]. 水利学报, 1980, (5): 86-87.

[21] Z. P. Bazant, E. P. Chen. Scaling of structure failure [J]. Applied mechanical review, 1997, 50 (10): 593-627.

[22] 田明伦, 黄松梅, 刘恩锡, 吴利言, 隆开圻, 杨志山. 混凝土的断裂韧度 [J]. 水利学报, 1982, (6): 39-46.

[23] 王学志, 宋玉普, 张小刚, 黄志强. 基于尺寸效应的混凝土有效裂缝扩展量研究 [J]. 武汉理工大学学报, 2006, 28 (3): 51-54.

[24] 徐世烺. 混凝土断裂机理 [D]. 大连: 大连理工大学博士学位论文, 1988.

[25] Y. S. Jeng and S. P. Shah. Two Parameters Fracture Model for Concrete [J]. Journal of Engineering Mechanics, 1985, 111 (10): 1227-1241.

[26] C. E. Inglis. Stress in a plate due to the presence of cracks and sharp corners [J]. Transactions Institution of Naval Architects, 1913, 55: 219-241.

[27] 马颖利. 试验研究混凝土双参数模型和双 K 断裂准则 [D]. 大连: 大连理工大学硕士学位论文, 2002.

[28] A. HIllerborg, M. Modeer and P. E. Petersson. Analysis of Crack Formation and Crack Growth in Concrete by Means of Fracture Mechanics and Finite Elements [J]. Cement and Concrete Research, 1975, 6 (6): 773 ~ 782.

[29] Z. P. Bazant. Mechanics of Fracture and Progressive Cracking in Concrete Structures; Fracture Mechanics of Conerete; Structural Application and Numerical Calculation [J]. edited by C. G. Sih and A. Ditommaso Hague, Martinus Nijhoff Publishers, 1985: 1-94.

[30] B. A. Bilby, A. H. Cottrell and K. H. Swinden. The Spread of Plastic yield from a notch [J]. Proceedings of the Royal Society of London, 1963, 272 (1350): 304-314.

[31] 栾兰. 自密实超高强混凝土双 K 断裂参数研究 [D]. 大连: 大连理工大学硕士学位论文, 2004.

[32] 王占桥. 纤维高强混凝土断裂性能的试验研究 [D]. 郑州: 郑州大学硕士学位论文, 2004.

[33] A. Hillerborg. The theoretical basis of a method to determine the fracture energy of concrete [J]. Material and Construction, 2003, 18 (106): 291-296.

[34] 吴智敏, 徐世烺, 王金来. 混凝土断裂韧度及临界裂缝尖端张开位移———基于虚拟裂缝模型的分析 [J]. 三峡大学学报 (自然科学版), 2002, 24 (1): 29-34.

[35] 徐世烺, 赵国藩. 混凝土断裂韧度的概率模型研究 [J]. 土木工程学报, 1988, 21 (4): 9-24.

[36] 严安, 吴科如, 姚武, 张东. 混凝土材料的真实断裂能研究 [J]. 建筑材料学报, 2001, 4 (4): 346-351.

[37] 郭向勇, 方坤河, 冷发光. 混凝土断裂能的理论分析 [J]. 哈尔滨工业大学学报, 2005, 37 (9): 1219-1223.

[38] 钱觉时, 王智, 罗晖. 混凝土应变软化关系及其确定 [J]. 大连理工大学学报, 1997, 37 (增刊 1): 62-67.

[39] 徐艳秋, 高伟. 混凝土软化本构关系研究的发展 [J]. 石家庄铁道学院学报, 2000, 13 (2): 34-38.

[40] 王慧. 混凝土及纤维混凝土的断裂分析 [J]. 合肥工业大学学报 (自然科学版), 1996, 19 (4): 64-68.

[41] P. E. Petersson. Crack growth and development of fracture zones in plain concrete and similar materials (R). Report TVBM-1006, Lund Institute of Technology, 1981.

[42] H. Schorn, T. Berger-Bocker. Test method for determining process zone position and fracture energy of concrete [J]. Experimental Techniques, 1989, 13 (6): 29-33.

[43] G. Valente. Size effect of measured fracture energy of concrete in three point bend tests on notched beam [C] // A. R. Luxmoore, ed. Numerical methods in fracture mechaincs. Proceeding of the4th International Conference. Swansea, 1987: 134-245.

[44] H. W. Reinhardt, A. W. Cornelissan and D. A. Hordijk. Tensile tests and failure analysis of concrete [J]. J Struct Eng ASCE, 1986, 112 (11): 2426-2477.

[45] 张君, 刘骞. 基于三点弯曲实验的混凝土抗拉软化关系的求解方法 [J]. 硅酸盐学报, 2007, 35 (3): 268-274.

[46] 王宝庭, 徐道远. 混凝土拉伸软化曲线折线近似的逆解方法 [J]. 力学学报, 2001, 33 (4):

535-541.

[47] 段树金，李云峰，李彦军，王书报，彭成山，章美文．测定混凝土应变软化曲线的 J 积分法 [J]．工程力学，1998，15（4）：108-114.

[48] 王新友，吴科如．混凝土应变软化曲线的计算分析 [J]. 同济大学学报，1993，21（3）：331-338.

[49] A. Carpinteri，A. R. Ingraffea 著．杨煜惠，黄政宇，万良芬等译．混凝土断裂力学—材料特性与试验 [M]．长沙：湖南大学出版社，1988.

[50] 唐春安，朱万成．混凝土损伤与断裂—数值试验 [M]. 北京：科学出版社，2003.

[51] S. P. Shah. An overview of the fracture mechanics of concrete [J]. Cement, Concrete and Aggregates,1997, 19（2）：79-86.

[52] DL/T 5332—2005. 水工混凝土断裂试验规程 [S]. 北京：中国计划出版社，2005.

[53] D. J. Hannant 著，陆建业译．纤维水泥与纤维混凝土 [M]. 北京：中国建筑工业出版社，1986.

[54] 高丹盈，刘建秀．钢纤维混凝土基本理论 [M]. 北京：科学技术文献出版社，1994.

[55] 邓宗才，杨秀元．钢纤维高强混凝土的断裂韧度 [J]. 工业建筑，1995，25（10）：36-38.

[56] 程庆国，高路彬，徐蕴贤，吴淑华．钢纤维混凝土理论与应用 [M]. 北京：中国铁道出版社，1999.

[57] 曾志兴．基于断裂力学的钢纤维混凝土裂缝的研究 [J]. 工业建筑，2005，35（3）：53-55.

[58] J. P. Romualdi and G. B. Batson. The behavior of reinforced concrete beams with closely placed reinforcement [J]. ACI Journal, 1963, 60: 775-789.

[59] J. P. Romualdi and J. A. Mandel. Tensile strength of concrete affected by uniformly distributed and closely spaced short lengths of wire reinforcement [J]. ACI Journal, 1964, 61（6）: 657-671.

[60] J. C. Lenain and A. R. Bunsell. The resistance to crack growth of asbestos cement [J]. Journal of Materials Science, 1979, 14（2）: 321-332.

[61] 王占桥．纤维增强与加固混凝土断裂与粘结能力 [D]. 郑州：郑州大学博士学位论文，2007.

[62] K. Visalvanich and A. E. Naaman. Fracture model for fiber reinforced concrete [J]. ACI Journal, 1983, 80（2）: 128-138.

[63] K. Visalvanich and A. E. Naaman. Fracture methods in cement composite [J]. Proceedings of ASCE, 1981, 107: 1155-1171.

[64] A. E. Naaman. A fracture model for fiber reinforced cementitious materials [J]. Cement Concrete Research. 1973, 3（4）: 397-411.

[65] A. B. Eissa, G. Batson. Model for predicting the fracture process zone and R-curve for high strength FRC [J]. Cement and Concrete Research, 1996, 18（2）: 125-133.

[66] M. Wecharatana, S. P. Shah. A model for predicting fracture resistance of fiber reinforced concrete [J]. Cement and Concrete Research, 1983, 13（6）: 819-829.

[67] M. Wecharatana and S. P. shah. Double tension test for studying slow crack growth of Portland cement mortar [J]. Cement and concrete research, 1980, 10（5）: 832-844.

[68] M. Wecharatana and S. P. shah. A model for predicting fracture resistance of fiber reinforced concrete [J]. Cement and concrete research. 1983, 13（6）: 819-829.

[69] Sameer A. Hamoush, M. Reza Salami, Elias G Abu-Saba. Fracture model to predict intensity in fiber reinforced concrete [J]. ACI Material Journal, 1991, 88（5）: 504-507.

[70] Parviz Soroushian, Hafez Elyamany, Atef Tlili, Ken Ostowari. Mixef-Mode Fracture Properties of Concrete Reinforcef with Low Volume Fractions of Steel and Polypropylene fibers [J]. Cement and Concrete Composites. 1998, 20（1）: 67-78.

[71] N. Kurihara, M. Kunieda, T. Kamada, Y. Uchida and K. Rokugo. Tension softening diagrams and evalua-

tion of properties ofsteel fiber reinforced concrete [J]. Engineering Fracture Mechanics. 2000 , 65 (2): 235-245.

[72] F. Velazco, K. Visalvanish and S. P. Shah. Fracture behaviour and analysis of fiber reinforced concrete beams, Cement and Concrete Research, 1980, 10 (1), 41-51.

[73] 黄煜镔，钱觉时，王智，叶建雄. 钢纤维混凝土断裂性能研究 [J]. 建筑技术，2002，33 (1)：28-29.

[74] 孙启林，王利民，赵成泉，华珍，代祥俊，蒲琪. 钢纤维混凝土抗裂性能测试 [J]. 山东理工大学学报（自然科学版），2005，19 (3)：21-26.

[75] 赵振华，巴明芳，王丽君. 浅析钢纤维混凝土断裂性能 [J]. 山东建材，2005，(5)：57-58.

[76] 王田凤. 钢纤维对高性能混凝土弯曲韧性和断裂能影响的试验 [J]. 工业建筑. 2007，37 (5)：65-69.

[77] 赵永利，孙伟，罗欣. 高强及钢纤维高强混凝土 K_{IC}、δ_{IC} 的研究 [J]. 东南大学学报，1997，27 (2)：133-137.

[78] 罗章，李夕兵，凌同华. 钢纤维混凝土的增强机理与断裂力学模型研究 [J]. 矿业研究与开发，2003，23 (4)：18-22.

[79] 王新友. 钢纤维混凝土的断裂模型研究 [J]. 广西水利水电，1992，(3)：2-7.

[80] 易志坚，杨庆国，李祖伟，邓卫东，钟宁. 基于断裂力学原理的纤维混凝土阻裂机理分析 [J]. 重庆交通学院学报，2004，23 (6)：43-45.

[81] 余文晖，王永双. 钢纤维增强混凝土拉伸本构模型 [J]. 湖南环境生物职业技术学院学报，2007，13 (2)：23-26.

[82] 王慧. 混凝土、纤维混凝土裂纹扩展分析 [J]. 工业建筑，1997，27 (1)：29-31.

[83] 蔡敏，蔡四维. 混凝土、纤维混凝土的 I 型断裂 [J]. 工程力学，1999，16 (4)：54-58.

[84] 郭晓辉，李珠，孙钰. 纤维增强混凝土拉伸软化本构方程的实验确定方法 [J]. 太原工业大学学报，1995，26 (3)：35-38.

[85] 高淑玲，徐世烺. 电测法确定混凝土裂缝的临界长度 [J]. 清华大学学报，2007，47 (9)：1432-1434.

[86] 李庆芬. 断裂力学及其工程应用 [M]. 哈尔滨：哈尔滨工程大学出版社，1998.

[87] 于骁中等. 岩石和混凝土断裂力学 [M]. 长沙：中南工业大学出版社，1991.

[88] 刘宝琛. 实验断裂、损伤力学测试技术 [M]. 北京：机械工业出版社，1994.

[89] 徐世烺，赵国藩. 光弹性贴片法研究混凝土裂缝扩展过程 [J]. 水力发电学报，1991，(5)：8-18.

[90] 冯伯林，徐道远，章定国，符晓陵. 用声发射技术确定混凝土断裂临界开裂点的探讨 [J]. 华东水利学院学报，1985，(1)：109-115.

[91] 纪洪广，王基才，单晓云，蔡美峰. 混凝土材料声发射过程分形特征及其在断裂分析中的应用 [J]. 岩石力学与工程学报，2001，20 (6)：801-804.

[92] 王天稳. 土木工程结构试验 [M]. 武汉：武汉理工大学出版社，2006.

[93] 贾艳东. 不同粗骨料及强度等级混凝土的断裂性能及其实验方法研究 [D]. 大连：大连理工大学硕士论文，2003.

第4章　断裂试验设计

4.1　试件设计与制作

试验采用的三点弯曲切口梁试件如图4.1所示。试件尺寸$B \times W \times L = 100mm \times 100mm \times 515mm$，跨距S为400mm。立方体抗压强度和劈裂抗拉强度均采用150mm×150mm×150mm的标准立方体试块测试。

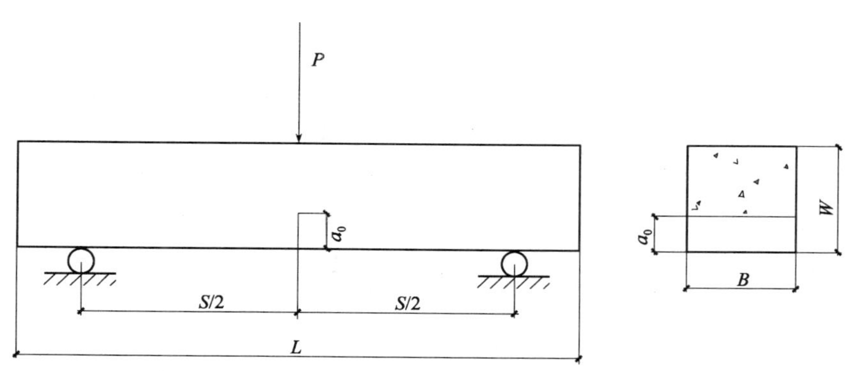

图4.1　试件的几何形状

4.1.1　试验参数与分析流程

为了客观反映钢纤维体积率对高强混凝土（High Strength Concrete，简称HSC）断裂性能的影响，在混凝土基体配合比的基础上，针对于各钢纤维体积率分别确定其配合比，并按照每个钢纤维体积率下的配合比浇筑钢纤维高强混凝土（Steel Fiber Reinforced High Strength Concrete，简称SFHSC）试件和HSC对比试件，以消除基体混凝土变异对试验结果的影响。文献［1］指出：钢纤维混凝土性能取决于基体混凝土性能和钢纤维性能以及相对含量，除钢纤维外，对其他组成材料也有许多特殊的要求，混凝土基体性能对钢纤维混凝土性能有较大影响，因此，在研究SFHSC断裂性能的同时，有必要对其对比组的HSC断裂性能进行研究。

SFHSC与对比组HSC断裂性能试验采用的试验参数包括：

（1）钢纤维体积率：$\rho_f = 0.5\%$、1.0%、1.5%、2.0%；

（2）相对切口深度：$a_0/W = 0.2$、0.3、0.4、0.5；

（3）粗骨料最大粒径（$\rho_f = 0.5\%$、1.5%；$a_0/W = 0.2$）：$d_{max} = 0$、10mm、20mm；

（4）水灰比（$\rho_f = 1.0\%$、$a_0/W = 0.4$）：$W/C = 0.27$、0.30、0.37。

文献［2］指出，三点弯曲法试件初始裂缝的制作可采用预制法，但是钢纤维会在振捣时受到制作预制裂缝用钢片的阻挡而出现不均匀分布，特别是当试件的尺寸和钢纤维长度差别不十分大时。因此，在本试验预制初始裂缝时采用了切割法，即在三点弯曲试件标准养护完成以后，根据研究需要切割适合长度的初始裂缝。同时，为了研究用预制方法和切割方法制作初始裂缝对于钢纤维混凝土断裂性能的影响，按照与切割法试件配合比完全相同的配比、采用预制裂缝方法制作三点弯曲试件，其相对切口深度固定为0.4，钢纤维体积率分别为0.5%、1.0%、1.5%和2.0%。SFHSC 与 HSC 断裂性能试验与参数影响分析流程见图4.2。

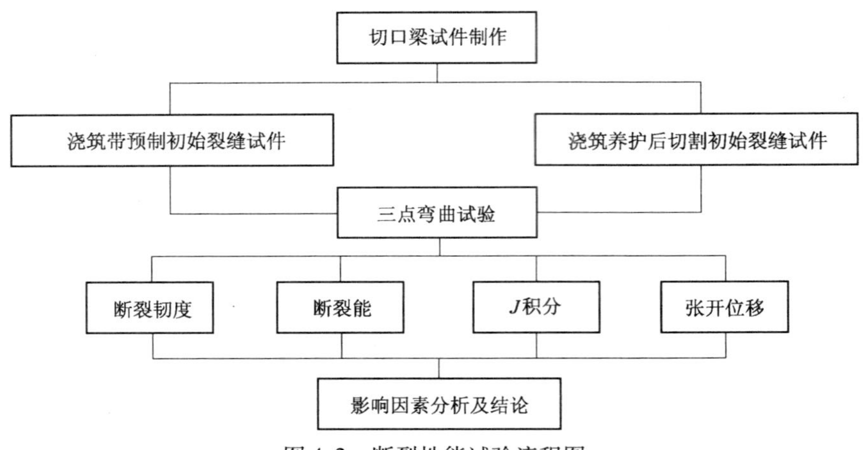

图4.2　断裂性能试验流程图

4.1.2　试件组成

试验共计制作52组共325个三点弯曲切口梁试件，SFHSC 试件每组5个，对比组 HSC 试件每组6个（MF10Y-0-4 组除外），用于抗压强度和劈裂抗拉强度测试的标准立方体试块各6个。试验 SFHSC 设计强度等级为 FC60。三点弯曲切口梁试件组成情况见表4.1~表4.4。表中 SFHSC 试件的表示方法如下：MF 表示钢纤维类型，即铣削型钢纤维；MF 后数字表示10倍钢纤维含量；－2、－3、－4和－5表示相对切口深度，0-2、0-3、0-4和0-5表示不同切口深度的对比组 HSC 试件；表4.2中，g 表示粗骨料，其后数字表示粗骨料最大粒径，0表示未掺加粗骨料。表4.3中，a 和 b 分别表示不同水灰比；表4.4中，Y 表示预制法制作初始裂缝。如 MF10-3、MF10-0-3 分别表示铣削型钢纤维体积率（ρ_f）为1.0%，相对切口深度（a_0/W）为0.3的 SFHSC 试件及其对比组 HSC 试件；MF15g10-2、MF15g10-0-2 分别表示 $\rho_f=1.5\%$，粗骨料最大粒径（d_{max}）为10mm，$a_0/W=0.2$ 的 SFHSC 试件及其对比组 HSC 试件；MF10a-4、MF10a-0-4 分别表示 $\rho_f=1.0\%$，水灰比（W/C）为0.37，$a_0/W=0.4$ 的 SFHSC 试件及其对比组 HSC 试件；MF10Y-4、MF10Y-0-4 分别表示分别表示 $\rho_f=1.0\%$，预制方法制作初始裂缝，$a_0/W=0.4$ 的 SFHSC 试件及其对比组 HSC 试件。在 MF10Y-0-4 系列中，共浇筑 HSC 试件45个，以进行 HSC 断裂韧度概率分布模型的研究。通过5个系列的 SFHSC 及其对比组 HSC 三点弯曲试验，研究初始裂缝制作方式、相对切口深度、粗骨料最大粒径、水灰比和钢纤维体积率对 SF-HSC 与 HSC 断裂性能的影响以及预制裂缝 HSC 试件断裂韧度概率分布。

不同 ρ_f 和 a_0/W 下的三点弯曲切口梁试件　　**表 4.1**

ρ_f/% \ a_0/W	0.2	0.3	0.4	0.5
0.5	MF05-2	MF05-3	MF05-4	MF05-5
0	MF05-0-2	MF05-0-3	MF05-0-4	MF05-0-5
1.0	MF10-2	MF10-3	MF10-4	MF10-5
0	MF10-0-2	MF10-0-3	MF10-0-4	MF10-0-5
1.5	MF15-2	MF15-3	MF15-4	MF15-5
0	MF15-0-2	MF15-0-3	MF15-0-4	MF15-0-5
2.0	MF20-2	MF20-3	MF20-4	MF20-5
0	MF20-0-2	MF20-0-3	MF20-0-4	MF20-0-5

不同 d_{max} 下的三点弯曲切口梁试件　　**表 4.2**

ρ_f/% \ d_{max}/mm	0	10	20
0.5	MF05g0-2	MF05g10-2	MF05-2
0	MF05g0-0-2	MF05g10-0-2	MF05-0-2
1.5	MF15g0-2	MF15g10-2	MF15-2
0	MF15g0-0-2	MF15g10-0-2	MF15-0-2

不同 W/C 下的三点弯曲切口梁试件　　**表 4.3**

ρ_f/% \ W/C	0.37	0.30	0.27
1.0	MF10a-4	MF10-4	MF10b-4
0	MF10a-0-4	MF10-0-4	MF10b-0-4

不同初始裂缝制作方法下的三点弯曲切口梁试件　　**表 4.4**

制作方法 \ ρ_f/%	0.5	1.0	1.5	2.0
切割法	MF05-4	MF10-4	MF15-4	MF20-4
预制法	MF05Y-4	MF10Y-4	MF15Y-4	MF20Y-4
切割法	MF05-0-4	MF10-0-4	MF15-0-4	MF20-0-4
预制法	MF05Y-0-4	MF10Y-0-4	MF15Y-0-4	MF20Y-0-4

4.1.3　试验原材料

SFHSC 兼有钢纤维混凝土和 HSC 的优点，具有抗拉强度和抗弯强度高、抗弯韧性和耐疲劳性能好、耐久性好等性能。SFHSC 优良的性能来自于对适宜原材料的选择。

1. 水泥

为保证钢纤维周围有足够的水泥浆体围裹，常用的水泥用量为 500 ~ 800kg/m^3。水泥用量大，水化热较大，放热周期长，致使混凝土内部温度上升过快，而混凝土外部散热慢，内外温差形成温度梯度，产生较大温度应力，导致温度裂缝，对于大体积混凝土影响更为明显，同时为了保证足够基体强度，SFHSC 的配制宜选择高标号、低水化热的水泥。

2. 粗、细骨料

对于一般混凝土，界面的性能优劣决定了强度的大小。对于 SFHSC，粗、细骨料对混凝土整体强度也有影响。粗骨料类型对于 SFHSC 的强度影响很大，一般来讲，宜选择坚硬密实的碎石作为粗骨料，如石灰石、花岗岩、正长石等。不宜选择河卵石，尽管卵石对于混凝土和易性有利，但是配制的混凝土强度相对碎石小。粗骨料的最大粒径对于 SFHSC 的强度也有影响，最大粒径不宜过大，否则不利于空隙分散，会使混凝土初始缺陷集中，影响钢纤维嵌入基体，钢纤维不便分散，不利于钢纤维增强效果的发挥。通常粗骨料的最大粒径在 20mm 以下，连续级配。

SFHSC 配制宜选择洁净的圆形天然河沙作为细骨料。水泥用量相同时，较粗的砂需水量小，得到的 SFHSC 强度高。但使用过粗的砂，容易发生离析和泌水现象；过细的砂虽对减少离析和泌水现象发生有利，但由于表面积大，需要较多水泥浆包裹，因而增大了水泥用量。所以宜选中粗砂。

3. 高效减水剂

高效减水剂是在不影响混凝土工作性能的前提下，能够起到减水和增强作用的外加剂。对于 SFHSC 的配制，在水灰比一定的情况下，需要根据钢纤维掺量调整混凝土用水量，同时还要采用水灰比较小的高强、密实基体混凝土。为满足强度和和易性要求，便于 HSC 的浇筑施工，必须在浇筑 SFHSC 时使用高效减水剂。在合适的高效减水剂掺量条件下，能够使水泥颗粒更加分散，水泥水化充分，水灰比相同时对基体强度有提高；但过大的掺量则会造成拌合物含气量增加，对基体强度不利。高效减水剂的掺量一般为水泥重量的 0.75%~1.5%。

SFHSC 的配制对混凝土基体的要求较高。一般混凝土力学性能低，孔隙较多，界面粘结性能弱，不适合作为 SFHSC 的基体材料。因此，通过选择高标号水泥，尺寸合适、级配合理的粗、细骨料和性能优良的高效减水剂就能够获得满足配制要求的高强度混凝土基体。

4. 钢纤维

钢纤维是 SFHSC 的重要组成材料，在 HSC 基体确定的情况下，钢纤维的增强效果主要取决于钢纤维的性能及掺量。钢纤维的增强效果与钢纤维的表面和形状（外形与截面形状）、长度、直径（或等效直径）、长径比及体积百分率有关。钢纤维的破坏主要是由钢纤维拔出引起，因此提高钢纤维与基体的粘结强度很重要。钢纤维表面和形状对粘结强度有很大影响，如采用钢纤维表面粗糙化或压痕处理、截面形状不规则化、钢纤维两端异形化都是提高钢纤维与基体粘结强度的有效方法。钢纤维增强作用与长径比大小有关。钢纤维太短起不到增强作用，太长则施工较困难，拌合物质量易受影响。直径过细在拌和过程中易被弯断，同体积率下，直径过粗则增强效果差。钢纤维体积率不能太大，否则会使施工困难，特别在梁柱节点等钢筋布置密集的部位，会造成钢纤维不均匀分布，甚至出现钢纤维结团现象。相反，钢纤维体积率太小则起不到增强效果。

根据上述 SFHSC 原材料的选择原则，试验采用 42.5 级普通硅酸盐水泥，最大粒径

20mm、连续级配的石灰石碎石，细骨料为细度模数3.39的中粗河砂。采用铣削型钢纤维，主要材料性能见表4.5；FDN—1型高效减水剂，掺量为水泥用量的1.0%；日常饮用水。

铣削型钢纤维材料性能　**表4.5**

钢纤维类型	等效直径/mm	平均长度/mm	抗拉强度/MPa	弹性模量/MPa	长径比
铣削型	0.939	32.312	800	200000	34.42

4.1.4　钢纤维混凝土配合比设计[1,3~5]

钢纤维混凝土的配合比是指钢纤维混凝土中各组成材料之间的比例关系。钢纤维混凝土的配合比通常用每m^3钢纤维混凝土中各种材料的用量表示，或以各种材料用量的比例表示（以水泥用量为1）。由于钢纤维混凝土拌合料的特性和工程应用特点，钢纤维混凝土配合比应根据对钢纤维混凝土的使用要求和钢纤维混凝土配合比的特点进行合理的设计。

1. 配合比设计的基本要求

钢纤维混凝土配合比设计的基本目的是将其组成的材料（包括钢纤维、水泥、水、粗细骨料及外加剂等）合理配合，使所设计配制的钢纤维混凝土满足下列要求：

（1）满足结构设计和质量验收的强度要求。对建筑工程一般应满足抗压强度和抗拉强度的要求；对路（道）面工程一般应满足抗压强度和抗折强度的要求。

（2）满足施工和易性的要求。

（3）满足耐久性的要求。

（4）满足经济性的要求。在满足上述工程要求的条件下，充分发挥钢纤维的增强作用，尽量降低高价材料（如水泥、钢纤维）的用量，降低钢纤维混凝土的成本。

2. 配合比设计的特点

钢纤维混凝土的配合比设计与普通混凝土相比，其主要特点是：

（1）在混凝土拌合料中掺入钢纤维，主要是为了提高混凝土的抗弯、抗拉、抗疲劳能力和韧性，因此配合比设计的强度控制，除按抗压强度控制外，还应根据工程性质和要求，分别按抗折强度或抗拉强度控制，确定拌合料的配合比，以充分发挥钢纤维混凝土的增强作用，而普通混凝土一般以抗压强度控制（道路混凝土一般以抗折强度控制）来确定拌合料的配合比。

（2）配合比设计时，应考虑掺入到拌合料中的钢纤维能分散均匀，并能使钢纤维的表面包满砂浆，以保证钢纤维混凝土的质量。

（3）在拌合料中掺入钢纤维后，其和易性有所降低。为了获得适当的和易性，有必要适当增加单位用水量和单位水泥用量。

3. 钢纤维混凝土配合比设计原理

钢纤维混凝土配合比设计是以钢纤维混凝土拌合料的特性及其硬化后的强度为基础的。其主要目的是根据配合比设计的基本要求，合理确定拌合料的水灰比、钢纤维的体积率、单位用水量和砂率等基本参数，最终计算出各组成材料的用量。

钢纤维混凝土的抗压强度、抗拉强度、抗折强度以及钢纤维混凝土拌合料的和易性与水泥强度等级、水灰比、钢纤维体积率和长径比、砂率、用水量等因素有关，其中水灰比和水泥强度等级对抗压强度影响较大，其他因素影响较小；钢纤维体积率和长径比、水泥强度等级对抗拉强度和抗折强度影响较大；砂率和用水量对和易性影响较大。因此，钢纤维混凝土的配合比设计应充分考虑这些特点，其设计原理和主要步骤是：

（1）以抗压强度与水灰比、水泥强度等级的关系确定水灰比；

（2）以抗拉强度或抗折强度与水灰比、钢纤维体积率的关系确定钢纤维体积率；

（3）在初步确定水灰比和钢纤维体积率后，根据和易性的要求确定砂率和用水量，得到计算配合比；

（4）在计算配合比的基础上，通过试验并结合施工现场的条件调整计算配合比，考虑钢纤维混凝土原材料品种、类型的差异以及施工条件的影响，得到最终的施工配合比。

4. 配合比设计方法

（1）在进行钢纤维混凝土配合比设计时，需预先明确钢纤维混凝土的各种技术要求，包括：

1）钢纤维混凝土的强度要求（如立方体抗压强度标准值、抗折强度或抗拉强度标准值）；

2）钢纤维混凝土的耐久性要求（如抗渗等级、抗冻等级以及抗磨性、抗侵蚀性等）；

3）钢纤维混凝土的和易性要求（如坍落度指标等）。

（2）对各项原材料需预先进行检验，明确所用材料的品质及技术指标，包括：

1）钢纤维的类型、形状、直径与长度（或长径比）；

2）水泥品种及强度等级；

3）砂的细度模数及级配情况；

4）石子的种类（卵石或碎石）、最大粒径及级配；

5）是否掺用外加剂及掺合料；

6）水泥的密度，砂石的表观密度、密度及吸水率等。

（3）设计钢纤维混凝土配合比的主要步骤可概括为：

1）估算初步配合比；

2）试拌调整，得出供检验强度及耐久性的基准配合比，即通过钢纤维混凝土拌合料试样，得出满足和易性要求的配合比；

3）进行钢纤维混凝土强度及耐久性检验，确定满足各项设计指标要求的钢纤维混凝土配合比。

本文在进行试验用配合比的设计过程中，主要参考了上述设计思路，并参照文献［6］中有关钢纤维混凝土配合比设计方法，以钢纤维体积率为0.5%的配合比为基准配合比，1.0%、1.5%和2.0%的配合比通过调整单位体积用水量和水泥用量得到，即钢纤维体积率每增加0.5%，单位体积用水量相应增加8kg，保持水灰比不变，调整水泥用量。试验的SFHSC及其对比组HSC配合比见表4.6，试件编号含义同表4.1~表4.4。

SFHSC 与 HSC 试验配合比　　表 4.6

单位：kg/m^3

试件编号	水泥	水	砂	石子	高效减水剂	钢纤维掺量
MF10a	476	176	719	1079	0.0	78.6
MF10a-0	476	176	719	1079	0.0	0
MF05	520	156	710	1065	5.20	39.3
MF05-0	520	156	710	1065	5.20	0.0
MF10	547	164	696	1044	5.47	78.6
MF10-0	547	164	696	1044	5.47	0.0
MF15	573	172	682	1023	5.73	117.9
MF15-0	573	172	682	1023	5.73	0.0
MF20	600	180	668	1002	6.00	157.2
MF20-0	600	180	668	1002	6.00	0.0
MF10b	611	165	536	1089	5.47	78.6
MF10b-0	611	165	536	1089	5.47	0.0

4.1.5　三点弯曲切口梁试件的制作

试件浇筑前将石子过筛，除去最大粒径大于 20mm 的骨料，用洁净自来水反复冲洗，捡出不规则（如针片状）颗粒以及杂物（如胶泥、枯叶等）。砂子用 5mm 筛筛分，将处理干净的骨料置于防雨、避风处，以备试验。

浇筑 SFHSC 时，要求钢纤维能够均匀分散在拌和料中，避免某些部位的混凝土缺少钢纤维或钢纤维在一定范围内结团。试验表明，钢纤维与 HSC 基体材料选定后，钢纤维在拌和料中的分散均匀性与投料顺序、搅拌和振捣方法有关。

试验采用强制式搅拌机拌和。为保证钢纤维的均匀分布，先在拌和桶内依次投入混凝土原材料并拌和，在此过程中分散加入钢纤维，最后加水拌和均匀。SFHSC 相比普通混凝土用水量较低，水泥用量较高，粗骨料最大粒径相对较小，拌和均匀较为困难，因此，应适当延长搅拌时间。为避免钢纤维结团，搅拌时用钢棒辅助拌和。加料顺序与搅拌过程如图 4.3 所示。

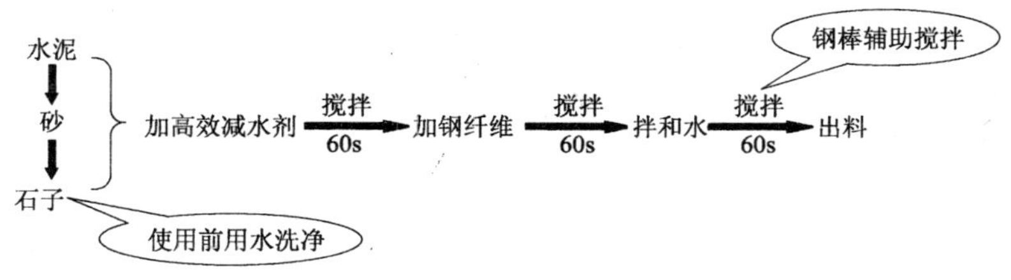

图 4.3　钢纤维高强混凝土拌制流程图

将拌和料分别用试模装好后，采用振动台振动密实。SFHSC 振动密实要比普通混凝土消耗的能量大，因此，振动时间要长一些，但不能过振，否则容易引起钢纤维的下沉，造成钢纤维分布不均。对于钢纤维体积率高的试件振动时间要长于低纤维体积率的试件，一般当混凝土表面呈现浮浆，混凝土不再下降时，就可结束振捣。振实后的 SFHSC 在初凝前要做表面抹光处理，对于露出混凝土表面的钢纤维要压倒，再将露出处抹平。最后将所有试件置入标准养护室（温度 20±2℃，相对湿度不小于 95%）养护 28d，然后取出以备试验。

预制法制作试件初始裂缝时，先在试模内固定好薄钢片，待试件浇筑完成，养护 24h 后，将薄钢片与模具一并拆除，形成一条预留缝。制作时将薄钢片端部磨成刀尖状，以达到较理想的预制裂缝。为了便于脱模和把薄钢片取出，在模具内和薄钢片上刷上一层机油。

切割法制作试件初始裂缝要在养护结束后进行。先将试件取出养护室，静置待表面干燥后，用布或刷子将试件表面清理干净，在试件底面用铅笔标出待切割缝位置，调整高速切割机砂轮片位置以切割出不同长度的初始裂缝。为了减小钢纤维重力效应对 SFHSC 断裂性能测试结果的影响，所有试件切口位置均设计在正浇面的侧面。图 4.4 为试件切割制作现场。

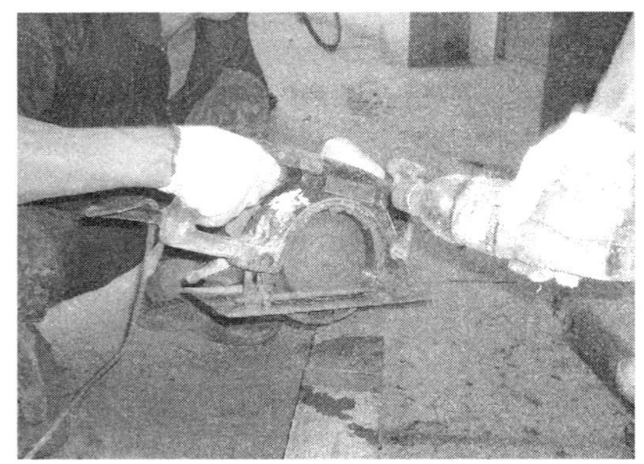

图 4.4　切割法制作初始裂缝

4.2　试 验 方 法

SFHSC 和 HSC 立方体抗压强度和劈裂抗拉强度测试按照《钢纤维混凝土试验方法》（CECS13：89）规定的方法进行，三点弯曲试验在 2000kN 液压式万能试验机上进行。影响混凝土材料刚度与强度的因素不同，强度与混凝土本身的性质和受力形式有关，刚度不仅与混凝土本身的性质有关，还与混凝土构件的几何形状有关。从以往的试验结果来看，如果直接将三点弯曲切口梁试件布置于该试验机上，由于试件的刚度大于试验机的刚度，试验过程中试验机也产生了一定变形，这部分变形产生的弹性变形能储存在试验机系统内部，这些能量远大于试件弹性变形产生的变形能。混凝土材料内部缺陷（微裂缝）较多，不同于均质的连续材料，当试件荷载达到极限荷载时，混凝土试件内部裂缝经历了过程极短暂的快速发展，试验机系统储存的弹性能量迅速释放，且释放的能量远超过了试件稳定破坏的能量，导致试件突然断裂，以至于无法测得荷载与位移曲线的下降段，难以反映 SFHSC 的断裂性能，使各种断裂参数不能准确地定量研究。为了保证试验数据采集工作的连续进行，也便于保护各种精密的量测设备不会在试件突然破坏时受到损坏，本试验根据 2000kN 液压式万能试验机的实际情况，并考虑三点弯曲切口梁试件的尺寸，采用增设弹簧装置的办法提高试验机系统的刚度，以满足试验需要。

4.2.1　试验机刚度改善

自行设计制作一套由 4 支弹簧提高试验机系统刚度的装置，见图 4.5。以试验机量程的 90% 作为弹簧装置承受荷载的极限，结合 SFHSC 最大变形量，设计单只弹簧最大压缩变形量为 20mm。弹簧装置的设计刚度和实测刚度见表 4.7。

图 4.5　弹簧装置

弹簧装置实测刚度和设计刚度　　　　**表 4.7**

弹簧编号	实测位移/mm	试验荷载/kN	实测刚度/kN/mm	设计刚度/kN/mm	误差/%
1	21.11	451.01	21.360	21.048	1.48
2	22.28	451.01	20.246	21.048	-3.81
3	21.08	450.67	21.381	21.048	1.58
4	21.84	450.00	20.601	21.048	-2.12

从表 4.7 可以看出，弹簧设计刚度与实测刚度最大误差为 -3.81%，两者相差较小，该装置可以满足试验要求。从试验过程可以看出，在保证平稳加载速度的前提下，荷载和变形变化比较平稳，试验过程比较稳定，SFHSC 与 HSC 试件即使在卸载阶段也测到了下降段的荷载—挠度曲线。该装置较好地吸收了试验卸载阶段试验机系统释放的弹性变形能，保证了试验可靠进行。

4.2.2　张开位移测量

裂缝张开位移（Crack Opening Displacement，简称 COD）是重要的断裂性能参数，本研究还要用到 COD 来进行 SFHSC 断裂韧度公式的改进，因此，COD 的量测工作在试验过程中十分重要。为了试验测得 COD，设计制作了夹式引伸仪，引伸仪用两个弹性良好的金属薄片作为弹性元件，将两金属片的两端用螺栓固定在方形金属垫块上，金属片的自由端有切槽，再将高灵敏度应变片分别贴在两金属片上下表面，组成全桥，根据电桥平衡原理，应变片将金属片的变形量转化为电信号，经全桥电路放大后输入到数据自动采集系统，记录裂缝张开位移变化。通过率定的比例尺，可以确定张开位移数值，见图 4.6。

从图 4.6 可以看出：随着夹式引伸仪测得位移的增加，应变输出值基本上呈线性增加，说明两金属片在弹性状态工作，夹式引伸仪的量测状态良好，能够保证 COD 量测的准确性。

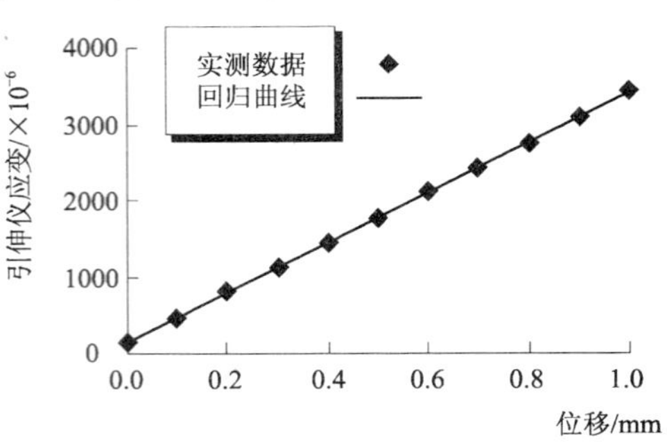

图 4.6　夹式引伸仪率定曲线

4.2.3　试验过程

试验前，将 4 支弹簧在试验机承台上按照一定间距布置好，再将 2 根钢梁分别置于弹簧之上，以将试验机上压板的压力均匀分配；之后，在三点弯曲切口梁支座处布置钢滚和钢垫板降低摩擦，在切口梁支座上方的截面中心安置沿梁长方向的刚性杆，将位移计直接安装在刚性杆上，测试消除支座沉降影响后的跨中相对位移。测量荷载的传感器量程范围为 0～30kN。然后将夹式引伸仪切槽夹持固定在梁上的刀口（一组刀口对称布置在切口梁底部切口两侧；一组刀口对称布置在梁初始裂缝尖端的两侧，见图 4.7）。最后检测电测设备是否正常工作，一切正常即可开始试验。三点弯曲试验测试设备布置见图 4.8。

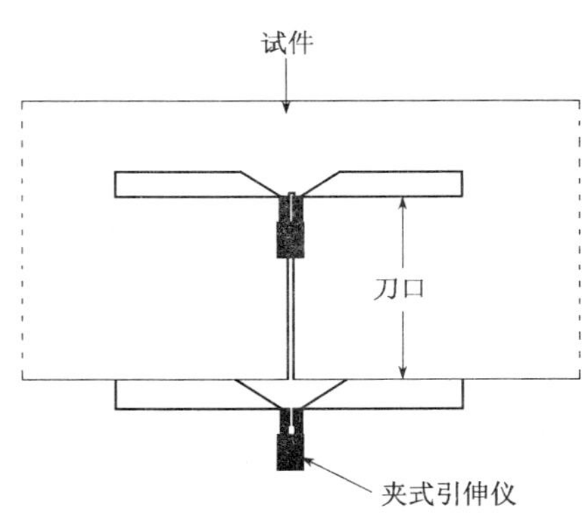

图 4.7　夹式引伸仪及其布置图

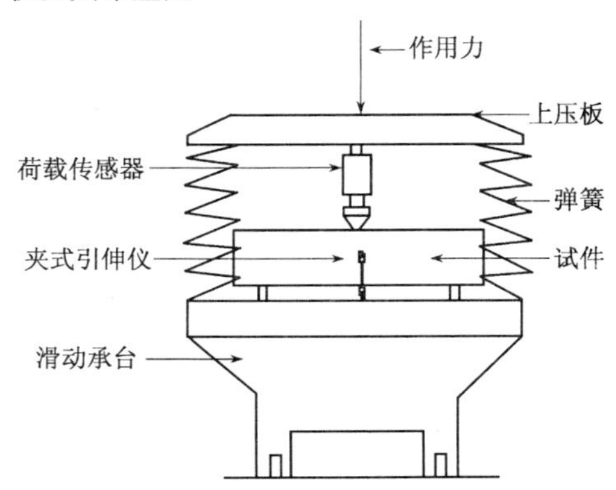

图 4.8　三点弯曲试验设备布置图

试验采用连续加载方式，用计算机数据采集系统实现数据自动采集。试验中，对荷载—挠度（P—δ）曲线、荷载~裂缝嘴张开位移（P~CMOD）曲线和荷载—裂缝尖端张开位移（P—CTOD）曲线进行实时观察，并作好试验现象的观察记录。根据这些试验曲线并结合试验过程中对试验现象的观察记录，可以对 SFHSC 与 HSC 的断裂性能进行定性和定量分析。试验现场见图 4.9。

图 4.9 试验现场图

4.3 小　　结

本章介绍了粗骨料最大粒径、水灰比、相对切口深度以及钢纤维体积率对 SFHSC 断裂性能影响的试验设计并介绍了试件初始裂缝的制作方法；在水灰比一定的情况下，不同钢纤维体积率下的配合比中砂、石比例不同，因此不同对比组 HSC 配合比不尽相同，本试验据此也对诸因素对其断裂性能的影响做一研究。试验共计制作 5 个系列 52 组 325 个三点弯曲切口梁试件；用于基本力学性能测试共计 20 组 120 个标准立方体试块。对三点弯曲试验试件的原材料选择、试件制作方法、加载装置与附件以及试验方法也做了阐述，现将试验中的注意事项小结如下：

1. 为保证钢纤维在拌和料中分散均匀，投料顺序要按照本章所述的流程进行。

2. 为避免振捣成型时损坏钢纤维，试件成型时最好采用振动成型。

3. 为保证初始裂缝缝形满足试验要求，用预制初始裂缝法制作的三点弯曲切口梁试件在拆模时，要缓慢取出薄钢片，不可用力过猛损伤裂缝；切割法制作初始裂缝时，一定要调准切割机刀口深度，固定好试件，防止切割过程刀口打滑，切割失误，造成浪费。

4. 为保证刚性试验机刚度满足要求，要使用大刚度弹簧。4 支弹簧在试验机承台上的布置要尽量处于试验机上压板正下方，但要留够空间以放置试件，同时要根据弹簧的最大压缩量，来调整试件的高度，不可太低，否则即使弹簧被压紧后，试件跨中变形还有可能未达到最大值，影响试验效果。

5. 用夹式引伸仪，测试张开位移时，固定位置要准确，引伸仪两片金属薄片要保持竖直（图4.7）。

6. 试验过程中要严格控制加载速度，保证荷载平稳变化。

7. 为保证试验设备的使用安全，所用的加载附件要固定好，防止出现试件破坏时损伤设备的问题；荷载传感器和位移传感器要固定好，确保试验数据采集完整。

参考文献

[1] 高丹盈，赵军，朱海堂. 钢纤维混凝土设计与应用 [M]. 北京：中国建筑工业出版社，2002.
[2] DL/T 5332—2005. 水工混凝土断裂试验规程 [S]. 北京：中国计划出版社，2005.
[3] 赵国藩，彭少民，黄承逵. 钢纤维混凝土结构 [M]. 北京：中国建筑工业出版社，1999.
[4] 樊承谋，赵景海，程龙保. 钢纤维混凝土应用技术 [M]. 哈尔滨：黑龙江科学技术出版社，1986.
[5] 黄士元，蒋家奋等. 近代混凝土技术 [M]. 西安：陕西科学技术出版社，1998.
[6] CECS13：89. 钢纤维混凝土试验方法 [S]. 北京：中国计划出版社，1996.

第5章　钢纤维高强混凝土抗压与劈裂抗拉强度

混凝土立方体抗压强度和混凝土劈裂抗拉强度是混凝土重要的基本力学性能指标。前者是混凝土的强度特征值，是混凝土强度等级确定的依据，结构设计时，建筑物不同的部位和承受不同的荷载要求采用不同等级的混凝土；后者对于混凝土抗裂性能具有重要作用，它是结构设计中确定混凝土抗裂度的主要指标，有时还用来间接衡量混凝土的抗冲击强度、混凝土与钢筋的粘结强度。因此，研究不同因素对混凝土抗压强度和劈裂抗拉强度的影响很有必要，特别是在钢纤维掺入高强混凝土基体以后，材料的组成比较复杂，这种复杂性使之表现出了与普通混凝土不同的力学性能，本书中对于钢纤维高强混凝土断裂韧度的计算也依赖于抗压强度的试验结果。本章从钢纤维高强混凝土（SFHSC）及其对比组高强混凝土（HSC）的组成材料入手，分析粗骨料最大粒径（d_{max}）、水灰比（W/C）和钢纤维体积率（ρ_f）对SFHSC抗压强度和劈裂抗拉强度的影响，建立了SFHSC劈裂抗拉强度的计算模式。

5.1　抗压与劈裂抗拉强度试验结果

SFHSC及其对比组HSC抗压、劈裂抗拉强度测试根据《钢纤维混凝土试验方法》（CECS13：89）规定进行。与三点弯曲切口梁试件对应的SFHSC与对比组HSC试件的抗压、劈裂抗拉强度测试结果见表5.1～表5.3。本书采用增益比概念反映钢纤维对HSC基本力学性能（抗压、劈裂抗拉强度指标）以及断裂性能指标的影响，其定义为：SFHSC的基本力学性能指标或断裂性能指标与对应对比组HSC试件对应性能指标的比值，例如：抗压强度增益比＝SFHSC试件抗压强度/对应对比组HSC试件抗压强度；断裂韧度增益比＝SFHSC试件断裂韧度/对应对比组HSC试件断裂韧度。表5.1～表5.3中的试件编号同第4章表4.1～表4.4。

不同 d_{max} 下的SFHSC与HSC抗压、劈裂抗拉性能试验结果　　**表5.1**

（a）$\rho_f=0.5\%$

试件编号	d_{max}/mm	抗压强度 f_{fcu} (f_{cu})/MPa	抗压强度增益比	劈裂抗拉强度 f_{ft} (f_t)/MPa	抗拉强度增益比
MF05g0	0	34.5	0.95	3.98	1.15
MF05g0-0	0	36.4		3.46	
MF05g10	10	61.5	1.16	4.89	1.16
MF05g10-0	10	52.8		4.22	
MF05	20	58.6	0.99	5.48	1.51
MF05-0	20	59.3		3.64	

(b) $\rho_f = 1.5\%$ 续表

试件编号	d_{max}/mm	抗压强度 f_{fcu} (f_{cu})/MPa	抗压强度增益比	劈裂抗拉强度 f_{ft} (f_t)/MPa	抗拉强度增益比
MF15g0	0	38.6	1.10	4.73	1.34
MF15g0-0	0	35.1		3.54	
MF15g10	10	61.3	1.23	5.97	1.51
MF15g10-0	10	49.8		3.96	
MF15	20	64.6	1.05	6.15	1.79
MF15-0	20	61.6		3.43	

不同 W/C 下的 SFHSC 与 HSC 抗压、劈裂抗拉性能试验结果 **表 5.2**

试件编号	W/C	抗压强度 f_{fcu} (f_{cu})/MPa	抗压强度增益比	劈裂抗拉强度 f_{ft} (f_t)/MPa	抗拉强度增益比
MF10a	0.37	43.2	1.21	4.79	1.35
MF10a-0	0.37	35.6		3.54	
MF10	0.30	62.1	1.09	5.75	1.53
MF10-0	0.30	57.2		3.75	
MF10b	0.27	81.7	1.10	6.31	1.61
MF10b-0	0.27	74.2		3.93	

不同 ρ_f 下的 SFHSC 与 HSC 抗压、劈裂抗拉性能试验结果 **表 5.3**

试件编号	ρ_f/%	抗压强度 f_{fcu} (f_{cu})/MPa	抗压强度增益比	劈裂抗拉强度 f_{ft} (f_t)/MPa	抗拉强度增益比
MF05	0.5	58.6	0.99	5.48	1.51
MF05-0	0	59.3		3.64	
MF10	1.0	62.1	1.09	5.75	1.53
MF10-0	0	57.2		3.75	
MF15	1.5	64.6	1.05	6.15	1.79
MF15-0	0	61.6		3.43	
MF20	2.0	69.6	1.24	6.85	1.88
MF20-0	0	56.3		3.65	

5.2 抗压与劈裂抗拉强度影响因素

5.2.1 抗压强度

1. 粗骨料最大粒径

粗骨料是影响混凝土强度的重要因素。混凝土在受荷时，骨料内的应力可能远超过混凝土的抗压强度，骨料强度往往决定了混凝土强度的上限值[1]。图 5.1 为 $W/C=$

0.30，ρ_f = 0.5%（1.5%）时，粗骨料最大粒径对 SFHSC 对比组 HSC 抗压强度的影响。从图中可以看出，随着粗骨料最大粒径的增加（0～20mm），抗压强度是逐渐增大的。结合表 5.1（a）可知，同一粗骨料最大粒径下，对比组 HSC 的抗压强度差别不大，即砂、石比例对 HSC 抗压强度影响不大（水灰比一定的 SFHSC，钢纤维体积率不同，配合比中砂、石比例不同，因而对应对比组 HSC 砂、石比例也不同）。d_{max} = 0mm 时，2 种体积率下的抗压强度相差 3.571%；d_{max} = 10mm 时，相差 5.682%；d_{max} = 20mm 时，相差 3.897%。此时，水灰比相同，因而抗压强度也相近，这和 DuffAbrams 的强度水灰比定则"对于一定材料，强度取决于一个因素，即水灰比"是完全一致的。文献［2，3］也都得到了这样的结论。从图中也可以看出，对于粗骨料最大粒径从 0mm 变化到 10mm，2 种钢纤维体积率下的对比组 HSC 抗压强度的增幅都是比较大的，增长率分别高达 45.055% 和 41.880%，充分体现了粗骨料对于强度的贡献。当粗骨料最大粒径从 10mm 变化到 20mm 时，2 种钢纤维体积率下的对比组 HSC 抗压强度的增幅都相对较小，增长率分别为 12.311% 和 23.695%。文献［1，4］都认为粗骨料最大粒径越小对于抗压强度越有利，但从试验结果看，粗骨料最大粒径从 10mm 变化到 20mm 抗压强度都有所增加，究其原因是粗骨料粒径较小时，加工过程中粘附在小颗粒上的粉尘、杂质相对较多，影响了骨料与水泥界面的粘结强度；同时，由于粗骨料最大粒径较小，那么强度较小的骨料颗粒相对较多；因此，抗压强度会随粗骨料最大粒径增加而增加。在本立方体试件抗压强度测试中，这种粒径的骨料作为 HSC 的粗骨料是比较合适的。

图 5.2 为 ρ_f = 0.5%（1.5%）时，粗骨料最大粒径对 SFHSC 抗压强度的影响。2 种钢纤维体积率下，d_{max} = 0mm 时，SFHSC 抗压强度相差 11.884%；d_{max} = 10mm 时，相差 1.256%；d_{max} = 20mm 时，相差为 10.239%。从图中可以看出粗骨料最大粒径从 0mm 变化到 10mm 时，2 种钢纤维体积率下的 SFHSC 抗压强度都有大幅增加，增长率分别为 79.942% 和 58.808%。增长均比 HSC（45.055% 和 41.880%）高 15 个百分点以上。这主要是钢纤维掺入混凝土以后和粗骨料形成了相互影响的桥联嵌锁结构，显著加强了钢纤维与混凝土基体间的作用力，或者说，钢纤维和粗骨料的共同作用，要比粗骨料单独对于抗压强度的贡献大得多。粗骨料最大粒径从 10mm 变化到 20mm 时，抗压强度变化很小，钢纤维体积率为 0.5% 和 1.5% 时，强度增长率分别为 5.606% 和 5.383%。这种变化说明：当粗骨料最大粒径增大后，混凝土中粒径较大的粗骨料数量增加，在粒径较大的粗骨料周围钢纤维的边壁效应影响了钢纤维的增强和增韧作用，因此，钢纤维混凝土的粗骨料最大粒径不宜太大。

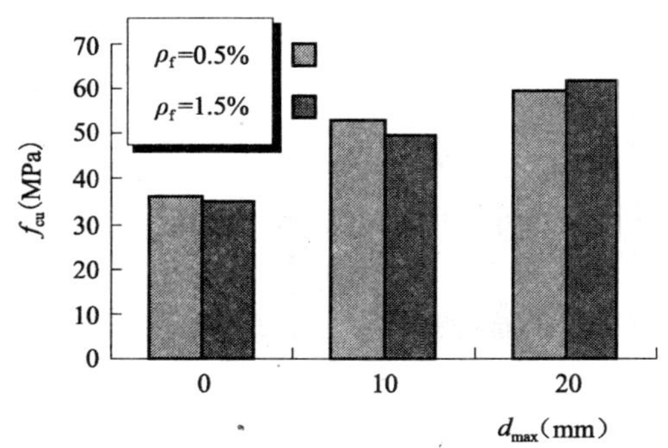

图 5.1　d_{max}对 HSC 抗压强度的影响

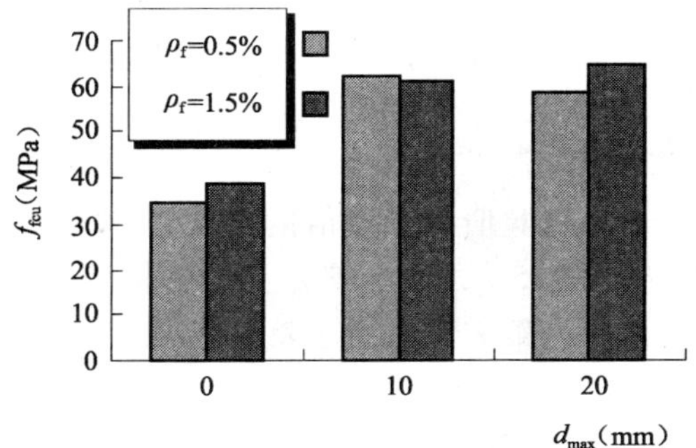

图 5.2　d_{max}对 SFHSC 抗压强度的影响

图5.3反映了粗骨料最大粒径对于SFHSC的抗压强度增益比的影响。结合表5.1（a）、（b）可以看出，2种钢纤维体积率下的SFHSC的抗压强度增益比都在1左右变化。$\rho_f=0.5\%$情况下，增益比除了在$d_{max}=10mm$时大于1外，都小于1，平均增益比为1.037；$\rho_f=1.5\%$时，增益比均大于1，平均增益比为1.126。粗骨料最大粒径相同时，钢纤维体积率大，增益效果略好。当$d_{max}=10mm$时，2种钢纤维体积率下的增益比都最大，这和从图5.2得到的结论是一致的，即粗骨料最大粒径从0mm变化到10mm，抗压强度增幅明显。

从图5.1～图5.3可以看出，粗骨料最大粒径是影响SFHSC和HSC抗压强度的重要因素。粗骨料最大粒径较小时，钢纤维和粗骨料之间嵌锁作用较大，其对SFHSC抗压强度的影响相对大些，有助于抗压强度的提高；粗骨料最大粒径对SFHSC抗压强度增益比的影响不大。

2. 水灰比

水灰比是混凝土配合比设计的重要参数，它的大小对于新拌和硬化后的混凝土性能有着重要影响。在一定范围内，水灰比越小，混凝土强度越高；反之，水灰比越大，混凝土强度越低。

图5.4为$d_{max}=20mm$、$\rho_f=1.0\%$时，水灰比对于SFHSC及其对比组HSC抗压强度的影响。可以看出，随着水灰比的减小，抗压强度逐渐增加。根据试验结果，HSC抗压强度（f_{cu}）与水灰比之间具有式（5-1）的统计关系式：

$$f_{cu}=3.531\left(\frac{W}{C}\right)^{-2.321} \tag{5-1}$$

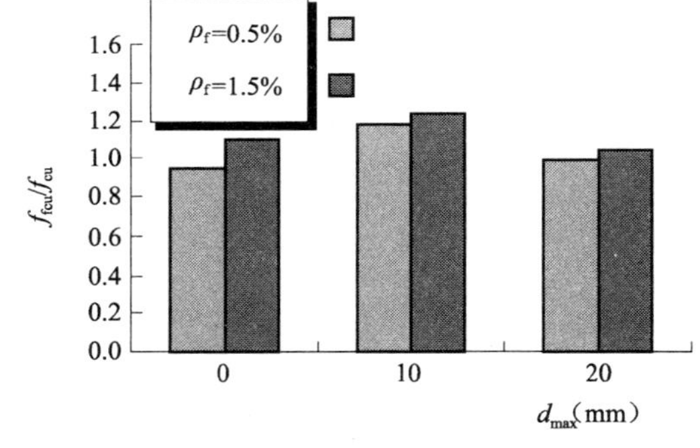

图5.3 d_{max}对SFHSC抗压强度增益比的影响

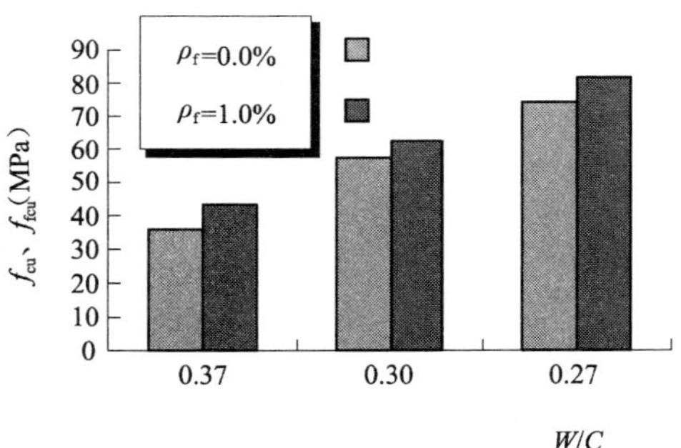

图5.4 W/C对HSC、SFHSC抗压强度的影响

SFHSC抗压强度（f_{fcu}）与水灰比的关系式为：

$$f_{fcu}=5.948\left(\frac{W}{C}\right)^{-1.981} \tag{5-2}$$

通过试验值与计算值的比较，用式（5-1）、式（5-2）计算HSC和SFHSC抗压强度的误差均在5%之内，满足计算的精度要求。

试验结果表明，对于每一种水灰比，SFHSC的抗压强度都略高于HSC。混凝土的强度来自水泥的强度及其与骨料之间的粘结力，水泥标号一定时，混凝土的强度主要取决于水灰比。从试验结果来看，这一结论同样适用于SFHSC。

图5.5为水灰比对SFHSC抗压强度增益效果的影响，水灰比为0.37，0.30和0.27对

应的抗压强度增益比分别为 1.213，1.086 和 1.101，平均增益比为 1.113。增益比与水灰比具有下式关系：

$$\frac{f_{\mathrm{fcu}}}{f_{\mathrm{cu}}}=1.684\left(\frac{W}{C}\right)^{0.34} \tag{5-3}$$

通过试验值与计算值的比较，采用式 (5-3) 计算 SFHSC 抗压强度增益比最大误差在 4% 以内，满足计算的精度要求。

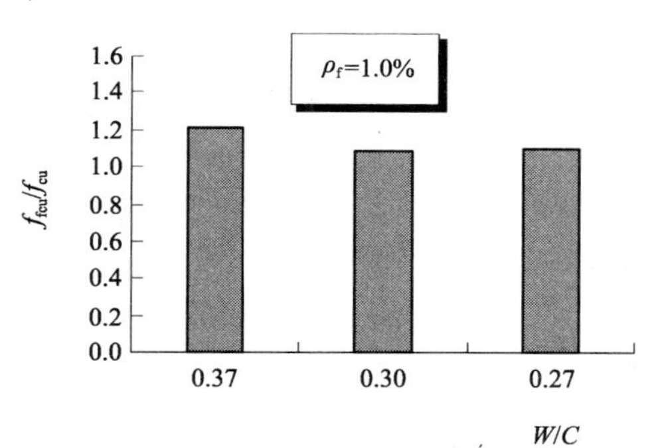

图 5.5　W/C 对 SFHSC 抗压强度增益比的影响

混凝土基体开裂破坏的发端是内部众多裂缝尖端的应力集中。轴压试验条件下，混凝土基体受荷以后，裂缝尖端应力不断变化，导致裂缝不断扩展。但初始阶段，裂缝扩展受到基体材料强度的影响而缓慢、稳定地发展，应力—应变曲线表现出一定弹性特征，这一阶段的混凝土裂缝发展主要集中在砂浆和粗骨料的结合面上；接下来的裂缝发展进入砂浆，砂和水泥浆结合面破坏，进而裂缝扩展进入硬化水泥浆，裂缝扩展加速，宏观裂缝出现，最终达到混凝土破坏极限强度（抗压强度），混凝土基体完全破坏。SFHSC 的破坏基本上也是遵循这种规律，但是由于钢纤维在裂缝扩展中，能够与混凝土基体紧密结合，在基体破坏时能够提供一定的粘结锚固力，因此，SFHSC 的破坏极限强度比 HSC 要高。但从图 5.5 看，增益效果不显著，主要有两方面的原因，一是立方体强度测试的方法影响。立方体试件置于压力试验机上受压时，在沿加荷方向发生纵向变形的同时，混凝土试件及试验机上压板和下压板也按泊松效应产生横向自由变形。由于试验机上下压板的弹模要比混凝土大的多，但是泊松比比混凝土大不多，所以在压力作用下，钢压板的横向变形小于混凝土的横向变形，造成上下钢压板与混凝土试件接触面间均产生摩擦阻力，它对混凝土试件的横向膨胀起着约束作用，从而对其强度起到提高作用，这种约束作用的结果，通常称为环箍效应。环箍效应使 SFHSC 试件与 HSC 试件在破坏时的横向变形差别不大，它实际上掩盖了试验过程中钢纤维对于基体增强作用的贡献。另一方面，钢纤维的增强作用只有在试件受力达到抗压强度，裂缝扩展到水泥石之后才得以充分发挥，这也是钢纤维掺入后对抗压强度提高不大的一个原因[5]。

图 5.4、图 5.5 以及式（5-1）~式（5-3）表明：水灰比对于 SFHSC 的抗压强度影响与其对于 HSC 的影响是一致的，即水灰比越大，强度越低；钢纤维对于增强 HSC 抗压强度贡献不大；抗压强度和强度增益比与水灰比具有乘幂关系。

3. 钢纤维体积率

钢纤维体积率是钢纤维所占钢纤维混凝土体积的百分数，钢纤维体积率的大小，决定了对混凝土增强增韧的程度及破坏形态。

图 5.6 表示 $W/C=0.30$ 时，钢纤维体积率对 SFHSC 及其对比组 HSC 抗压强度的影响，X 表示体积率数值。可以看出，SFHSC 抗压强度随着体积率逐渐增大的增幅不大，当体积率由 1.5% 变化到 2.0% 时，增幅最大，最大增长 7.740%。这种现象可以从以下两个方面解释，一方面，钢纤维体积率增加使钢纤维表面积也相应增加，这就需要足够多的水

泥浆体来握裹，如果此时混凝土基体的砂率过低，就容易造成 SFHSC 的密实度下降，影响强度；另一方面，尽管钢纤维体积率增加了，但是钢纤维发挥增强作用是在试件受力达到抗压强度之后才显现出来的，此时试件基本上已经在形态上处于破坏状态了，因此，在钢纤维体积率比较大时，钢纤维并未对立方体受压试件强度起到较好的增强效果。与 SFHSC 对应的 HSC 的抗压强度变化规律不明显，主要原因是，水灰比的大小决定混凝土强度的高低，从数据上看，4 种钢纤维体积率条件下的对比组 HSC 的抗压强度相差不大，最大增长 8.604%。

图 5.7 表示 SFHSC 钢纤维体积率和抗压强度增益比的关系。可以看出，增益比基本上都接近于 1，增益比平均值为 1.090，最大增益比发生在体积率为 2.0% 时，达到 1.236，这主要由于此时 SFHSC 的抗压强度最大，对比组 HSC 抗压强度较小。综合图 5.6 和图 5.7 说明：钢纤维体积率对于 SFHSC 抗压强度影响不大，钢纤维对于抗压强度增益效果不明显。

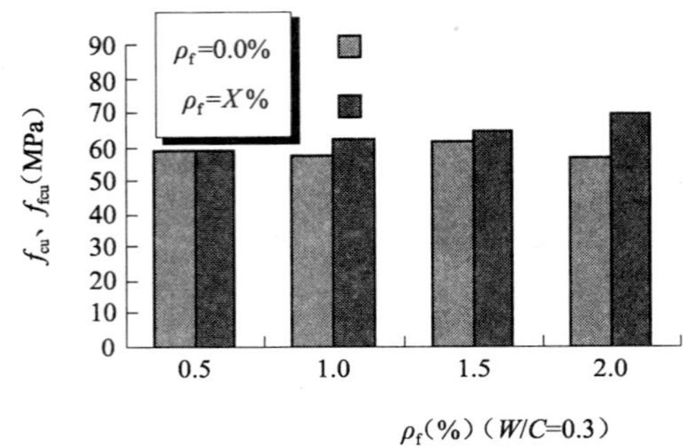

图 5.6 ρ_f 对 HSC、SFHSC 抗压强度的影响

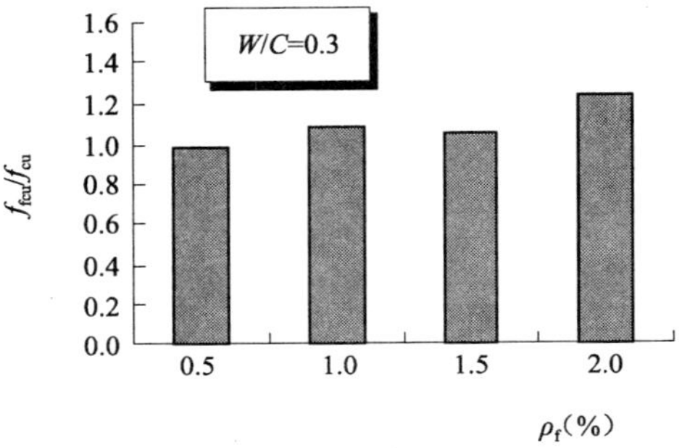

图 5.7 ρ_f 对 SFHSC 抗压强度增益比的影响

5.2.2 劈裂抗拉强度

1. 粗骨料最大粒径

图 5.8 为 $W/C=0.30$、$\rho_f=0.5\%$（1.5%）时，粗骨料最大粒径对 SFHSC 对比组 HSC 劈裂抗拉强度的影响。可以看出，随着粗骨料最大粒径的增加（0-20mm），劈裂抗拉强度是先增后降的。同一粗骨料最大粒径下，对比组 HSC 与相应 SFHSC 的劈裂抗拉强度差别不大：$d_{max}=0$mm 时，相差 2.312%；$d_{max}=10$mm 时，相差 6.161%；$d_{max}=20$mm 时，相差 5.769%。这和抗压强度的情况是相似的。2 种钢纤维体积率的对比组 HSC，在 $d_{max}=10$mm 时，强度达到最大值，$\rho_f=0.5\%$ 条件下，$f_t=4.22$MPa，比另外 2 个粒径情况下分别高 21.965%（0mm）和 15.934%（20mm）；$\rho_f=1.5\%$ 条件下，$f_t=3.96$MPa，比另外 2 个粒径情况下分别高 11.864%（0mm）和 15.452（20mm）。这和抗压强度随粗骨料最大粒径增大而增大的变化规律不一致，从试验方法上看，抗压强度测试时，试件的上下表面是完全受压的，受压相对均匀［图 5.10（a）］，因此试件在内部同高处各个有缺陷的部位基本都是同时受到力的作用，因而，决定强度的因素就是界面粘结强度和材料本身的强度。与之不同，劈裂抗拉试验的试件，在远离受荷部位的受力和受荷部位有很大不同，此时，如果在试件上下表面受荷区域以下粗骨料的粒径较小，则便于骨料相对均匀的分布，并且单个骨料和水泥浆体的结合面也小［图 5.10（b）］，所以这种情况下测得强度较

大；相反，若骨料粒径大，很可能整个骨料都不在受荷区域，恰恰是最薄弱的界面区位于受荷区域［图 5.10（c）］，因此，强度就低一些。事实上，直接的混凝土抗拉强度测试方法是轴向拉伸法，但是该方法测试技术比较复杂，因此采用了劈裂抗拉测试方法间接反映抗拉强度。

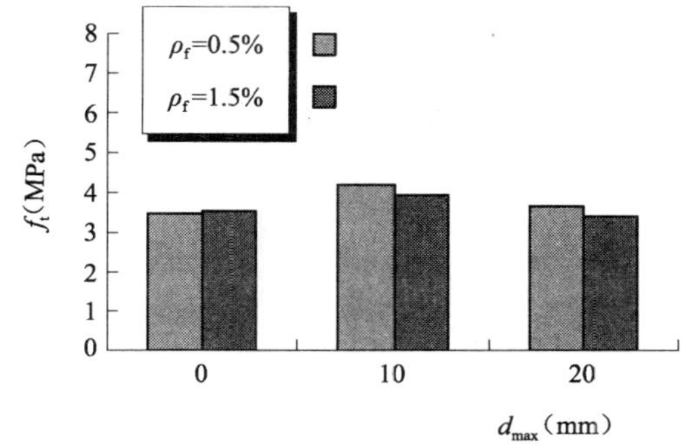

图 5.8　d_{max}对 HSC 劈裂抗拉强度的影响

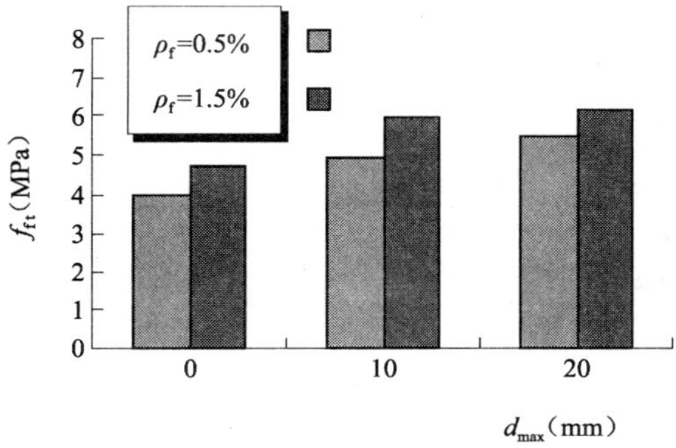

图 5.9　d_{max}对 SFHSC 劈裂抗拉强度的影响

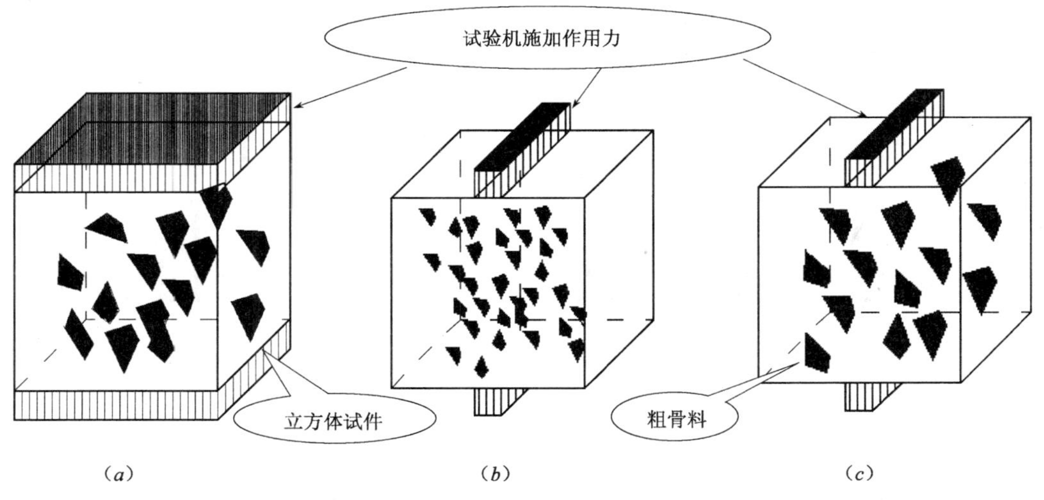

图 5.10　d_{max}对于 HSC 测试强度的影响

图 5.9 为 ρ_f = 0.5%（1.5%）时，粗骨料最大粒径对 SFHSC 劈裂抗拉强度的影响。同一粗骨料最大粒径下，ρ_f = 1.5% 时的 SFHSC 劈裂抗拉强度较大，这与抗压强度在 d_{max} = 10mm 时不同。d_{max} = 0 时，2 种钢纤维体积率下的 SFHSC 劈裂抗拉强度相差 18.844%；d_{max} = 10mm 时，相差 22.086%；d_{max} = 20mm 时，相差 12.226%。增加幅度远高于抗压强度。从图中可以看出粗骨料最大粒径从 0mm 变化到 10mm 时，2 种钢纤维体积率下的 SFHSC 劈裂抗拉强度都有增加，增长率分别为 22.864% 和 26.216%。增长均比 HSC 高（21.965% 和 11.864%）。从 10mm 变化到 20mm 时，2 种钢纤维体积率下的 SFHSC 劈裂抗拉强度又有所增加，增长率分别为 12.065% 和 3.015%。增幅趋势与 HSC 不同，主要是钢纤维掺入后，立方体试件在劈裂破坏时，混凝土与钢纤维之间有了一定的锚固力，增强了试件的韧性。

图 5.11 反映了粗骨料最大粒径对于 SFHSC 的劈裂抗拉强度增益比的影响。从图中可

以看出，$\rho_f=0.5\%$时，增益比均大于1，平均值为1.272；$\rho_f=1.5\%$时，增益比均大于1，平均值为1.546，增强效果明显。粗骨料最大粒径从0mm到10mm，$\rho_f=0.5\%$时，增益比变化不大，$\rho_f=1.5\%$时，增益比变化相对较大；粗骨料最大粒径从10mm到20mm，增益比显著增大。增益比大于1，即说明钢纤维有了增强效果，从试验结果看，钢纤维对于提高SFHSC的劈裂抗拉强度有着重要作用。SFHSC试件在荷载增加时，混凝土基体变形增大，钢纤维开始发挥作用，承受混凝土中的拉应力，延缓了界面粘结力的丧失，阻止了混凝土的进一步变形，改善了混凝土基体的变形性能，提高了劈裂抗拉强度。

从图5.8~图5.11可以看出粗骨料粒径对于SFHSC劈裂抗拉强度的影响是很明显的，随着粗骨料最大粒径的增加，劈裂抗拉强度逐渐增加；相对于SFHSC，粗骨料最大粒径对于HSC劈裂抗拉强度的影响相对小些，钢纤维对于混凝土基体变形的抑制作用，极大地提高了SFHSC的劈裂抗拉强度；粗骨料最大粒径对SFHSC的劈裂抗拉强度增益比影响较大。

2. 水灰比

图5.12为$d_{max}=20$mm，$\rho_f=1.0\%$时，水灰比对SFHSC及其对比组HSC劈裂抗拉强度的影响。可以看出随着水灰比的减小，HSC、SFHSC的劈裂抗拉强度均呈现增大趋势。其中HSC的增幅相对较小，最大增长5.932%；SFHSC增长较大，最大增长20.042%。

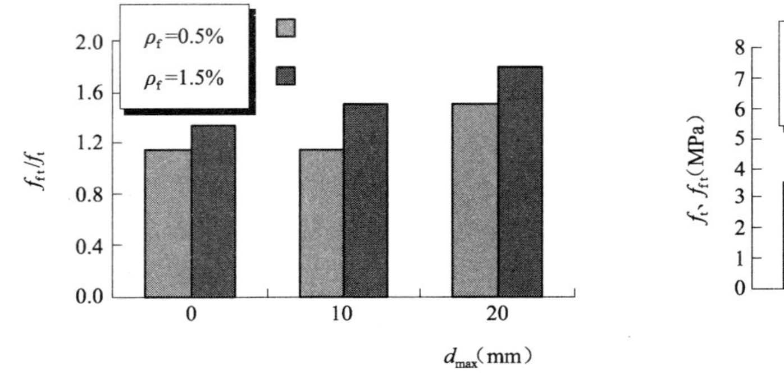

图5.11　d_{max}对SFHSC劈裂抗拉强度增益比的影响

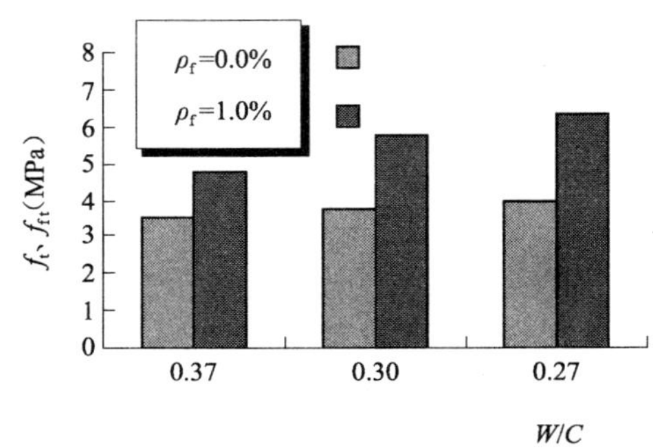

图5.12　W/C对HSC、SFHSC劈裂抗拉强度的影响

根据试验结果，HSC劈裂抗拉强度（f_t）与水灰比具有下列统计关系：

$$f_t=2.559\left(\frac{W}{C}\right)^{-0.324} \tag{5-4}$$

SFHSC劈裂抗拉强度（f_{ft}）与水灰比的关系式如下：

$$f_{ft}=2.008\left(\frac{W}{C}\right)^{-0.874} \tag{5-5}$$

通过试验值与计算值的比较，用式(5-4)、式（5-5）计算HSC和SFHSC的劈裂抗拉强度的误差在2%以下，满足计算精度要求。

图5.13为水灰比对SFHSC劈裂抗拉强度增益效果的影响，水灰比为0.37，0.30和0.27对应的劈裂抗拉强度增益比分别为1.353，1.533和1.606，平均增益比为1.497。增益比与水灰比具有下式的关系：

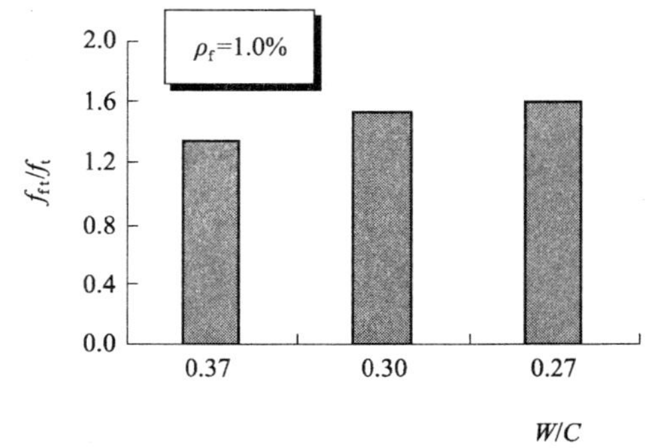

图5.13　W/C对SFHSC劈裂抗拉强度增益比的影响

$$\frac{f_{ft}}{f_t}=2.291-2.534\left(\frac{W}{C}\right) \tag{5-6}$$

通过试验值与计算值的比较，可知用式（5-6）计算 SFHSC 劈裂抗拉强度增益比能满足计算的精度要求。水灰比越小，混凝土结构更加密实，孔隙率降低，立方体试件强度较高。钢纤维掺入 HSC 中后，立方体试件在劈裂时，裂缝两端的混凝土受到钢纤维的作用力，因此较 HSC 而言，裂缝扩展相对缓慢。

图 5.12、图 5.13 以及式（5-4）~式（5-6）表明：水灰比越大，SFHSC 和 HSC 的劈裂抗拉强度越低；钢纤维掺入 HSC，显著提高了劈裂抗拉强度；劈裂抗拉强度与水灰比具有乘幂关系；增益比与水灰比具有线性关系。

3. 钢纤维体积率

图 5.14 表示 $W/C=0.30$ 时，钢纤维体积率对 SFHSC 及其对比组 HSC 劈裂抗拉强度的影响，X 表示钢纤维体积率数值。可以看出，SFHSC 劈裂抗拉强度随着钢纤维体积率逐渐增大，但是增幅不大，当钢纤维体积率由 1.5% 变化到 2.0% 时，增幅最大，最大增长率为 11.382%。在钢纤维体积率从 0.5% 到 1.0%，1.0% 到 1.5% 变化时，劈裂抗拉强度增加幅度不大，增长率不超过 7%；从 1.5% 到 2.0% 变化时，劈裂抗拉强度增长率超过 10%。在低钢纤维体积率下，钢纤维在立方体试件受荷区域分布较为稀疏，体积率略有增加，分布也不密集，这直接影响了试件劈裂效果，而高体积率条件下，在试件受荷劈裂部位，钢纤维的作用得以较好地发挥，因此，强度值较大。对应的 HSC 试件劈裂抗拉强度相对较小，彼此相差不大，最大变化率为 8.533%。

图 5.15 表示 SFHSC 钢纤维体积率和劈裂抗拉强度增益比的关系，可以看出增益比基本上都远高于 1，增益比平均值为 1.677，最大增益比发生在体积率为 2.0% 时，达到 1.877，从增益效果看，都超过 50%，最大可达 87.7%，增益效果明显。

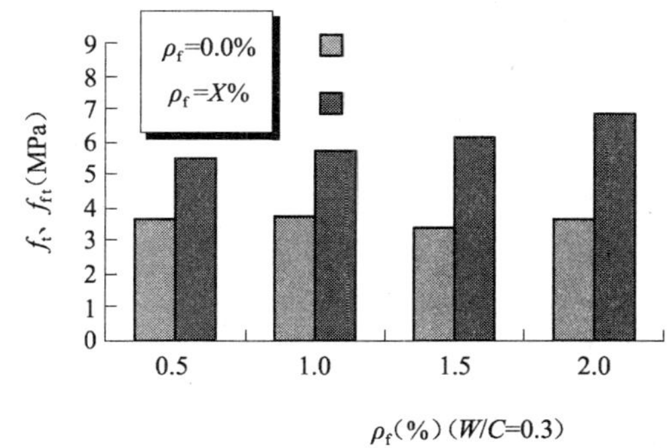

图 5.14　ρ_f 对 HSC、SFHSC 劈裂抗拉强度的影响

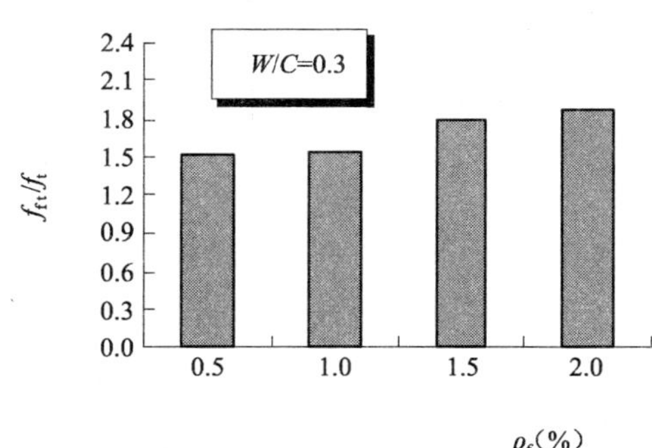

图 5.15　ρ_f 对 SFHSC 劈裂抗拉强度增益比的影响

图 5.14、图 5.15 表明，钢纤维体积率对于 SFHSC 劈裂抗拉强度影响较大；钢纤维对于 SFHSC 劈裂抗拉强度增益效果良好。

5.2.3　钢纤维高强混凝土劈裂抗拉强度计算方法

试验研究表明，HSC 劈裂抗拉强度（f_t）约为立方体试件抗压强度（f_{cu}）的 1/15~1/18，中国建筑科学研究院提出 HSC 的劈裂抗拉强度与立方体抗压强度的关系为[6]：

$$f_t=0.3f_{cu}^{\frac{2}{3}} \tag{5-7}$$

文献［7］在试验研究的基础上也得到了类似 HSC 的钢纤维混凝土劈裂抗拉强度（f_{ft}）与立方体抗压强度（f_{fcu}）的关系：

$$f_{ft}=0.016f_{fcu}^{\frac{3}{2}} \tag{5-8}$$

但是该文同时也指出，按照式（5-8）计算得到的钢纤维混凝土劈裂抗拉强度与试验值有一定的偏差，只能得到近似结果。

文献［8，9］根据试验结果，回归得到钢纤维体积率（ρ_f）与劈裂抗拉强度之间的统计关系，如下式：

$$f_{ft} = \alpha\rho_f + \beta \tag{5-9}$$

式中 α、β——回归系数。

钢纤维混凝土基本力学性能试验研究结果表明[10]，钢纤维混凝土基本力学性能指标的统一计算模式可取为：

$$f_f=f_m（1+\alpha_f\lambda_f） \tag{5-10}$$

式中 f_f——钢纤维混凝土力学性能指标；

f_m——基体混凝土力学性能指标；

λ_f——钢纤维含量特征参数；

α_f——与钢纤维类型、形状、分布以及受力模型等有关的参数。

文献［11］基于式（5-10）的结论，通过钢纤维混凝土基本力学性能试验研究得到的 α_f 值为0.46。本章按照对试验结果的统计分析，建立 SFHSC 劈裂抗拉强度、HSC 劈裂抗拉强度（f_t）与钢纤维含量特征参数的关系式：

$$f_{ft}=f_t（1+\alpha_f\lambda_f） \tag{5-11}$$

式中符号含义同前。根据对试验结果的回归分析，得到 α_f 的值为1.462，SFHSC 的 f_{ft} 试验值与式（5-11）计算值之比的平均值1.184，标准差0.064，变异系数0.054，标准差和变异系数较小，说明采用式（5-11）计算 SFHSC 的 f_{ft} 数据变异性小，因此采用式（5-11）计算 SFHSC 劈裂抗拉强度比较合适。

5.3 小　　结

通过对 SFHSC 及其对比组 HSC 抗压、劈裂抗拉性能的试验研究和理论分析，得到以下结论：

1. 粗骨料最大粒径对混凝土抗压强度有重要影响；钢纤维和粗骨料之间的嵌锁作用有助于抗压强度的提高；粗骨料最大粒径对于 SFHSC 的抗压强度增益比影响不大。

2. 随着粗骨料最大粒径的增加，SFHSC 劈裂抗拉强度逐渐增加。粗骨料最大粒径对于 HSC 劈裂抗拉强度的影响相对较小；粗骨料最大粒径对于 SFHSC 的劈裂抗拉强度增益比影响较大。

3. 水灰比对于 SFHSC 的抗压强度影响与其对于 HSC 的影响是一致的，即水灰比越大，强度越低；抗压强度及其增益比与水灰比具有乘幂关系。

4. 水灰比越大，SFHSC 与 HSC 劈裂抗拉强度越低；钢纤维掺入 HSC，显著提高了劈裂抗拉强度；劈裂抗拉强度与水灰比具有乘幂关系；劈裂抗拉强度增益比与水灰比具有线性关系。

5. 钢纤维体积率对于 SFHSC 抗压强度影响不大，钢纤维对于抗压强度增益效果不明显；钢纤维体积率对于 SFHSC 劈裂抗拉强度影响较大，钢纤维对于劈裂抗拉强度增益效果良好。

6. SFHSC 劈裂抗拉强度与 HSC 劈裂抗拉强度具有式（5-11）所示统计关系。

参考文献

[1] 杜庆蟾．骨料对混凝土强度影响的研究［J］．云南建材，1996，(4)：33-34.

[2] 陈福明．影响水泥混凝土强度的几个因素［J］．科技信息，2007，(7)：97-225.

[3] 张春玉．影响水泥混凝土强度的几个因素［J］．内蒙古科技与经济，2005，(10)：140-141.

[4] 林小松，杨果林．钢纤维高强与超高强混凝土［M］．北京：科学出版社，2002.

[5] 高丹盈，黄承逵．钢纤维混凝土的抗压强度［J］．河南科学，1991，9（2）：78-84.

[6] 陈肇元，朱金铨，吴佩刚．高强混凝土及其应用［M］．北京：清华大学出版社，1992.

[7] 曾智兴，胡云昌．钢纤维轻骨料混凝土力学性能的试验研究［J］．建筑结构学报，2003，24（5）：78-81.

[8] 邹早银，王立华，王士恩，韩平，徐培，陈理达．喷射钢纤维混凝土性能研究［J］．广东水利水电，2005，(2)：14-17.

[9] 刘汉勇，王立成，宋玉普，王海涛．钢纤维高强轻骨料混凝土力学性能的试验研究［J］．建筑结构学报，2007，28（5）：110-117.

[10] 高丹盈，刘建秀．钢纤维混凝土基本理论［M］．北京：科学技术文献出版社，1994.

[11] 韩嵘，赵顺波，曲福来．钢纤维混凝土抗拉性能试验研究［J］．土木工程学报，2006，39（11）：63-67.

第 6 章　钢纤维高强混凝土断裂韧度

在本书的第 1 章介绍过应力强度因子 K 的概念以及 K 准则，K 的求解方法主要有解析法、近似法、数值法和实验法。这些方法的适用性有很大不同，解析法得到的 K 仅占很少的部分；近似法则是放宽解析法必须满足的条件，如可以在求解时不严格满足解析法中要求的边界条件，构造解析解的近似解；数值法则是运用有限元、边界元等分析方法，借助计算机编制程序计算求 K，该方法可以得到复杂裂缝结构的 K 值，这就使得材料应力强度因子的求解更加方便，适合于工程应用。实验法常常借助光学手段来实现，如光弹性法，这类方法往往要借助光学设备，对实验条件有一定要求。K 准则的运用，就是用这几种方法得到的材料的 K 值和临界应力强度因子—断裂韧度 K_{IC} 进行比较的过程，如果某种材料裂缝前缘应力强度因子超过了 K_{IC}，那么裂缝就失稳破坏，材料不同，抵抗裂缝扩展的能力就有差别，对于材料断裂韧度的试验研究是判断其断裂性能优劣的有效方法。

6.1　混凝土与钢纤维混凝土断裂韧度研究概况

6.1.1　混凝土断裂韧度

1961 年，Kaplan 将断裂力学的概念应用于混凝土，进行了混凝土断裂韧度试验，并得出 Griffith 的临界能量释放率概念可以应用于混凝土的结论[1]。此后，混凝土线弹性断裂力学参数的研究广泛开展，研究的范围主要集中在混凝土的组成材料、龄期以及混凝土试件尺寸等对断裂韧度的影响。Naus 和 Lott[2] 用四点弯曲试件研究混凝土材料的断裂韧度后认为：断裂韧度和水灰比的变化成反比，与龄期和骨料最大粒径的变化成正比。Togawa[3] 认为骨料的强度对断裂韧度的影响要比水泥与骨料界面强度的影响更重要。Strange 和 Byant[4] 对断裂韧度的尺寸效应进行了研究，认为随着试件尺寸的增大，断裂韧度也逐渐增大。国内对于混凝土的断裂韧度也进行了大量试验研究。尹双增[5] 研究了水灰比、外加剂和养护龄期对混凝土断裂韧度的影响，得到了与国外研究结果相似的结论，并就混凝土断裂韧度与常规强度之间的关系做了分析，认为混凝土断裂韧度与抗拉强度之间存在着良好的线性关系。

徐世烺等提出了混凝土双 K 断裂准则[6]。该准则认为如果裂缝应力强度因子达到材料的起裂韧度，裂缝起裂；当应力强度因子大于起裂韧度时，裂缝处于稳定扩展阶段；当应力强度因子达到或大于材料的等效断裂韧度时，裂缝处于临界状态并进入不稳定扩展阶段，结构会发生失稳断裂。邓宗才[7] 研究了 HSC 的断裂韧度，认为 HSC 的断裂韧度明显大于普通混凝土；试件的相对裂缝深度对断裂韧度值有一定的影响；HSC 在断裂机理方面与普通混凝土存在着一些差异。HSC 的界面性能较优良、先天裂缝少且骨料的止裂作用等使得其断裂韧度增大。

HSC 与普通混凝土相比，突出的特性是脆性大。HSC 因采用了较小的水胶比并使用了高效减水剂，大幅度减少了开放孔，提高了混凝土的弹性模量和抗压强度，但对类似裂缝的封闭孔影响甚微，即对抗拉的贡献有限，因而导致拉压比的下降[8]。这表明：HSC 基体的密实性增加了，混凝土组成材料之间的界面性能得到一定程度的改善。随混凝土强度等级的提高，抗压强度的确提高较多，但抗拉强度却提高不大，HSC 结构在破坏时表现出明显的脆性破坏特征。

6.1.2 钢纤维混凝土断裂韧度

钢纤维混凝土是在混凝土基体中掺入适量钢纤维而形成的一种混凝土基复合材料。混凝土的破坏总是从基体中的微裂缝开始的，钢纤维的主要作用在于一定程度上削弱混凝土微裂缝尖端的应力集中，阻碍混凝土内部裂缝的扩展和阻滞宏观裂缝的发生和发展。特别是对于 HSC，高强化后脆性更加突出，掺入钢纤维，发挥钢纤维的阻裂、增韧作用是降低 HSC 脆性的有效方法。尤其是通过纤维的桥联作用提高裂后混凝土的整体性，从而使混凝土的抗拉、抗弯、抗剪强度明显提高，其抗冲击、抗疲劳、裂后韧度和耐久性也有较大的改善。线弹性断裂力学的基本观点，即关于临界应力强度因子（数值上等于断裂韧度）造成裂缝快速扩展并引起最终断裂的观点已被引入到钢纤维混凝土的断裂过程及破坏现象研究中来[9]。钢纤维掺入混凝土对于断裂韧度的影响已有共识，文献[10~16]研究认为：钢纤维掺入混凝土有效改善了混凝土的断裂性能，断裂韧度较普通混凝土有了较大提高；随着基体混凝土抗压强度的提高，SFHSC 的断裂韧度相应提高，但是这种提高与抗压强度并不是同比例增长的；初始裂缝长度对断裂韧度有一定影响，即具有缺口敏感性；随着钢纤维掺量的增加，断裂韧度逐渐增大；由于钢纤维在混凝土内分布的复杂性，断裂韧度数据有一定的离散型。钢纤维掺入混凝土后，由于钢纤维在基体开裂后的桥联作用，使得混凝土在破坏之前有较大的缓慢裂缝扩展以及在裂缝扩展区存在一个纤维跨接区（“假塑性区”）[17]。钢纤维在很大程度上使混凝土裂缝尖端裂缝扩展具有类似金属的塑性特征[18]。因此对于钢纤维混凝土的断裂韧度的研究要考虑这些变化，体现在计算断裂韧度时要引入修正因素。Wecharatana 和 Shah[19]考虑纤维桥接区和基体裂缝尖端的非线性，假定非线性的闭合力相当于纯拉作用，那么实际裂缝可由一有效裂缝代替。关丽秋和赵国藩[20]将钢纤维的影响简化成作用在裂缝上的阻裂应力，在计算上就可以把一个钢纤维混凝土构件当作一个尺寸与之完全相同的素混凝土构件（等效构件）来处理。这两种方法的实质是将钢纤维混凝土出现的塑性特性采用等效手段线弹性化，这类方法也是求解钢纤维混凝土断裂韧度的一种办法。以往对于钢纤维混凝土断裂韧度的计算采用的多是混凝土断裂韧度公式[9，21~24]，文献[25，26]采用有效裂缝长度代替初始裂缝后，使用混凝土断裂韧度计算公式求钢纤维混凝土断裂韧度。

混凝土和钢纤维混凝土断裂韧度的试验方法主要有三点弯曲法、紧凑拉伸和楔劈拉伸法。文献[27，28]从混凝土材料作为一种准脆性的材料、现有的断裂力学测试方法不适合其特性的角度出发，提出加速建立适合混凝土等准脆性材料的断裂力学性能测试统一标准的设想，但目前还没有形成统一的规范体系。

以往的混凝土和钢纤维断裂韧度的测试中，较多研究的是单因素（如水灰比、强度等级、粗骨料最大粒径等）对于断裂韧度的影响，多因素综合影响鲜见报道，HSC 和

SFHSC断裂韧度的研究更少。另外，以往的研究中，钢纤维混凝土断裂韧度计算公式一般都采用线弹性的断裂韧度计算公式，即使对于公式有所改进，由于用到的参数较多，计算仍比较繁琐。因此，寻找一种简单实用的钢纤维混凝土断裂韧度计算公式很有必要，对于HSC的水灰比、基体强度、粗骨料最大粒径、裂缝尺寸以及钢纤维掺量对断裂韧度综合影响的研究也很有意义。

本章采用第3章所述的切口梁三点弯曲试验方法，试验测得临界裂缝张开位移，在适当的数学推导下得到了基于实测临界裂缝张开位移的改进SFHSC断裂韧度计算公式。在此基础上，研究了初始裂缝制作方法、相对切口深度（a_0/W）、粗骨料最大粒径（d_{max}）、水灰比（W/C）和钢纤维体积率（ρ_f）对SFHSC及其对比组HSC断裂韧度的影响，建立了HSC与SFHSC断裂韧度计算模式。

6.2 钢纤维高强混凝土断裂韧度计算公式的改进

6.2.1 断裂韧度计算公式

对于二维的裂缝应力强度因子的求解，归根到底是解决弹性力学的平面问题。弹性力学平面问题的求解就是要找到适当的应力函数，并使之满足双调和方程和边界条件。混凝土三点弯曲切口梁可视为带有裂缝的有限宽板，因此属于弹性力学平面问题。对于这个问题的求解采用的是边界配置法，就是将应力函数用无穷级数表达，该级数要满足双调和方程（$\nabla^2\nabla^2=0$）和边界条件（边界上各点的应力）。在有限宽板边界上选择足够多的点，确定无穷级数的常数项系数，也就得到了应力函数，最后用该应力函数求切口梁的应力强度因子。

Willianms 于1957年提出了一个无穷级数表示应力函数[29]：

$$\varphi(r,\theta)=\sum_{j=1}^{\infty}C_j\cdot r^{\frac{j}{2}+1}\left[-\cos\left(\frac{j}{2}-1\right)\theta+\frac{\frac{j}{2}+(-1)^j}{\frac{j}{2}+1}\cos\left(\frac{j}{2}+1\right)\theta\right] \tag{6-1}$$

式中 φ——应力函数；

(r,θ)——以裂缝尖端为原点的极坐标系；

C_j——常数项系数。

根据此应力函数形式，采用边界配置法得到的切口梁试件应力强度因子、试件尺寸参数及外力之间的关系表达式为：

$$K_I BW^{\frac{3}{2}}/\frac{PS}{4}=-\sqrt{2\pi}\frac{4W}{S}D \tag{6-2}$$

式中 K_I——应力强度因子；

B——试件宽度；

W——试件高度；

S——试件支座间跨度；

P——施加于试件中点的外力；

D——一个无量纲量。

D 只与 a_0、W 和 S 有关，可以根据边界上点的应力大小通过数值方法求出。由式(6-2)得：

$$K_{\mathrm{I}} = \frac{1}{4}\frac{PS}{BW^{\frac{3}{2}}}\left[-\sqrt{2\pi}\frac{W}{S}D\right] \tag{6-3}$$

对于标准的三点弯曲试件，$S=4W$，式（6-3）可化为：

$$K_I = \frac{PS}{BW^{\frac{3}{2}}}F\left(\frac{a_0}{W}\right) \tag{6-4}$$

式中 a_0——初始裂缝长度；

$F(a_0/W)$——和 a_0 和 W 之比有关的常数。

通常将 F（a_0/W）设为：

$$F\left[\frac{a_0}{W}\right] = \sqrt{\frac{a_0}{W}}\left[b_0 + b_1\left(\frac{a_0}{W}\right) + b_2\left(\frac{a_0}{W}\right)^2 + b_3\left(\frac{a_0}{W}\right)^3 + \cdots\right] \tag{6-5}$$

式中 b_0，$b_1\cdots$，$\cdots$——待定系数。

给定一组不同的 a_0/W 值（如0.3，0.35，0.4，…,），即可得到一组 D 值，由式（6-3）和（6-4）可得一组 F（a_0/W）值，最后解出关于 b_0，$b_1\cdots$，…的线性方程组即可得到式(6-5）中的系数。

式（6-4）中，若 P 为三点弯曲切口梁所受的最大荷载，此式即成为断裂韧度的计算公式，即：

$$K_{\mathrm{IC}} = \frac{P_{\max}S}{BW^{\frac{3}{2}}}F\left(\frac{a_0}{W}\right) \tag{6-6}$$

式中符号含义同前。

ASTM 推荐使用的混凝土标准三点弯曲试件断裂韧度计算公式为式（6-6），其中的 F（a_0/W）为[30]：

$$F\left[\frac{a_0}{W}\right] = 2.9\left[\frac{a_0}{W}\right]^{\frac{1}{2}} - 4.6\left[\frac{a_0}{W}\right]^{\frac{3}{2}} + 21.8\left[\frac{a_0}{W}\right]^{\frac{5}{2}} - 37.6\left[\frac{a_0}{W}\right]^{\frac{7}{2}} + 38.7\left[\frac{a_0}{W}\right]^{\frac{9}{2}} \tag{6-7}$$

式中 $P_{\max}$——试验得到的三点弯曲梁峰值荷载，kN，其他符号含义同前。

我国学者陈篪[31,32]提出的标准三点弯曲试件断裂韧度计算公式也为式（6-6），其中的 F（a_0/W）为：

$$F\left[\frac{a_0}{W}\right] = \frac{1}{4}\left(7.30 + 0.21\sqrt{\frac{S}{W} - 2.9}\right)\cdot \cos^{-1}\left(\frac{\pi a_0}{2W}\right)\sqrt{\tan\left(\frac{\pi a_0}{2W}\right)} \tag{6-7a}$$

式中符号含义同前。

混凝土三点弯曲试验测试断裂韧度的研究中，国内比较广泛的采用式(6-6)的断裂韧度计算公式，其中的 $F(a_0/W)$ 一般采用美国材料试验协会（ASTM）公式(6-7)和陈篪公式(6-7a)[33]。实际上，ASTM 和陈篪关于断裂韧度计算公式来源的本质是相同的，即都是应用弹性力学基本理论以及近似数值计算的方法得到三点弯曲切口梁试件的断裂韧度与试件尺寸以及峰值荷载之间的关系，区别是采用了不同的常数项 $F(a_0/W)$。陈篪研究三点弯曲切口梁的应力强度因子时，考虑 a_0/W 和 S/W 均为变量，采用柔度标定法得到了形如式(6-8)的 $F(a_0/W)$ 表达式。文献[29]指出，采用 ASTM 推荐的计算公式和陈篪的公式都是可行的，特别是相对切口深度在0.4~0.6之间变化时，两者差异甚微；文献[34]指出陈篪公式在相对切口深度超过0.7以后存在奇异性。

ASTM和陈篪在推导式(6-6)时，假定材料完全处于弹性状态，没有考虑裂缝尖端出现的塑性区。实际材料在应力达到屈服极限时，会发生塑性变形，在裂缝尖端附近形成塑性区。对于脆性较大的材料，塑性变形小，与裂缝长度和构件的尺寸相比可忽略。当塑性区尺寸比较可观时，就必须对基于线弹性断裂力学的断裂韧度计算公式进行必要的修正，才能用以计算材料的断裂韧度。

HSC抗压强度高，但抗裂强度低，破坏时脆性明显增大[35]。将钢纤维掺入HSC，其脆性得到了显著的改善，开裂后变形能力增大。钢纤维的主要作用是阻裂增强，与HSC相比，SFHSC在破坏之前，有一个裂缝的稳定阶段。在此阶段，裂缝会遇到钢纤维的阻挡而缓慢发展，或是绕过钢纤维寻找更易通过的途径扩展，直到再次遇到钢纤维阻挡。裂缝就是遵循这种方式不断发展，直到钢纤维混凝土破坏。钢纤维在HSC中的分布是随机的，因此对于裂缝的阻挡呈现乱向方式，使裂缝开裂的路径比较曲折，所以SFHSC破坏过程也就呈现出一定的塑性破坏特征。塑性变形可以引起应力松弛，应力场中产生裂缝同样也可引起应力松弛。如果应力场中产生适当长度裂缝引起的应力松弛值大小与塑性变形引起的应力松弛值相当，则可认为此时材料仍然处于线弹性状态，塑性变形的效果就可以等效为应力场中产生了一定长度的裂缝引起的应力变化，那么线弹性断裂力学得到的断裂韧度计算公式(6-4)、式(6-5)仍然有效，但是在公式中的初始裂缝长度用有效裂缝长度代替。

文献[16,21]和文献[36,37]分别应用陈篪提出的断裂韧度计算公式和ASTM推荐的断裂韧度计算公式研究了钢纤维混凝土断裂韧度。

文献[22]在采用单轴拉伸、三点弯曲和楔入劈拉3种实验模型分别研究钢纤维混凝土断裂韧度时，采用了如下的断裂韧度计算公式：

$$K_{IC} = \frac{3P_{max}S}{2BW^2}F\left(\frac{a_0}{W}\right) \tag{6-8}$$

$$F\left[\frac{a_0}{W}\right] = 1.09 - 1.735\left[\frac{a_0}{W}\right] + 8.2\left[\frac{a_0}{W}\right]^2 - 14.18\left[\frac{a_0}{W}\right]^3 + 14.57\left[\frac{a_0}{W}\right]^4 \tag{6-8a}$$

式中符号含义同前。

文献［25］通过三点弯曲试验对断裂韧度进行研究发现按ASTM建议的公式计算得到的断裂韧度结果不能真正反映钢纤维混凝土的断裂特性，提出了改进的断裂韧度计算公式如下：

$$K_{IC} = \frac{3P_{max}S}{2BW^2}\sqrt{a_e}F\left(\frac{a_e}{W}\right) \tag{6-9}$$

$$F\left[\frac{a_e}{W}\right] = \left\{1.99 - \left[\frac{a_e}{W}\right]\left[1 - \frac{a_e}{W}\right]\left[2.15 - 3.93\frac{a_e}{W} + 2.7\left[\frac{a_e}{W}\right]^2\right]\right\}$$

$$\left\{\left[1 + 2\frac{a_e}{W}\right]\left[1 - \frac{a_e}{W}\right]^{\frac{3}{2}}\right\}^{-1} \tag{6-9a}$$

式中　a_e——有效裂缝长度，mm。

公式（6-9）与文献［38］中给出的公式形式完全一致，不同之处在于引用了有效裂缝长度的概念。

文献［39］在研究局部高密度钢纤维混凝土断裂韧度时，采用了如下的修正的陈篪公式：

$$K_{IC} = \frac{P_{max}S}{BW^{\frac{3}{2}}}F\left(\frac{a_e}{W}\right) \tag{6-10}$$

$$K_{IC} = \frac{P_{max}S}{4W^{3/2}B}\left(7.30 + 0.21\sqrt{\frac{S}{W} - 2.9}\right)\cdot \cos^{-1}\left(\frac{\pi a_e}{2W}\right)\sqrt{\tan\left(\frac{\pi a_e}{2W}\right)} \tag{6-10a}$$

式中符号含义同前。

文献［40］采用修正的线弹性断裂韧度公式计算了微观纤维增强水泥基复合材料的断裂韧度，断裂韧度计算公式如下：

$$K_{IC} = \frac{3P_{max}S}{2BW^2}\sqrt{\pi a_e}F\left(\frac{a_e}{W}\right) \tag{6-11}$$

$$F\left[\frac{a_e}{W}\right] = 1.122 - 1.40\left[\frac{a_e}{W}\right] + 7.33\left[\frac{a_e}{W}\right]^2 - 13.08\left[\frac{a_e}{W}\right]^3 + 14.0\left[\frac{a_e}{W}\right]^4 \tag{6-11a}$$

式中符号含义同前。

文献［41］研究钢纤维混凝土断裂性能时用到的断裂韧度计算公式为：

$$K_{IC} = \frac{3P_{max}S}{2BW^2}\sqrt{\pi a_e}F\left(\frac{a_e}{W}\right) \tag{6-12}$$

$$F\left[\frac{a_e}{W}\right] = \left[1 - 2.5\frac{a_e}{W} + 4.49\left[\frac{a_e}{W}\right]^2 - 3.98\left[\frac{a_e}{W}\right]^3 + 1.33\left[\frac{a_e}{W}\right]^4\right]\left[1 - \frac{a_e}{W}\right]^{-3/2} \tag{6-12a}$$

式中符号含义同前。

有效裂缝长度概念的引入，使得钢纤维混凝土这类裂缝扩展方式出现了一定塑性特征的材料的断裂韧度计算也可以使用线弹性的断裂韧度计算公式，扩展了线弹性断裂韧度计算公式的使用范围。

对于有效裂缝长度计算公式的修正是应用线弹性断裂韧度计算公式的关键。有关修正方法涉及的参数很多，如文献［25，40］的方法如下：

$$\delta = \frac{6P_{max}Sa_e}{BW^2E}\left[1.45 - 2.18\frac{a_1}{W} + 13.71\left[\frac{a_1}{W}\right]^2 - 5.96\left[\frac{a_1}{W}\right]^3 - 36.9\left[\frac{a_1}{W}\right]^4 + 70.7\left[\frac{a_1}{W}\right]^5\right] \tag{6-13}$$

式中　δ——裂缝嘴张开位移；

a_e——有效裂缝长度；

a_1——裂缝初始长度与裂缝扩展长度之和；

E——材料常数。

6.2.2　钢纤维高强混凝土断裂韧度计算公式

从形式上看，式（6-13）是比较复杂的，而且在求解 a_e 时要使用牛顿迭代方法，计算起来比较繁琐。本章提出一种根据试验结果求解 a_e 的方法。三点弯曲试验条件下，荷载作用使混凝土切口梁试件裂缝前沿形成断裂过程区，同时存在沿裂缝尖端的一条亚临界裂缝[26]。钢纤维的掺入使得断裂过程区除了有混凝土的粘聚力外，还有钢纤维与混凝土之间形成的粘结锚固作用力，二者的共同作用使钢纤维混凝土断裂过程区的范围较素混凝土大，亚临界裂缝扩展长度的最终值（即临界裂缝扩展长度）相应增大[42]。有效裂缝长度在数值上等于初始裂缝长度与临界裂缝扩展长度之和。a_e 可表示为：

$$a_e = a_0 + e \tag{6-14}$$

式中 a_0——初始裂缝长度，mm；

e——临界裂缝扩展长度，mm。

如图 6.1 所示，假设裂缝面绕某点 o 转动，r 为 o 到初始裂缝尖端的距离。在如图 6.1 所示位置时，裂缝即将失稳扩展，荷载达到最大荷载。由 e、t、m 和 r 几何关系可推得：

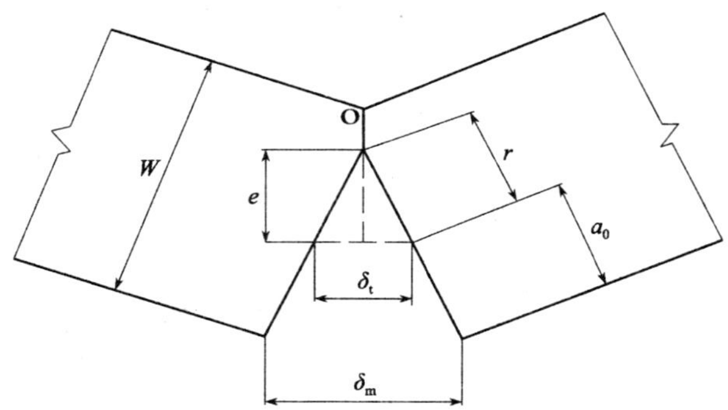

图 6.1　切口梁试件临界裂缝扩展长度计算图示

$$r = \frac{a_0}{\dfrac{\delta_m}{\delta_t} - 1} \tag{6-15}$$

$$e = \sqrt{r^2 - \left(\frac{\delta_t}{2}\right)^2} \tag{6-16}$$

式中 δ_t——临界裂缝尖端张开位移，mm；

δ_m——临界裂缝嘴张开位移，mm。

钢纤维混凝土切口梁试件有效裂缝长度值　　表 6.1

试件编号	δ_t/mm	δ_m/mm	r/mm	r^2/ mm^2	$(\delta_t/2)^2$/mm^2	e /mm	a_e/mm
MF05-2	0.021	0.028	65.789	4.328×10^3	1.103×10^{-4}	65.789	85.789
MF10-2	0.129	0.171	61.539	3.787×10^3	4.180×10^{-3}	61.539	81.539
MF15-2	0.121	0.160	61.066	3.729×10^3	3.646×10^{-3}	61.066	81.066
MF20-2	0.210	0.282	57.803	3.341×10^3	1.101×10^{-2}	57.803	77.803
MF05-3	0.045	0.070	54.828	3.006×10^3	5.162×10^{-4}	54.828	84.828
MF10-3	0.161	0.253	52.346	2.740×10^3	6.482×10^{-3}	52.346	82.346
MF15-3	0.105	0.163	53.484	2.860×10^3	2.736×10^{-3}	53.483	83.484
MF20-3	0.143	0.231	48.387	2.341×10^3	5.093×10^{-3}	48.387	78.387
MF05-4	0.057	0.113	41.422	1.716×10^3	8.422×10^{-4}	41.422	81.422
MF10-4	0.059	0.116	40.985	1.680×10^3	8.572×10^{-4}	40.985	80.985
MF15-4	0.131	0.245	46.111	2.126×10^3	4.299×10^{-3}	46.111	86.111
MF20-4	0.204	0.377	47.029	2.212×10^3	1.038×10^{-2}	47.029	87.029

续表

试件编号	δ_t/mm	δ_m/mm	r/mm	r^2/ mm^2	$(\delta_t/2)^2$/mm^2	e /mm	a_e/mm
MF05-5	0.033	0.078	36.851	1.358×10^3	2.763×10^{-4}	36.851	86.851
MF10-5	0.027	0.062	39.441	1.556×10^3	1.883×10^{-4}	39.441	89.441
MF15-5	0.133	0.287	43.302	1.875×10^3	4.431×10^{-3}	43.302	93.302
MF20-5	0.195	0.433	40.913	1.674×10^3	9.494×10^{-3}	40.913	90.913
MF05g0-2	0.046	0.065	49.634	2.464×10^3	5.372×10^{-4}	49.634	69.634
MF05g10-2	0.038	0.051	56.632	3.207×10^3	3.518×10^{-4}	56.632	76.632
MF15g0-2	0.191	0.269	49.209	2.422×10^3	9.112×10^{-3}	49.209	69.209
MF15g10-2	0.152	0.211	50.633	2.564×10^3	5.743×10^{-3}	50.633	70.633
MF10a-4	0.034	0.087	26.083	6.803×10^2	2.969×10^{-4}	26.083	66.083
MF10b-4	0.035	0.063	49.748	2.475×10^3	3.022×10^{-4}	49.748	89.748
MF05Y-4	0.296	0.919	19.027	3.620×10^2	2.194×10^{-2}	19.027	59.027
MF10Y-4	0.346	1.049	19.688	3.876×10^2	2.995×10^{-2}	19.687	59.688
MF15Y-4	0.514	1.487	21.116	4.459×10^2	6.602×10^{-2}	21.114	61.116
MF20Y-4	0.335	1.056	18.598	3.459×10^2	2.810×10^{-2}	18.597	58.598

表注：试件编号同第 4 章表 4.1～表 4.4，e 表示临界裂缝扩展长度，a_e 表示有效裂缝长度，其他符号同式（6-15）、式（6-16）。

根据三点弯曲切口梁试件临界裂缝尖端张开位移（δ_t）和临界裂缝嘴张开位移（δ_m）的测试结果，三点弯曲切口梁试件有效裂缝长度的计算值见表 6.1。在达到最大荷载时，以 mm^{2}为单位，r^2和（$\delta_t/2$）^{2}数值的数量级分别为 10^3（10^2）、10^{-4}（10^{-3}、10^{-2}）。两者数量级之比最大为 10^7，最小为 10^4，所以可近似取临界裂缝扩展长度 e 等于 r。因此，SFHSC 的断裂韧度计算公式为：

$$K_{fIC}=\frac{P_{max}S}{BW^{\frac{3}{2}}}F\left(\frac{a_e}{W}\right) \tag{6-17}$$

$$F\left[\frac{a_e}{W}\right]=2.9\left[\frac{a_e}{W}\right]^{\frac{1}{2}}-4.6\left[\frac{a_e}{W}\right]^{\frac{3}{2}}+21.8\left[\frac{a_e}{W}\right]^{\frac{5}{2}}-37.6\left[\frac{a_e}{W}\right]^{\frac{7}{2}}+38.7\left[\frac{a_e}{W}\right]^{\frac{9}{2}} \tag{6-17a}$$

式中　K_{fIC}——钢纤维混凝土断裂韧度，MPa·m$^{1/2}$；

a_e——有效裂缝长度，mm，按式（6-14）计算。

6.3　断裂韧度试验结果

应力强度因子是裂缝尖端应力场强度的反映，I 型裂缝的应力强度因子用符号 K_I 表示，特定材料的临界值应力强度因子称为断裂韧度（K_{IC}），表示材料所能容纳的最大场强，如果裂缝尖端的应力场强超过 K_{IC}，裂缝就失稳破坏。混凝土断裂韧度作为材料的一种断裂性能参数，和抗压、劈裂抗拉强度一样，与材料的组成以及试验方法密切相关，研究混凝土材料的组成情况以及试验方法对断裂韧度的影响，对于研究 SFHSC 与对比组 HSC 的断裂特性很有意义。

SFHSC 与对比组 HSC 三点弯曲切口梁试件断裂韧度计算结果见表 6.2。下面根据表 6.2 中的试验结果，分析各试验参数对断裂韧度的影响。

三点弯曲切口梁试件断裂韧度试验结果 **表 6.2**

试件编号	ρ_f/%	a_0/W	峰值荷载 P_{max}/ kN	e /mm	a_e/mm	断裂韧度 $K_{fIC}(K_{IC})$/ $MPa \cdot m^{1/2}$
MF05-2	0.5	0.2	5.235	65.789	85.789	7.329
MF05-0-2	0.0	0.2	5.616	*	*	0.830
MF10-2	1.0	0.2	6.901	61.539	81.539	7.997
MF10-0-2	0.0	0.2	5.020	*	*	0.742
MF15-2	1.5	0.2	7.268	61.066	81.066	8.247
MF15-0-2	0.0	0.2	5.634	*	*	0.834
MF20-2	2.0	0.2	9.067	57.803	77.803	8.909
MF20-0-2	0.0	0.2	5.112	*	*	0.755
MF05-3	0.5	0.3	4.741	54.828	84.828	6.360
MF05-0-3	0.0	0.3	4.280	*	*	0.823
MF10-3	1.0	0.3	5.374	52.346	82.346	6.454
MF10-0-3	0.0	0.3	3.971	*	*	0.764
MF15-3	1.5	0.3	5.941	53.483	83.484	7.506
MF15-0-3	0.0	0.3	4.793	*	*	0.922
MF20-3	2.0	0.3	7.970	48.387	78.387	8.035
MF20-0-3	0.0	0.3	4.555	*	*	0.876
MF05-4	0.5	0.4	3.577	41.422	81.422	4.100
MF05-0-4	0.0	0.4	2.777	*	*	0.693
MF10-4	1.0	0.4	4.458	40.985	80.985	5.041
MF10-0-4	0.0	0.4	3.457	*	*	0.863
MF15-4	1.5	0.4	5.002	46.111	86.111	7.104
MF15-0-4	0.0	0.4	3.331	*	*	0.831
MF20-4	2.0	0.4	5.162	47.029	87.029	7.637
MF20-0-4	0.0	0.4	3.371	*	*	0.841
MF05-5	0.5	0.5	2.715	36.851	86.851	3.985
MF05-0-5	0.0	0.5	2.392	*	*	0.800
MF10-5	1.0	0.5	2.933	39.441	89.441	4.831
MF10-0-5	0.0	0.5	2.430	*	*	0.812
MF15-5	1.5	0.5	3.537	43.302	93.302	6.912
MF15-0-5	0.0	0.5	2.440	*	*	0.816
MF20-5	2.0	0.5	4.014	40.913	90.913	7.058
MF20-0-5	0.0	0.5	2.401	*	*	0.803
MF10a-4	1.0	0.4	3.383	26.083	66.083	2.023

续表

试件编号	ρ_f/%	a_0/W	峰值荷载 P_{max}/ kN	e /mm	a_e/mm	断裂韧度 $K_{fIC}(K_{IC})$/ MPa · $m^{1/2}$
MF10a-0-4	0.0	0.4	2.912	*	*	0.727
MF10b-4	1.0	0.4	4.616	49.748	89.748	7.708
MF10b-0-4	0.0	0.4	3.685	*	*	0.920
MF05g0-2	0.5	0.2	5.677	49.634	69.634	3.920
MF05g0-0-2	0.0	0.2	4.426	*	*	0.654
MF05g10-2	1.0	0.2	7.655	56.632	76.632	7.145
MF05g10-0-2	0.0	0.2	7.259	*	*	1.073
MF15g0-2	1.5	0.2	9.485	49.209	69.209	5.373
MF15g0-0-2	0.0	0.2	3.749	*	*	0.554
MF15g10-2	1.5	0.2	10.009	50.633	70.633	7.285
MF15g10-0-2	0.0	0.2	5.487	*	*	0.811
MF05Y-4	0.5	0.4	3.192	19.027	59.027	1.472
MF05Y-0-4	0.0	0.4	3.358	*	*	0.838
MF10Y-4	1.0	0.4	3.613	19.687	59.688	1.708
MF10Y-0-4	0.0	0.4	2.757	*	*	0.688
MF15Y-4	1.5	0.4	3.934	21.114	61.116	1.963
MF15Y-0-4	0.0	0.4	3.226	*	*	0.805
MF20Y-4	2.0	0.4	5.271	18.597	58.598	2.392
MF20Y-0-4	0.0	0.4	3.484	*	*	0.869

表注：试件编号同前，* 表示 HSC 断裂韧度计算未使用临界裂缝扩展长度 e 和有效裂缝长度 a_e 改进计算公式。

6.4　断裂韧度影响因素

6.4.1　初始裂缝制作方法

图 6.2 反映了三点弯曲切口梁试件初始裂缝制作方法对断裂韧度的影响。C 表示切割试件法所得断裂韧度与预制裂缝法所得断裂韧度的比值。结合表 6.2 和图 6.2 可以看出，对于 HSC，不同钢纤维体积率下的对比组试件 C 值依次为：0.943、1.093、1.033 和 0.968，平均值为 1.009。对于 SFHSC，C 值依次为：2.785、2.951、3.619 和 3.193，平均值为 3.137。HSC 的 C 值在 1 附近变化，平均值接近 1，说明裂缝制作方法对于 HSC 断裂韧度影响不大。SFHSC 的 C 值均大于 2，即裂缝制作方法对 SFHSC 断裂韧度影响较大。两种方法的纤维分布情况可由图 6.3 表示，图 6.3（a）是裂缝预制法，图 6.3（b）是浇筑后切割法。图 6.3（a）中，用于制作裂缝的钢片对钢纤维分布产生了影响，使得本应进入切口梁韧带区（切口以上的梁截面区域）起增强作用的钢纤维受到阻挡，未能在裂

缝拟扩展区域起到有效的阻裂作用。图6.3（*b*）中，钢纤维分布情况较图6.3（*a*）好，阻裂效果也好。因此，在钢纤维体积率相同的条件下，后者测得的断裂韧度值较前者的大。

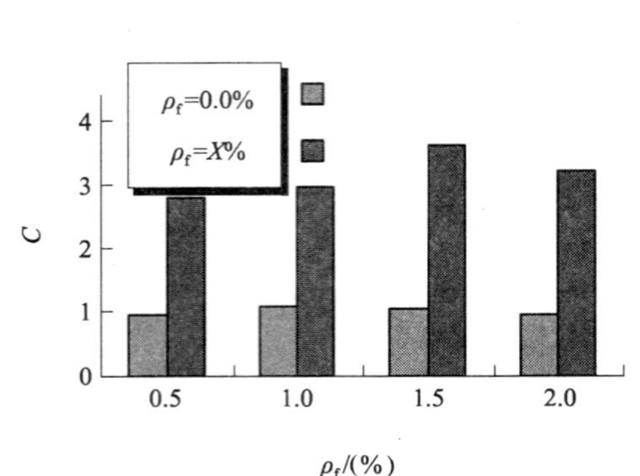

图6.2 初始裂缝制作方法对HSC、SFHSC断裂韧度的影响

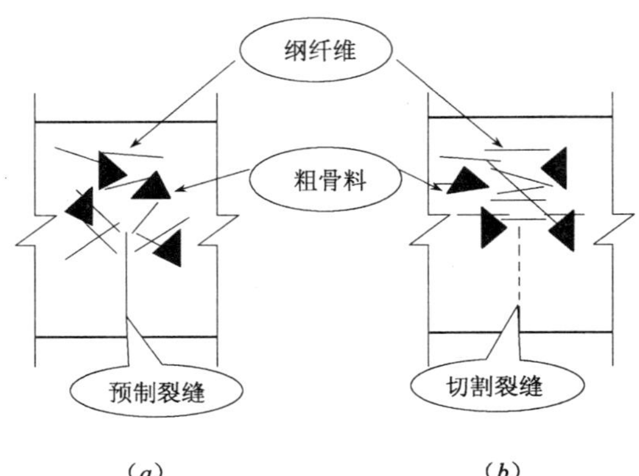

图6.3 初始裂缝制作方法对钢纤维分布的影响

6.4.2 相对切口深度

相对切口深度是初始裂缝长度与试件高度的比值（a_0/W），图6.4为W/C = 0.30时，采用切割法制作切口梁试件相对切口深度对HSC的影响。随着相对切口深度的变化，与钢纤维体积率ρ_f = 0.5%对应的HSC断裂韧度值在0.693～0.830间变化，区间长度为0.137；与ρ_f = 1.0%对应的HSC断裂韧度值在0.742～0.863间变化，区间长度为0.121；与ρ_f = 1.5%对应的HSC断裂韧度值在0.816～0.922间变化，区间长度为0.106；与ρ_f = 2.0%对应的HSC断裂韧度值在0.876～0.755间变化，区间长度为0.121。不同钢纤维体积率下对应的HSC断裂韧度值随相对切口深度的变化不大，区间长度不超过0.15。可以看出，在一定的钢纤维体积率下，相对切口深度对HSC断裂韧度的影响不明显。文献［42］通过采用预制初始裂缝法制作的三点弯曲试件进行试验研究，表明在a_0/W = 0.4，0.5时，HSC断裂韧度随相对切口深度的增大而减小。如果仅考虑这2种相对切口深度，从图6.4可以看出，HSC断裂韧度有随相对切口深度的增大而减小的趋势。

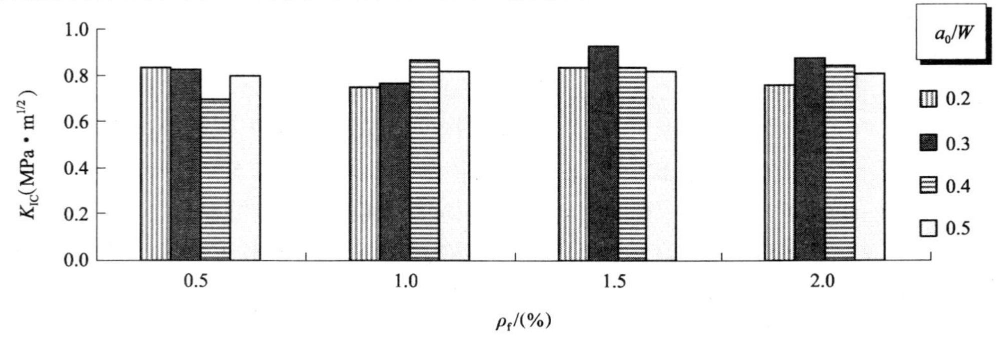

图6.4 a_0/W对HSC断裂韧度的影响

图 6.5 为相对切口深度对 SFHSC 断裂韧度的影响。可以直观地看出，在试验的钢纤维体积率条件下，断裂韧度随着相对切口深度的增加呈现下降趋势，钢纤维体积率一定时，断裂韧度（K_{fIC}）与相对切口深度具有下式关系：

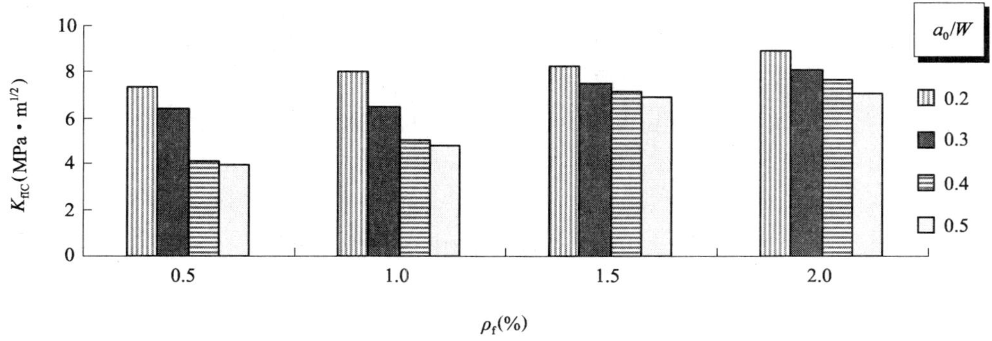

图 6.5　a_0/W 对 SFHSC 断裂韧度的影响

$$K_{\text{fIC}} = \alpha(a_0/W)^{\beta} \tag{6-18}$$

式中　α、β——与钢纤维体积率有关的常数。

当 $\rho_f = 0.5\%$ 时，α 和 β 分别为 2.318 和 −0.74；$\rho_f = 1.0\%$ 时，分别为 3.121 和 −0.584；$\rho_f = 1.5\%$ 时，分别为 5.980 和 −0.196；$\rho_f = 2.0\%$ 时，分别为 6.010 和 −0.245。表 6.3 为钢纤维体积率一定时，不同切口深度下 SFHSC 断裂韧度试验值与按式（6-18）得到的计算值之比的平均值、标准差和变异系数。可以看出计算值与试验值接近程度良好。钢纤维的掺入一定程度上改善了 HSC 的断裂破坏特性，裂缝的发展由于受到钢纤维的阻滞变得比较缓慢，试验数据出现了较好的规律性，数据的离散程度有所降低。

不同 a_0/W 下 SFHSC 断裂韧度试验值与计算值之比的统计量数字特征　　表 6.3

ρ_f	平均值	标准差	变异系数
0.5%	1.003	0.084	0.084
1.0%	1.000	0.034	0.034
1.5%	1.000	0.008	0.008
2.0%	1.000	0.009	0.009

图 6.6 为相对切口深度对 SFHSC 断裂韧度增益比的影响。可以看出，$a_0/W = 0.2$ 时，不同钢纤维体积率下的增益比都是最高的。$\rho_f = 0.5\%$ 时，增益比随相对切口深度增大而减小的趋势显著。随着体积率的增大，在 $a_0/W = 0.3$、0.4 和 0.5 时，这种趋势有所减缓，主要是在裂缝尖端方向的钢纤维数量增多，阻裂能力进一步增强。因为试件制作过程中，不同试件的钢纤维分布略有差异，相对切口深度大的试件裂缝尖端前缘处钢纤维分布较为密集；同时，增益比是个比值，受到对比组 HSC 断裂韧度值的影响，两个因素共同作用使得增益比随相对切口深度变化呈现如此趋势。

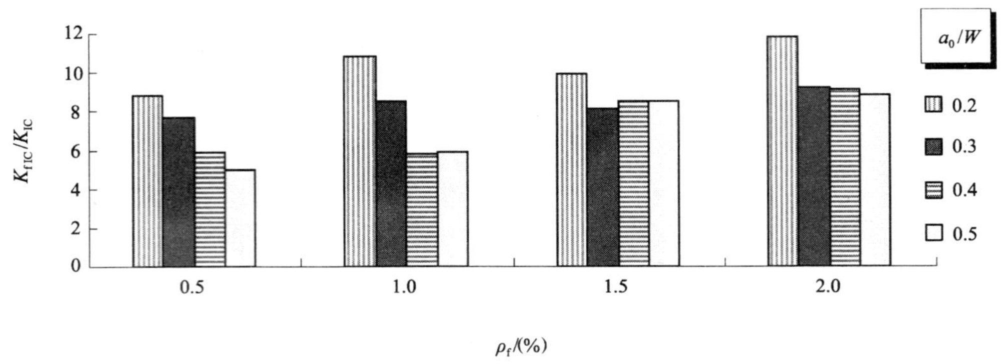

图 6.6 a_0/W 对 SFHSC 断裂韧度增益比的影响

6.4.3 粗骨料最大粒径

三点弯曲切口梁试件受荷以后，在裂缝尖端前缘附近微裂缝逐渐生成，随着荷载增加，裂缝向上开展，形成一条宏观主裂缝，该裂缝最终贯穿试件，直到试件破坏。在试件断裂面上可以看出，一部分裂缝开展沿着硬化水泥浆体发展，部分粗骨料发生断裂。图 6.7 为 $\rho_f=0.5\%$（1.5%）时，粗骨料最大粒径对于对比组 HSC 断裂韧度的影响。结合表 6.2 和图 6.7 可知，与没有粗骨料相比，2 种骨料粒径时的断裂韧度值都在 0.8 以上。骨料粒径大，裂缝在发展时破裂骨料所耗费的能量较大，即使绕过骨料进一步发展，由于骨料与硬化水泥浆体结合面大，绕行通过也需要花费较大驱动力，因此，消耗能量应该比小粒径骨料大些。但是从试验数据上看，2 种粗骨料最大粒径的 HSC 断裂韧度值比较接近。从三点弯曲试件的破坏形式上可以看出，裂缝扩展区域一般都是在初始裂缝前缘上方，与其方向垂直的横向范围内（图 6.9），在此范围内，粗骨料的分布有多种可能。尽管骨料粒径大，裂缝破裂或绕过其需耗费能量也大，但是大骨料在裂缝扩展区域内的数量不会太多；骨料粒径小，但是在裂缝扩展区域分布会比大粒径骨料多，数量上的优势，使得裂缝穿过其分布的区域消耗的能量达到或超过了大粒径骨料形成的裂缝扩展区域。试验结果也证实了这种分析。

图 6.8 为 $\rho_f=0.5\%$（1.5%）时，粗骨料最大粒径对于 SFHSC 断裂韧度的影响。可以看出，同一粗骨料最大粒径下，SFHSC 断裂韧度比对比组 HSC 断裂韧度高许多。结合表 6.2 和图 6.8 可以看出，$\rho_f=1.5\%$ 时的 SFHSC 断裂韧度较 $\rho_f=0.5\%$ 时高。钢纤维混凝土裂缝的扩展除了要遇到粗骨料阻挡，还要克服钢纤维的阻滞作用。裂缝遇到钢纤维以后，一般会绕过其阻挡，寻找更为薄弱的扩展方向，此过程又是一个能量耗费的过程。钢纤维体积率越大，单位面积内钢纤维分布越密，裂缝在遇到密集钢纤维阻挡时消耗的能量更大，宏观表现为断裂韧度的显著提高。观察试件破坏后的断面发现，有些钢纤维甚至被拉断，这需要更大的扩展驱动力，耗费较高能量。因此，钢纤维的掺入提高了 SFHSC 的断裂韧度。

图 6.10 为 $\rho_f=0.5\%$（1.5%）时，粗骨料最大粒径对于 SFHSC 断裂韧度增益比的影响。从增益效果看，对于不同粗骨料最大粒径，钢纤维体积率越大，增益效果越明显。对

于没有掺加粗骨料的试件，ρ_f = 1.5% 时的增益比尤为明显，达到 9.697，是ρ_f = 0.5% 时的 1.618 倍；d_{max}为 10mm 和 20mm 时，ρ_f = 1.5% 时的增益比分别是 ρ_f = 0.5% 时的 1.180 和 1.112 倍。钢纤维体积率相同，粗骨料最大粒径从 10mm 到 20mm，增益比都是增大的，反映了钢纤维在裂缝扩展区域的作用是显著的，在裂缝扩展区域没有分布粗骨料的位置，钢纤维起到了阻止裂缝扩展的作用，钢纤维与粗骨料共同作用使得钢纤维的增益效果十分明显。结合图 6.7、图 6.8 和图 6.10 的试验结果，进一步证明了这种分析。因为从试验结果来看，ρ_f = 0.5% 时，不管是在 d_{max} = 20mm 时的 SFHSC 的断裂韧度（7.392），还是增益比（8.832）都高于 d_{max} = 10mm 时的相应值（分别为 7.145 和 7.612）；ρ_f = 1.5% 时，d_{max} = 20mm 时的 SFHSC 的断裂韧度（8.247）和增益比（9.890）也都高于 d_{max} = 10mm 时的相应值（分别为 7.285 和 8.984）。也就是说，在骨料粒径的一定范围内，裂缝发展区域内的小粒径骨料分布数量上的优势对于混凝土基体断裂韧度值的贡献，在钢纤维掺入以后被弱化了，大粒径骨料和钢纤维共同作用对于 SFHSC 断裂韧度的贡献超过了小粒径骨料和钢纤维的共同作用的贡献，这从试验数据得到了支持。因此，反过来讲，这同样支持了小粒径骨料对于 HSC 断裂韧度的贡献高于大骨料的贡献这一结论。

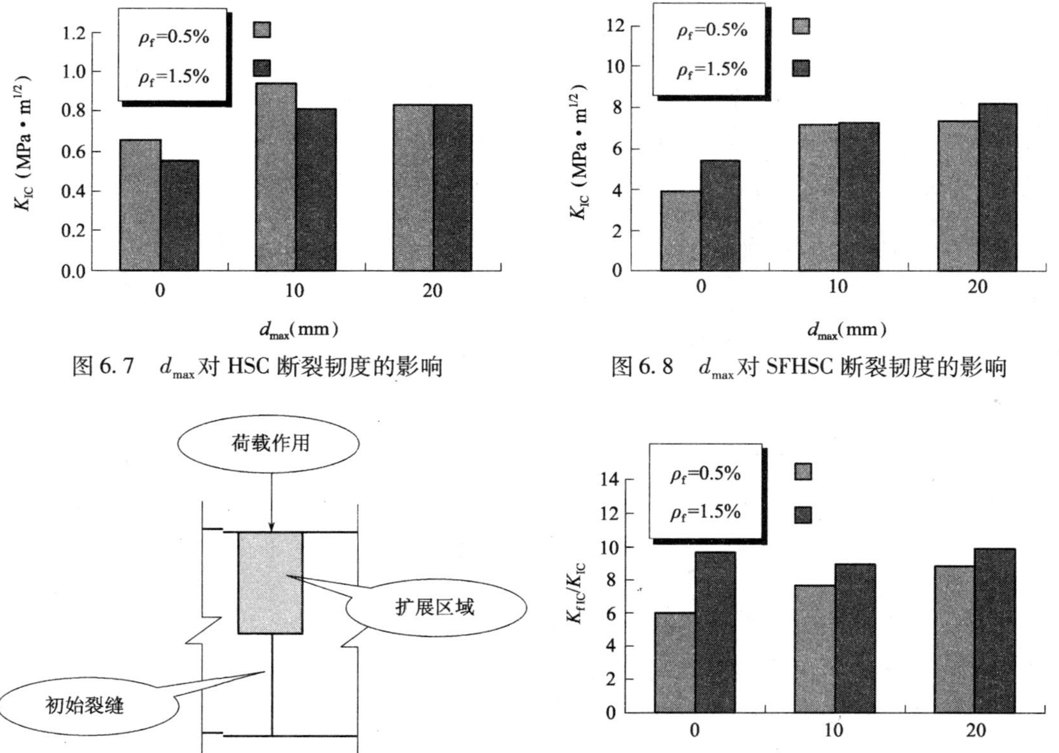

图 6.7　d_{max}对 HSC 断裂韧度的影响

图 6.8　d_{max}对 SFHSC 断裂韧度的影响

图 6.9　裂缝扩展区域

图 6.10　d_{max}对 SFHSC 断裂韧度增益比的影响

6.4.4　水灰比

图 6.11 为 d_{max} = 20mm、ρ_f = 1.0% 时，水灰比对 SFHSC 及其对比组 HSC 断裂韧度的

影响。可以看出，随着水灰比的减小，SFHSC 和 HSC 的断裂韧度均呈现增大趋势。文献［43］采用三点弯曲试验的方法也得到了相同的结论。本试验 3 种水灰比条件下，HSC 的增幅相对较小，最大增长率 18.693%。水灰比从 0.37 到 0.30，SFHSC 断裂韧度值增长 2 倍以上。水灰比大，初始裂缝尖端前缘的裂缝扩展沿着硬化水泥浆体开展，裂缝绕过粗骨料扩展，粗骨料不会断裂。水灰比越小，粗骨料与硬化水泥浆体结合紧密，粗骨料发生断裂的可能性越大，表现为混凝土断裂韧度的提高。钢纤维掺入以后，使得高水灰比的混凝土裂缝扩展形式发生一定改变，需要的裂缝扩展驱动力增加了；低水灰比混凝土的单位用水量相对减少，硬化水泥浆体中由于水分消失形成的微小缺陷少了，钢纤维与混凝土的结合更为紧密，破坏时拔出钢纤维所需的能量比高水灰比所需的要大，其断裂韧度值要比高水灰比时 SFHSC 高许多。图 6.12 以增益比的形式说明了不同水灰比下钢纤维的增益效果。

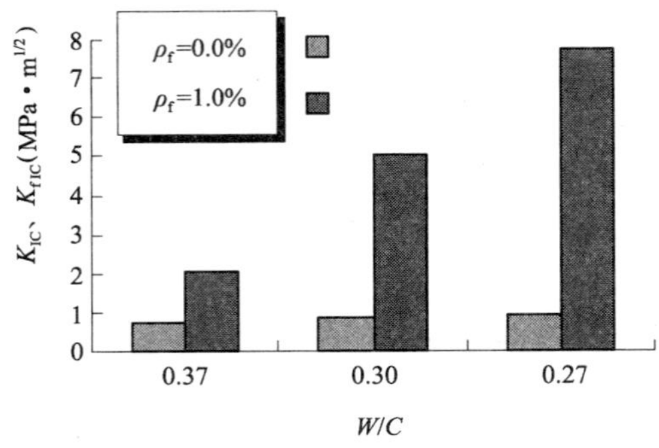

图 6.11　W/C 对 HSC、SFHSC 断裂韧度的影响

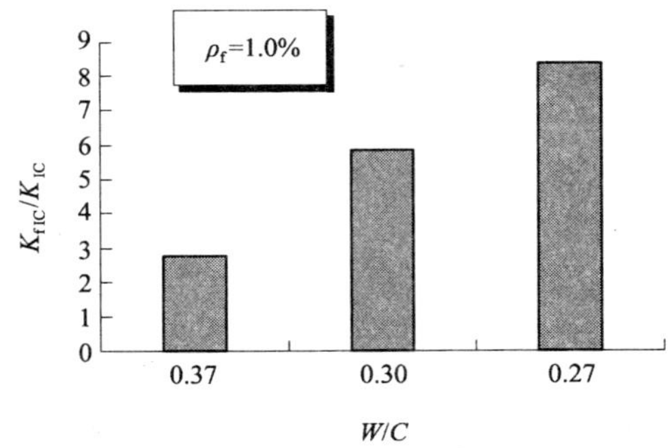

图 6.12　W/C 对 SFHSC 断裂韧度增益比的影响

根据试验结果，HSC 断裂韧度（K_{IC}）与水灰比的关系式为：

$$K_{IC} = 0.344(W/C)^{-0.757} \tag{6-19}$$

SFHSC 断裂韧度（K_{fIC}）与水灰比的关系式为：

$$K_{fIC} = 0.029(W/C)^{-4.261} \tag{6-20}$$

SFHSC 断裂韧度增益比与水灰比的关系式为：

$$K_{fIC}/K_{IC} = 0.086(W/C)^{-3.504} \tag{6-21}$$

通过试验值与计算值的比较，可知用式（6-19）~式（6-21）计算 HSC、SFHSC 断裂韧度值和增益比误差在 3% 以下，满足精度要求。

6.4.5　钢纤维体积率

图 6.13 为相对切口深度一定时，钢纤维体积率对 HSC 断裂韧度的影响。按照本试验配合比的设计，钢纤维体积率不同时，单位体积对比组 HSC 掺入的粗骨料数量也不同（见第 4 章表 4.6 配合比表），因此，HSC 断裂韧度会有不同。当 HSC 水灰比（0.30）相同时，从基体密实度角度考虑，不同钢纤维体积率对应的对比组 HSC 硬化水泥浆体的强度比较接近。结合表 6.2 和图 6.13 可以看出，$a_0/W=0.5$ 时，不同钢纤维体积率下的对比组 HSC 断裂韧度值分别为：0.800、0.812、0.816 和 0.803，差别不大。$a_0/W=0.2$、0.3 和 0.5 时，不同钢纤维体积率下的断裂韧度接近程度不如 $a_0/W=0.5$ 时，但同一切口

深度试件断裂韧度差别不大。

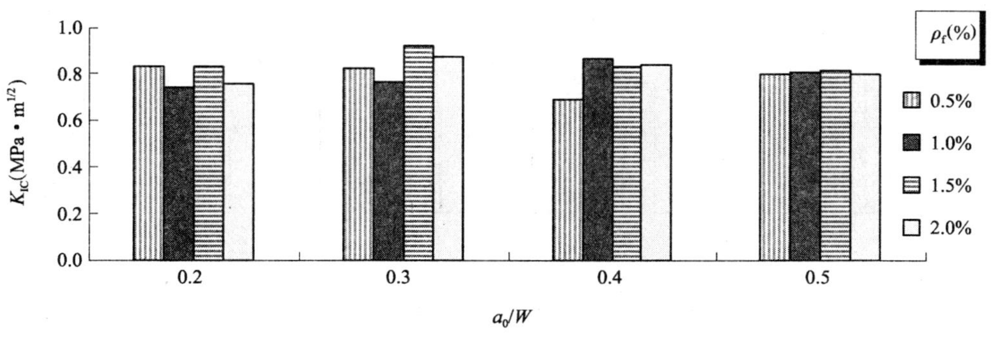

图6.13　ρ_f 对 HSC 断裂韧度的影响

图6.14为钢纤维体积率对SFHSC断裂韧度的影响。可以看出，相对切口深度相同，断裂韧度随着钢纤维体积率的增大而增加。相对切口深度一定，断裂韧度值与钢纤维体积率具有图6.15所示的线性关系，相对切口深度越小，线性关系越好。

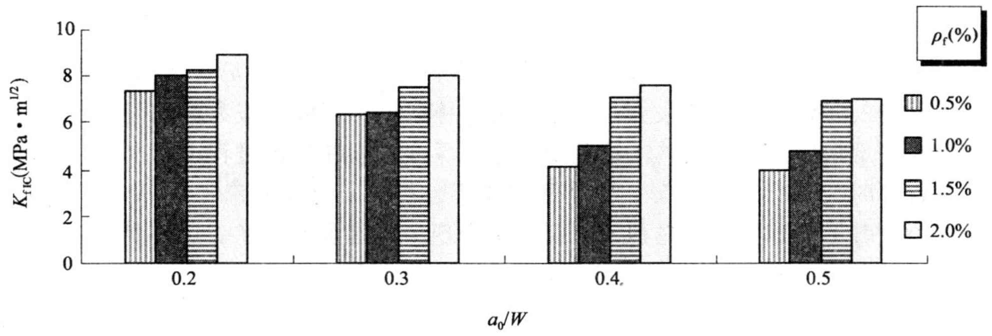

图6.14　ρ_f 对 SFHSC 断裂韧度的影响

图6.16为相对切口深度一定时，钢纤维体积率对SFHSC断裂韧度增益比的影响。可以看出，$a_0/W=0.5$ 时，增益效果随钢纤维体积率增加而增大的趋势比较明显。总体上看，钢纤维体积率越高增益效果越好。a_0/W 为0.2、0.3和0.4几种情况下，$\rho_f=1.0\%$ 时的增益比变化大。$\rho_f=1.0\%$ 是一个从较低钢纤维体积率向较高值过渡的掺量，在试件制备的过程中，如果此时的钢纤维分布效果与 $\rho_f=0.5\%$ 时的效果相似，那么得到的断裂韧度值就相对小一些，与 $\rho_f=0.5\%$ 时值接近（见图6.14，$a_0/W=0.3$）；反之，与 $\rho_f=1.5\%$ 时的效果相似，那么得到的断裂韧度值就相对大一些，与 $\rho_f=1.5\%$ 时值接近（见图6.14，$a_0/W=0.2$），因此，$\rho_f=1.0\%$ 时的增益效果不稳定。

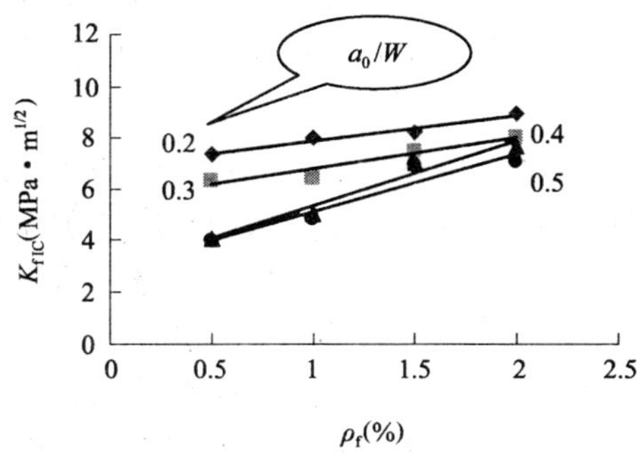

图6.15　SFHSC断裂韧度与 ρ_f 间的关系

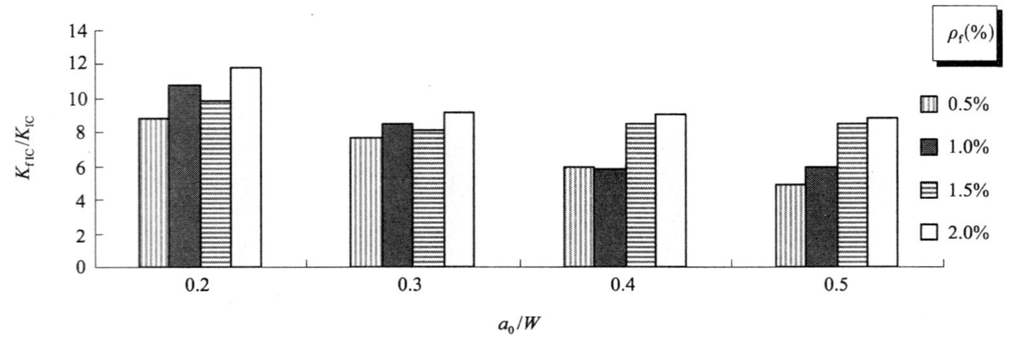

图 6.16　ρf 对 SFHSC 断裂韧度增益比的影响

6.5　断裂韧度计算模式

6.5.1　混凝土破坏机理与钢纤维增强机理

1. 混凝土破坏机理

混凝土材料是一种多组分、非匀质的复合型材料。浇筑成型后，混凝土开始凝结硬化，此过程中的多余水分逐渐失去，引起水泥浆体收缩，当收缩应力达到混凝土抗拉强度时，在基体内部形成大量微裂缝。这些微裂缝以及混凝土在浇筑过程中形成的气孔等缺陷是混凝土破坏时裂缝产生的源头。对混凝土破坏过程的研究表明[44]：混凝土的破坏过程就是基体中裂缝形成和发展的过程，混凝土所表现出的宏观力学性能是与混凝土内部裂缝的发展相联系的。一般来说，混凝土的裂缝扩展存在以下四个阶段：

（1）预存裂缝阶段

构件成型过程中，由于水泥砂浆硬化干缩、水分蒸发留下裂缝等原因，使构件中预存原始微裂缝。它们大都为界面裂缝，极少量为砂浆裂缝。这些裂缝在受力较小时是稳定的，宏观上表现为材料加载初期的弹性性能。

（2）裂缝的起裂阶段

在低于材料强度 40% ~50% 的较低工作应力时，构件内部的某些缺陷处会产生拉应力集中或产生拉应变，致使相应的预存裂缝延伸或扩展，使材料的不连续性增强。如果荷载不再增加，将不会产生新裂缝。这一阶段的应力—应变关系是近似线性的。

（3）裂缝的稳定扩展阶段

当预存裂缝起裂后，如继续加载，并使荷载维持在一个应力水平即长期破坏荷载的临界应力（一般为材料强度的 70% ~80%），裂缝将继续扩展，有的伸入砂浆，有的相互结合形成宏观裂缝，同时有新的裂缝生成。由于实际承受外力的构件截面积在减小，宏观表现为应力—应变关系出现非线性。

（4）裂缝的不稳定扩展阶段

当荷载超过构件临界应力时，裂缝将继续扩展、聚合，砂浆裂缝急剧增多，即使荷载维持不变，裂缝也将失稳扩展，造成破坏。

按照裂缝在混凝土材料体系中的发展程度，将混凝土的破坏分为三个级别，依次为：混凝土破坏（一级）、砂浆破坏（二级）和硬化水泥浆体破坏（三级）。一般认为，一、二级破坏发生在水泥石与骨料的结合面上（界面）。混凝土破坏阶段，裂缝出现在砂浆和粗骨料的界面上，裂缝数量多，但是发展很稳定；砂浆破坏阶段，砂和硬化水泥浆的界面解体破坏，裂缝将要深入硬化水泥浆体，裂缝的发展不稳定。三级破坏发生在硬化水泥浆体内，此时，裂缝数量激增，连接贯通，裂缝进入失稳破坏阶段，混凝土构件很快破坏[45]。

2. 钢纤维高强混凝土破坏与钢纤维增强机理

钢纤维混凝土的破坏仍然由裂缝在构件体系内的发展程度决定。文献［46］指出：钢纤维混凝土内部众多裂缝尖端的应力集中是引起混凝土基体开裂的主要原因，而随着裂缝发展程度的不同，其全过程可以分为：弹性阶段；裂缝稳定开展阶段；裂缝失稳扩展阶段；纤维拔出阶段。与混凝土三级破坏类似，钢纤维混凝土破坏分为四级：混凝土破坏（一级）、砂浆破坏（二级）、硬化水泥浆体破坏（三级）和钢纤维拔出破坏（四级）。

（1）混凝土破坏。混凝土破坏时，裂缝在砂浆和骨料界面上稳定、缓慢地发展，由于粗骨料对于钢纤维的边壁效应，钢纤维主要平行于骨料边壁分布，方向与界面起裂裂缝平行，因此，起不到阻裂增强作用。

（2）砂浆破坏。裂缝进入砂浆，砂和硬化水泥浆的界面发生解体破坏，从而导致裂缝扩展进入硬化的水泥浆。此过程钢纤维起到增强作用，裂缝扩展放缓，整个构件体系趋于不稳定状态，随着变形的增加，构件应力逐渐达到混凝土极限强度。

（3）硬化水泥浆体的解体破坏。此阶段钢纤维发挥阻裂增强效应最为明显，由于裂缝迅速失稳扩展，宏观裂缝随之出现并显著增长，裂缝发展必须绕过钢纤维才能进一步发展，密集的钢纤维分布使得裂缝扩展需要消耗大量的能量，表现为裂缝扩展区域出现了一定的类似金属的塑性区域。

（4）钢纤维的拔出破坏。此阶段宏观裂缝在扩展方向上，由于钢纤维的阻滞，扩展速度变慢，但是在宽度上也有了显著增加。此时，构件变形增长较快，钢纤维与硬化水泥体间的粘结逐渐减弱，钢纤维被拔出，最终构件完全破坏。

有关钢纤维混凝土的增强机理主要有两种基本理论（见第2章2.4节）：一种是以连续纤维复合材料理论为基础，结合钢纤维在混凝土中的分布特点而形成的复合力学理论。应用该理论的出发点是复合材料构成混合原理，即将钢纤维混凝土视作纤维强化体系，应用混合原理来推求钢纤维混凝土的应力、弹性模量和强度，并考虑复合材料在拉伸方向上有效纤维体积率的比例和非连续性短纤维的长度和取向修正及混凝土的非均匀特性。Swamy、Naaman、Hannnant 等支持这种理论。另一种是以断裂力学为基础，将钢纤维作为裂缝的约束体来解释其阻裂增强作用而形成的纤维间距理论，该理论认为要想增强本身带有内部缺陷的脆性材料（如混凝土）的抗拉强度，必须尽可能减少内部缺陷的尺寸，提高韧性，降低裂缝尖端的应力强度因子。该理论以 Romualdi、Batson 为代表。

这两种理论都要考虑纤维与混凝土基体的相互作用，主要包括两个方面：金属与非金属两种不同材质间的相互粘结力（包括硬化水泥浆体与钢纤维表面分子间的吸附力、表面物理连生作用、基体收缩将钢纤维紧紧握裹等）和基体与钢纤维间的机械咬合力。任何影响粘结力和咬合力大小的因素都会影响钢纤维的增强效果[45]。从混凝土基体看，水灰比对于混凝土的密实性影响很大，水灰比越小，多余水分越少，在基体与钢纤维结合面处，由于水分的散失而形成的孔隙就少，钢纤维与基体结合好，粘结力强；粗骨料粒径尺寸合适，有利于钢纤维在混凝土基体中的分布，容易获得良好的机械效果。同时，钢纤维的特征参数合适（钢纤维的类型、长度、形状）也有利于纤维增强作用的发挥。因此，钢纤维的增强效果，与钢纤维和基体构成材料的特性密切相关。

6.5.2 多因素影响下的断裂韧度计算模式

在本章6.3节中，探讨了相对切口深度、粗骨料最大粒径、水灰比及钢纤维体积率对HSC和SFHSC断裂韧度的影响。混凝土材料作为一种多相复合材料，其原材料性能、配合比、断裂韧度的试验测试方法都对断裂韧度的大小有着直接的影响，图6.17显示了这些因素的综合影响。图中虚线部分包围的面积是三点弯曲试件受荷以后裂缝可能扩展的带状区域，当裂缝在该区域内扩展时，不断遇到粗细骨料以及钢纤维的阻挡而曲折地扩展，该区域的特性对于裂缝的发展起着重要的作用。如图6.17（*a*）所示，没有钢纤维阻挡裂缝扩展，裂缝扩展方向上只有粗细骨料的阻挡；图6.17（*b*）中，钢纤维在裂缝扩展的方向上起到阻止裂缝发展的作用，但是钢纤维分布相对稀疏，大粒径粗骨料也处于裂缝发展方向的两侧；图6.17（*c*）中，钢纤维分布密集，与大粒径骨料形成相互嵌锁的结构，裂缝穿越此区域需要较大的驱动力，消耗较多的能量。图6.17（*a*）、（*b*）和（*c*）所示的三种情形，就裂缝扩展所需消耗能量而言，阻裂能力是依次增大的。不同带状区域的组成材料阻裂效果不同，宏观表现为带状区域阻止裂缝扩展的能力不同，即“阻裂带”强弱不同。

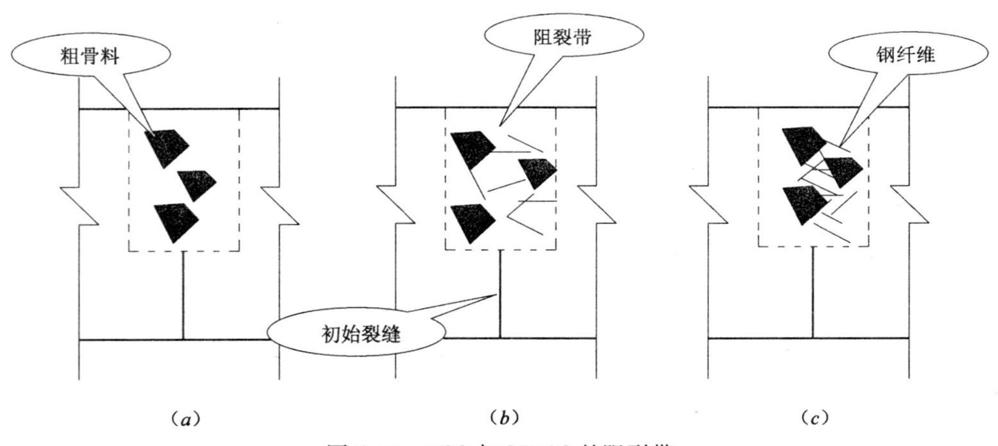

图6.17 HSC与SFHSC的阻裂带

三点弯曲试验过程中对于试件内部各种组分的相互作用是无法从外部直接观察的，在试验过程中试件的宏观反应代表了复杂相互作用组成系统的性能。在试验结束以后可以从试件断裂面处观察到一些反映材料组成情况的信息，如粗骨料是拔出破坏还是破裂破坏；钢纤维是拔出还是拉断；断裂面处粗骨料、钢纤维的数量等等。通过这些试验现象，可以推测出试件内部阻裂带的组成情况，判断阻裂带的“强弱”。断裂韧度是材料的特性，断裂韧度的大小反映了材料所能容纳的应力场强度的能力，裂缝穿越“强”阻裂带时，受到的阻滞较强，需要的驱动力大，混凝土材料对应大的断裂韧度；穿越“弱”阻裂带时，相对需要的驱动力小，混凝土材料对应小的断裂韧度，即阻裂带的“强弱”直接决定了断裂韧度的大小。

SFHSC 阻裂带的形式类似于图 6.17（*b*）、（*c*）所示，HSC 阻裂带形式类似于图 6.17（*a*）所示。即使是水灰比、粗骨料和钢纤维类型完全相同的同一批试件，由于材料在初始裂缝前端的分布不同，也就形成了“强弱”不同的阻裂带，因而同组试件的断裂韧度也有差别，导致了试验数据的离散。

1. 高强混凝土断裂韧度计算模式

阻裂带的“强弱”对应着不同的断裂韧度，“强弱”不同的阻裂带是由诸多因素综合影响而成的。因此，HSC 断裂韧度 K_{IC} 可以表示为这些因素的函数，如式（6-22）所示：

$$K_{IC} = F\left[f_{cu},\frac{d_{max}}{W-a_0},\frac{W}{C}\right] \tag{6-22}$$

式中　F——某一函数；

f_{cu}——立方体抗压强度。

式（6-22）中，尽管水灰比与混凝土强度有着密切关系，但是影响抗压强度的不仅仅只有水灰比一个因素，不同的试验条件对于抗压强度也有影响，同时抗压强度是混凝土强度等级确定的依据，因此选择抗压强度与水灰比分别作为影响因素之一；采用粗骨料最大粒径与阻裂带高度的比值作为影响因素之一，主要是同一粗骨料最大粒径的骨料在不同高度的阻裂带中的分布形式是不同的，通过这种方式也将相对深度的影响因素包括在内，起到减少函数参数的作用，提高回归分析的准确性。

本试验采用 HSC 三点弯曲切口梁的试件共 120 根，通过对这些试验结果的统计分析，可建立多因素影响下的断裂韧度统计模型。从本章单个影响因素与断裂韧度关系的分析看，两者多符合乘幂关系，因此，可以采用多元回归模型来得到断裂韧度统计模型，设 F 形式为：

$$F = \alpha_0(f_{cu})^{\alpha_1}\left(\frac{d_{max}}{W-a_0}\right)^{\alpha_2}\left(\frac{W}{C}\right)^{\alpha_3} \tag{6-23}$$

由式（6-22）与（6-23）可得：

$$\ln K_{IC} = \ln\alpha_0 + \alpha_1\ln f_{cu} + \alpha_2\ln\frac{d_{max}}{W-a_0} + \alpha_3\ln\frac{W}{C} \tag{6-24}$$

式中　α_i（i = 0，…，3）——待定系数；

f_{cu}——HSC 抗压强度。

通过对试验数据的回归分析，得到下列统计模型：

$$K_{IC} = 0.03(f_{cu})^{1.756}\left(\frac{d_{max}}{W-a_0}\right)^{-0.258}\left(\frac{W}{C}\right)^{3.403} \tag{6-25}$$

式中符号含义同前。

该模型反映了 HSC 强度、粗骨料最大粒径、相对切口深度和水灰比对断裂韧度的综合影响。

将式（6-25）得到的断裂韧度计算值作为在 $X-0-Y$ 直角坐标系中的横坐标 x，对应的试验值作为 $X-0-Y$ 直角坐标系中的 y，在直角坐标系中做出关系图（见图 6.18）。对数据点集合（x，y）进行拟合以后得到下式：

$$y = 1.054x - 0.086 \tag{6-26}$$

如果试验值和计算值完全相同，式（6-26）应为一条过原点的直线，且斜率为 1。式（6-26）所示直线的斜率与 1 相差仅为 5.4%。从图 6.18 可以看出，除个别点外，数据点基本都在具有95% 保证率的置信区间范围内，所以该统计模型反映的多因素对于断裂韧度的影响是可信的。

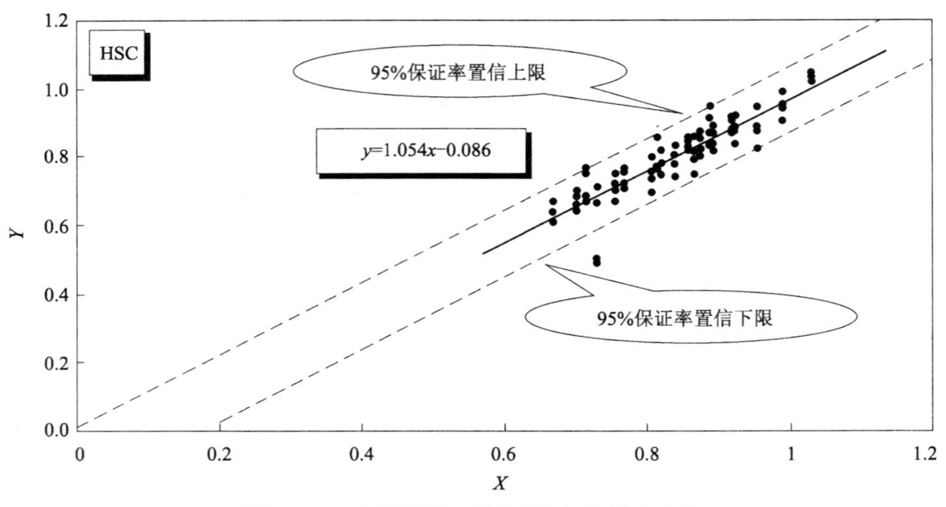

图 6. 18 HSC 断裂韧度试验值与计算值比较

2. 钢纤维高强混凝土断裂韧度计算模式

钢纤维混凝土基本力学性能的试验研究结果表明[17]，影响钢纤维对混凝土增强和增韧效果的主要因素有：混凝土基体强度、钢纤维体积率和长径比、钢纤维与混凝土基体间的粘结强度以及钢纤维在混凝土中的分布和取向。钢纤维混凝土各类强度指标的统一计算模式一般取为：

$$f_f = f_m(1 + \alpha_f \lambda_f) \tag{6-27}$$

式中 f_f——钢纤维混凝土强度指标；

f_m——基体混凝土强度指标；

λ_f——钢纤维的特征掺量；

α_f——与钢纤维类型、形状、分布以及受力模型等有关的参数。

α_f 的值由试验数据统计分析确定。从对图 6. 15 的分析可知，在试验的钢纤维体积率范围内，SFHSC 断裂韧度与同条件的 HSC 断裂韧度的比值即断裂韧度增益比随着钢纤维体积率的增加而增加，文献［24，47］也得到了类似的结论。因此，SFHSC 断裂韧度 K_{fIC} 与 HSC 断裂韧度 K_{IC}以及钢纤维含量特征参数 λ_f 也具有式（6-27）的类似关系，即：

$$K_{fIC} = K_{IC}(1 + \alpha_{gf} \lambda_f) \tag{6-28}$$

式中 α_{gf}——钢纤维对 HSC 断裂韧度的增益系数。

通过对试验数据的回归分析得到：a_0/W 为 0. 2、0. 3、0. 4 和 0. 5 时，α_{gf}分别为 19. 066、14. 850、13. 637 和 13. 231；K_{IC}为 HSC 的断裂韧度，由式（6-25）计算。

因此，考虑多因素影响的 SFHSC 和 HSC 断裂韧度的统一计算公式为：

$$K_{fIC} = 0.03(f_{cu})^{1.756}\left(\frac{d_{max}}{W - a_0}\right)^{-0.258}\left(\frac{W}{C}\right)^{3.403}(1 + \alpha\lambda_f) \tag{6-29}$$

式中 α——增益系数。

α 的回归值为：16. 196，其他符号含义同前。

SFHSC 断裂韧度试验值与按式（6-29）计算得到的断裂韧度计算值之比的平均值、标准差和变异系数分别为：1.055、0.400 和 0.379。从统计量数字特征的综合表现来看，多因素断裂韧度计算模式计算值与试验值符合较好，这一方面反映了该多因素断裂韧度计算模型的合理性，同时也说明了多因素作用增大了建模的复杂性，影响了模型的精度。式（6-29）为 SFHSC 与 HSC 断裂韧度的统一计算模式，该模式下，$\lambda_f=0$ 即得到 HSC 断裂韧度计算模式（6-25）。

6.6 小　　结

通过对 SFHSC 及其对比组 HSC 三点弯曲切口梁试件断裂韧度的试验研究及分析，得到以下结论：

1. 在考虑钢纤维对于 HSC 的影响后，SFHSC 断裂韧度可根据式（6-14）~式（6-16）的改进方法，采用 ASTM 推荐的公式计算。

2. 初始裂缝制作方法对于 HSC 断裂韧度影响不大，切割试件法所得断裂韧度与预制裂缝法所得断裂韧度的比值 C 值在 1 附近变化，平均值接近 1，对钢纤维混凝土断裂韧度影响较大，C 值均大于 2。

3. 钢纤维体积一定时，相对切口深度对于 HSC 断裂韧度影响不大，对于 SFHSC 断裂韧度影响显著，其断裂韧度与相对切口深度之间具有式（6-18）的关系式；断裂韧度增益比随相对切口深度增大而减小的趋势显著。

4. 掺加粗骨料的 HSC 断裂韧度要高于未加粗骨料时的值，不同粗骨料最大粒径对于 HSC 断裂韧度影响不大；对 SFHSC 而言，随着粗骨料最大粒径的增加，断裂韧度逐渐增大，这种趋势在钢纤维体积率较高时（$\rho_f=1.5\%$）较为明显；粗骨料粒径越大，断裂韧度增益比越大。

5. 随着水灰比的减小，HSC 与 SFHSC 断裂韧度以及增益比均呈现增大趋势；三者与水灰比之间分别具有式（6-19）~式（6-21）所列关系。

6. 相对切口深度一定，不同钢纤维体积率（配合比中砂、石比例因之不同）对 HSC 断裂韧度影响不大；SFHSC 断裂韧度随着体积率的增大而增加。钢纤维体积率与断裂韧度值之间具有统计意义上的线性关系，相对切口深度越小，线性关系越好（见图 6.15）。

7. 三点弯曲切口梁试件裂缝前端阻裂带的“强弱”不同，反映了多因素对于断裂韧度的影响。在试验研究的基础上，考虑多因素的影响，建立了 HSC 断裂韧度计算公式（6-25）和 SFHSC 断裂韧度的计算模式（6-29）。其中，式（6-29）为考虑多因素影响的 SFHSC 与 HSC 断裂韧度统一计算模式。

参考文献

[1] M. F. Kaplan. Crack Propagation and the Fraeture of Conerete [J]. Journal of the Ameriean Conerete Institute, 1961, 58 (5): 591-610.

[2] D. J. Naus and J. L. Lott. Fracture Toughness of Portland Cement Concrete [J]. ACI Journal, 1969, 66 (6): 481-489.

[3] K. Togawa, T. Satoh and K. Araki. Parameters on the fracture toughness of mortar and concrete [J]. Review of the Twenty-Seventh General Meeting, The Cement Association of Japan, 1973.

[4] P. C. Strange, A. H. Bryant. The role of aggregate in the fracture of conctete [J] . Journal of materials Science, 1979, (14): 1863-1868.

[5] 尹双增. 断裂·损伤理论及应用 [M] . 北京: 清华大学出版社, 1992.

[6] 徐世烺. 混凝土结构裂缝扩展的双K断裂准则 [J] . 土木工程学报, 1992, 25 (2): 32-38.

[7] 邓宗才. 高强混凝土断裂韧度 [J] . 混凝土, 1995 (2): 3-6.

[8] 吴中伟, 廉慧珍. 高性能混凝土 [M] . 北京: 中国铁道出版社, 1999.

[9] 黄煜镔, 钱觉时, 王智, 叶建雄. 钢纤维混凝土断裂性能研究 [J] . 建筑技术, 2002, 33 (1): 28-29.

[10] K. Nishioka, S. yamakama, K. hirakaw and S. Akihama. Test method for the evalution of the fracture toughness of steel fiber reinforced concrete [P] . Testing and Test Method of Fiber Cement Composites, RILEM Symposium, The Construction Press, Lancaster England, 1978.

[11] N. Djabarov, A. Wehrstedt, H-J. Weiss and K. Yamboliev. Ivestigation on the fracture behaviour of steel fiber reinforced concrete [P] . Proceedings of the Second National Conference on Mechanics and Tecnology of Composite Materials, Varna, 1979.

[12] A. M. Brandt. Crack propagation energy in steel fiber reinforced concrete [J] . International Journal of Cement Composites, 1980, 2 (1): 35-42.

[13] F. Velazco, K. Visalvanich and S. P. Shah. Fracture behaviour and analysis of fiber reinforced concrete beams [J] . Cement and Concrete Research, 1980, 10 (1): 41-51.

[14] 邓宗才, 杨秀元. 钢纤维高强混凝土试件的断裂韧度 [J] . 工业建筑, 1995, 25 (10): 36-38.

[15] 高丹盈, 王占桥, 朱海堂. 钢纤维高强混凝土断裂性能的试验研究 [J] . 郑州大学学报 (工学版) 2004, 25 (1): 1-5.

[16] 赵永利, 孙伟, 罗欣. 高强及钢纤维高强混凝土 K_{IC}、δ_{IC}的研究 [J] . 东南大学学报, 1997, 27 (2): 133-137.

[17] 高丹盈, 刘建秀. 钢纤维混凝土基本理论 [M] . 北京: 科学技术文献出版社, 1994.

[18] 罗章, 李夕兵, 凌同华. 钢纤维混凝土的增强机理与断裂力学模型研究 [J] . 矿业研究与开发, 2003, 23 (4): 18-22.

[19] M. Wecharatana, S. P. Shah. A model for predicting fracture resistance of fiber reinforced concrete [J] . Cement and Concrete Research, 1983, 13 (6): 819-829.

[20] 关丽秋, 赵国藩. 钢纤维混凝土在单向拉伸时的增强机理与破坏形态的分析 [J] . 水利学报 1986, (9): 34-43.

[21] 李方元, 赵人达. 高强混凝土和钢纤维高强混凝土断裂性能试验研究 [J] . 混凝土, 2002, (8): 29-32.

[22] 孙启林, 王利民, 赵成泉, 华珍, 代祥俊, 蒲琪. 钢纤维混凝土抗裂性能测试 [J] . 山东理工大学学报 (自然科学版), 2005, 19 (3): 21-26.

[23] 王成启, 吴科如. 不同弹性模量的纤维对高强混凝土力学性能的影响 [J] . 混凝土与水泥制品, 2002, (3): 36-37.

[24] 高丹盈, 王占桥, 朱海堂. 钢纤维高强混凝土断裂韧度的试验研究 [J] . 混凝土与水泥制品, 2005, (2): 34-37.

[25] 程秀菊, 朱为玄. 钢纤维混凝土 K_{IC}计算公式初探 [J] . 河海大学学报 (自然科学版), 2005, 33 (4): 452-454.

[26] 易成, 谢和平, 孙华飞. 钢纤维混凝土疲劳断裂性能与工程应用 [M] . 北京: 科学出版社, 2003.

[27] S. P. Shah. An Overview of the Fracture Mechanics of Concrete [J]. Cement, Concrete and Aggregates, 1997, 19 (2): 79-86.

[28] L. J. Struble and David Lange. Do We Need a Standard Concrete Fracture Mechanics Test [J]. Cement, Concrete and Aggregates, 1997, 19 (2): 112-115.

[29] 范天佑. 断裂理论基础 [M]. 北京：科学出版社, 2003.

[30] Standard Methods for Plane-strain Fracature Toughness of Metallic Materials [M]. ASTM Designation E399-74, 1981.

[31] 陈篪, 蔡其巩, 王仁智. 工程断裂力学 [M]: 国防工业出版社, 1977.

[32] 洪起超. 工程断裂力学基础 [M]. 上海：上海交通大学出版社, 1987.

[33] 郑光俊, 朱为玄, 徐道远. 混凝土三点弯曲试样的计算公式研究 [J]. 淮海工学院学报（自然科学版）, 2004, (2): 67-70.

[34] 黄闽莉, 郑光俊, 邓爱民. 两种混凝土试件 K_{IC} 计算公式的讨论 [P]. 桂林：全国第九届岩石、混凝土断裂、损伤和强度学术会议论文集, 2005, 7: 87-93.

[35] 邓宗才, 杨秀元. 钢纤维高强混凝土的断裂韧度 [J]. 工业建筑, 1995, 25 (10): 36-38.

[36] 石国柱, 韩菊红, 张雷顺. 钢纤维大粒径混凝土断裂性能研究 [J]. 混凝土, 2006, (2): 70-72.

[37] 赵振华, 巴明芳, 王丽君. 浅析钢纤维混凝土断裂性能 [J]. 山东建材, 2005, (5): 57-58.

[38] GB 4161—84. 金属材料平面应变断裂韧度 K_{IC} 试验方法 [S]. 北京：中国计划出版社, 1992.

[39] 易成, 沈世钊. 局部高密度钢纤维混凝土静态断裂性能研究 [J]. 哈尔滨建筑大学学报, 2001, 34 (2): 16-21.

[40] N. Banthia, J. Sheng. Fracture Toughness of Micro-Fiber Reinforced Cement Composites [J]. Cement and Concrete composites, 1996, (18): 251-269.

[41] M. K. Lee, B. I. G. Barr. Strength and fracture properties of industrially prepared steel fiber reinforced concrete [J]. Cement and Concrete Composites, 2003, (25): 321-332.

[42] 张廷毅, 高丹盈, 朱海堂. 钢纤维高强混凝土与高强混凝土断裂韧度 [J]. 建筑材料学报, 2007, 10 (5): 577-582.

[43] 徐华荣, 朱冠美. 混凝土断裂韧度的影响因素研究 [J]. 水利学报, 1984, (9): 53-58.

[44] 张红州. 纤维混凝土界面性能及纤维作用机理研究 [D]. 广州：广州工业大学硕士学位论文, 2004.

[45] 王占桥. 纤维增强与加固混凝土断裂与粘结能力 [D]. 郑州：郑州大学博士学位论文, 2007.

[46] 高丹盈, 黄承逵. 钢纤维混凝土的抗压强度 [J]. 河南科学, 1991, 9 (2): 78-84.

[47] 高丹盈, 张廷毅. 三点弯曲下钢纤维高强混凝土的断裂性能（英文）[J]. 硅酸盐学报, 2007, 35 (12): 1630-1635.

第7章　高强混凝土断裂韧度的概率模型及参数估计

7.1　概率统计方法与混凝土

混凝土是由粗细骨料和水泥等组成的一种多相复合材料，是当代应用最广的建筑材料。高效减水剂的发明和应用，使混凝土技术进入到高强度的新阶段。然而，混凝土材料内部存在许多原始缺陷，如多余水分蒸发和泌水后留下的毛细孔道、粗骨料下缘聚积的水隙以及干缩、热胀等变形形成的裂缝[1]。这些原始的缺陷造成了混凝土材料宏观力学性能的离散性，这种离散性在混凝土材料的断裂性能中表现尤为明显。对混凝土材料力学性能传统的表征和评价一般是采用简单的数学方法，如求算术平均值等，但技术的进步使人们对混凝土结构的可靠性提出了越来越高的要求，传统的数学方法也要适应这一变化。如果在考察材料力学性能时仅仅采用传统办法，就会与实际情况有很大偏差，特别是对于混凝土这种力学性能分散性比较明显的准脆性材料而言，更是如此。

以混凝土断裂韧度（K_{IC}）为例，造成试验数据离散的原因有很多方面，除了混凝土材料自身的缺陷以外，主要的还有试件制作及养护条件的差异、试验环境（如温度、湿度等）的差异、试件装置的差异和人为的误差[2]。因此，在这些随机因素的影响之下，测定出来的K_{IC}值也是一个随机变量，在试件个数小样本的情况下表现出离散性，在大样本的情况下必然表现出一定的统计规律，服从某一特定的概率分布。同时，从研究混凝土脆性破坏的途径上来讲，采用概率统计学的方法研究混凝土材料的宏观统计性能，可以不考虑混凝土本身复杂的微观结构（如骨料和硬化水泥浆体间的界面过渡层）对宏观性能参数（如强度、脆性，断裂韧度等）的影响，也就避免了从微观角度精确计算构件破坏时的性能参数。实际上，对于混凝土这种具有多相性质的复合材料而言，试图从微观角度求得构件破坏时的性能参数几乎是不可能实现的，因此，采用概率统计学方法来处理问题更具有实际意义。

在文献[3]中，威布尔运用“最弱链节理论”建立了建筑材料的脆性破坏强度理论。文献[4]研究了混凝土材料在多轴应力下的破坏概率，提出了三点弯曲下以威布尔分布为模型的试件破坏概率的计算方法。文献[5]应用“最弱链节理论”建立了混凝土单轴压缩下试件内部微裂缝开展所服从的统计模型。这两篇文献是应用概率统计研究混凝土脆性破坏的两种方法，前者是在确定特定分布（如威布尔分布）的参数后（如用Excel、Matable等数学软件结合试验数据求得），根据概率论中求分布函数的原理，求出试验试件的破坏概率，即起到预测何时构件失效的作用。后者则是从混凝土材料的微观特性（如提出的混凝土等能量单元性能）出发，通过一定的简化处理（将混凝土材料视为连续的，但包含大量的“最弱连接”等能量单元），按照一定的强度理论（威布尔材料强度统计理论）建立需要研究问题（微裂缝开展）的概率模型，即起到研究破坏机理的作用。

文献[6]的最弱环模型分析了混凝土抗压疲劳寿命分布规律，并与正态模型进行了比较，在三参数威布尔分布置信限研究基础上，对要求高可靠度、高置信度的疲劳寿命进行了计算。文献［7，8］都是利用正态分布模型对混凝土强度满足工程要求的保证率进行研究。文献［9，10］以混凝土断裂韧度为随机变量，提出了混凝土脆性破坏的断裂统计理论，这是以脆性破坏统计断裂理论为基础的概率断裂力学采用的分析处理方法。

从现有的文献来看，运用概率统计研究混凝土材料强度保证率的问题较常见，但运用概率断裂力学研究混凝土断裂性能的不多，特别是对 HSC 断裂性能参数的研究更少。本章根据概率断裂力学的基本理论，对三点弯曲试验测得的 HSC 断裂韧度进行统计分析，建立 HSC 断裂韧度的概率分布模型。

7.2 常用统计分布

经验地描述试验数据统计特性的分布形式有很多种，常用的有：正态分布、正态对数分布、指数分布、威布尔分布、极值分布等。本章简要介绍应用最多、人们较为熟悉的正态分布，着重结合“最弱链节理论”介绍威布尔分布。

7.2.1 正态分布

正态分布又称高斯（Gauss）分布，最早由棣莫弗在求二项分布的渐近公式中得到。高斯在研究测量误差分布时从另一个角度进行了推导。生产实践与科学试验中很多随机变量的概率分布都可以近似地用正态分布来描述。在结构工程中，研究应力分布和强度常用到正态分布。

正态分布的概率密度为：

$$f(x)=\frac{1}{\sqrt{2\pi\sigma}}e^{-\frac{(x-u)2}{2\sigma^2}} \tag{7-1}$$

式中 x——服从正态分布的随机变量（如材料强度、断裂韧度等）；

μ——随机变量的均值；

σ——标准偏差。

标准偏差表示随机变量偏离均值的散布程度，σ 越小，分布越集中在 μ 附近，σ 越大，分布越分散；随机变量的概率规律为取 μ 邻近值的概率越大，而取离 μ 越远值的概率越小。

正态分布密度函数的特点是：关于 μ 对称，在 μ 处达到最大值，在正（负）无穷远处取值为0，在 $\mu\pm\sigma$ 处有拐点；概率密度曲线 $y=f(x)$ 的位置完全由均值 μ 确定，故 μ 为位置参数，曲线形状是中间高两边低，图像是一条位于 x 轴上方的钟形曲线。

当 $\mu=0$，$\sigma=1$ 时，称为标准正态分布。正态分布可以通过“标准化”化为标准正态分布，即令 $t=(x-\mu)/\sigma$，则 t 服从标准正态分布，密度函数为：

$$f(t)=\frac{1}{\sqrt{2\pi}}e^{-\frac{t^2}{2}} \tag{7-2}$$

由于计算正态分布的数值表都是针对标准化分布制作的，因此，在解决实际问题时，只需“标准化”正态分布，就可以查表得到结果。

理论上，正态分布是一些重要分布（如泊松分布、二项分布等）的极限，而且也是一些重要样本分布（如χ^2分布、t分布、F分布）等推导的前提。应用上，不管数据遵循的原分布是什么，只要样本容量n充分大，它都近似于正态分布。对于某些偏离正态分布的统计量，只要偏离量不大，也可以将其按正态分布近似处理。因此，正态分布是最基本，也是在许多学科中应用广泛的分布。

7.2.2 材料破坏理论与威布尔分布

1. 最弱链节理论

皮尔斯[11]在研究棉纱的强度时，提出了最弱链节的概念，即将棉纱看作是由许多更短的棉纱单元相互连接而成，棉纱的破坏是由这些短单元本身的失效决定的。随后塔克[12]将最弱链节的方法应用到混凝土强度的研究中。

最弱链节理论包含两层含义，一是假定材料是由一系列小单元连接而成的链，这些小单元被称为环或链节，它们具有相同的力学分布且相互独立。二是如果一个链节发生断裂，那么整个链就破坏。其中，第二层含义表明链节之间是串联关系。因此，链的破坏概率用以下方法求得：

当应力从0增大到某一值σ，若单个链节的失效概率用分布函数F（σ）表示，则链节良好的概率S（σ）为：

$$S(\sigma)=1-F(\sigma) \tag{7-3}$$

考虑该理论的第一层含义，由于材料是由n个链节组成的，单个链节失效概率相同且失效与否相互独立，则整个链良好的概率为：

$$S_{\mathrm{n}}(\sigma)=[1-F(\sigma)]^n \tag{7-4}$$

所以材料的破坏概率为：

$$F_{\mathrm{n}}(\sigma)=1-[1-F(\sigma)]^n \tag{7-5}$$

式（7-5）就是最弱链节理论的数学表述。

2. 威布尔分布

基于最弱链节理论的威布尔分布模型已有文献做了推导[10,13]，本章通过微分学的方法近似计算求得该模型。

若函数$y=f$（x）在点x_0处的导数f'（x_0）$\neq 0$，且自变量增量｜Δx｜很小时，则函数增量与函数在点x_0处的微分$\mathrm{d}y$近似相等，即：

$$\Delta y\approx \mathrm{d}y=f'(x_0)\Delta x \tag{7-6}$$

式（7-6）也可以写成：

$$\Delta y=f(x_0+\Delta x)-f(x_0)\approx f'(x_0)\Delta x \tag{7-7}$$

在式（7-7）中令$x=x_0+\Delta x$，则式（7-7）可写为：

$$f(x)\approx f(x_0)+f'(x_0)(x-x_0) \tag{7-8}$$

对式（7-4）两边取以e为底的常用对数，得到：

$$\ln^{Sn(\sigma)}=n\ln^{[1-F(\sigma)]} \tag{7-9}$$

对于单个链节而言，｜$-F$（σ）｜其值很小，且对数函数是可导初等函数，如果将

函数 $\ln^{[1-F(\sigma)]}$ 在 F_0（σ）=0处按照式（7-8）展开，则有：

$$\ln^{[1-F(\sigma)]} \approx -F(\sigma) \tag{7-10}$$

由式（7-9）、式（7-10）可得：

$$S_n(\sigma) = e^{-nF(\sigma)} \tag{7-11}$$

因此材料的破坏概率为：

$$F_n(\sigma) = 1 - S_n(\sigma) = 1 - e^{-nF(\sigma)} \tag{7-12}$$

按照式（7-12）的形式，材料破坏概率也可简单地写为：

$$F(\sigma) = 1 - S(\sigma) = 1 - e^{-\varphi(\sigma)} \tag{7-13}$$

如果任何材料链节能够在某一强度 σ_u 下不失效，即此时链的破坏概率 F（σ）为0，则对于任意 $\sigma_1 > \sigma_2 > \sigma$，有 F（σ_1）、F（σ_2）大于0且小于1。根据最弱链节理论：链节具有相同的力学分布，因此 F（σ_1）$>F$（σ_2），即 F（σ）是关于 σ 的增函数。指数函数 e^{-x} 为减函数，$1-e^{-x}$ 为增函数。所以式（7-13）等式右侧若要和左侧函数的增减性一致，φ（σ）也必须为增函数。同时，由 $0<F$（σ）<1，可得：

$$e^{-\varphi(\sigma)} < 1 \tag{7-14}$$

由（7-14）得，φ（σ）>0，也就是 φ（σ）是一个递增的正函数。如果找到合适函数形式满足 φ（σ）的条件，那么就可以得到 F（σ）的分布。

事实上，在单调区间内递增正函数的形式有很多种，如指数函数 a^x、对数函数 $\log_a x$、三角函数 $\sin x$ 等，威布尔[14]（1951）提出用幂函数（x^m）的形式来描述 φ（σ）：

$$\varphi(\sigma) = \left(\frac{\sigma - \sigma_u}{\sigma_0}\right)^m, (\sigma_u < \sigma) \tag{7-15}$$

将式（7-15）代入式（7-13）得到威布尔分布的分布函数：

$$F(\sigma) = 1 - e^{-\left(\frac{\sigma-\sigma_u}{\sigma_0}\right)^m}, (\sigma_u < \sigma) \tag{7-16}$$

式（7-16）等式两边对 σ 求导得到概率密度函数：

$$f(\sigma) = \frac{m}{\sigma_0}\left(\frac{\sigma - \sigma_u}{\sigma_0}\right)^{m-1} e^{-\left(\frac{\sigma-\sigma_u}{\sigma_0}\right)^m}, (\sigma_u < \sigma) \tag{7-17}$$

式（7-16）中 σ_u、σ_0 和 m 分别是位置参数、尺度参数和形状参数。

式（7-17）亦可以写成如下的形式：

$$f(x) = \frac{\alpha}{\beta}\left(\frac{x - \delta}{\beta}\right)^{\alpha-1} e^{-\left(\frac{x-\delta}{\beta}\right)^\alpha} \tag{7-18}$$

式中 α、β 和 δ 的意义如下：

（1）形状参数 α

形状参数 α 决定了曲线的形状特征。当 $\alpha<1$ 时，f（x）以直线 $x=0$ 为渐近线，x 越小，曲线离 $x=0$ 垂直线越近；当 $\alpha=1$ 时，f（x）与直线 $x=0$ 相交，此时变为指数函数；当 $\alpha>1$ 时，随 α 值的增加，f（x）形成如马鞍形的曲线，峰值下降，曲线下面积的形心右移。在 α 为3~4时，曲线的对称性较好，与正态分布相似。α 表征了材料的均匀性和可靠性，α 值越大，材料的均匀性越好，可靠性越高。α 是评价材料的重要指标，一般就用 α 对材料进行比较[15]。

（2）尺度参数 β

尺度参数的大小影响曲线的尺寸比例大小。位置参数和形状参数相同，β 的大小不影响曲线的基本形状。

（3）位置参数 δ

位置参数的大小反映了威布尔概率密度曲线在水平坐标轴的位置。在尺度参数和形状参数相同的情况下，不同 δ 的概率密度曲线完全相同，只是曲线在水平坐标轴向左或向右平移了 δ。位置参数不改变材料破坏的分布类型。

威布尔分布是一种通用分布。通过改变分布函数的值，就可以近似构造多种分布，以便为不同类型的产品建立模型[16]。如 $\alpha=1$，威布尔分布就变成指数分布；$\alpha=3\sim4$，曲线对称性良好，与正态分布相似。

7.3 高强混凝土断裂韧度试验值的概率分布

混凝土断裂韧度服从何种概率分布，学术界没有定论。文献[2]的研究指出，混凝土断裂韧度服从威布尔分布。本章根据三点弯曲预制初始裂缝切口梁试验测得 HSC 断裂韧度45 个试验（观测）值（表 7.1），采用正态分布和威布尔分布作断裂韧度试验值的假定概率分布，采用柯尔莫哥洛夫-斯米尔诺夫检验法（K-S 检验法）对 HSC 断裂韧度统计分布进行拟合性检验，再依据检验结果确定 HSC 断裂韧度服从的概率分布，在此基础上运用概率统计方法求得两种分布中的参数估计，确定分布形式。

HSC 的断裂韧度试验（观测）值 **表 7.1**

单位：$MPa \cdot m^{1/2}$

No.	1	2	3	4	5	6	7	8	9	10	11	12
K_{IC}	0.644	0.672	0.672	0.673	0.685	0.696	0.702	0.713	0.714	0.722	0.727	0.736
No.	13	14	15	16	17	18	19	20	21	22	23	24
K_{IC}	0.746	0.746	0.748	0.760	0.763	0.770	0.772	0.775	0.780	0.780	0.787	0.789
No.	25	26	27	28	29	30	31	32	33	34	35	36
K_{IC}	0.823	0.823	0.826	0.830	0.840	0.850	0.854	0.854	0.857	0.859	0.867	0.869
No.	37	38	39	40	41	42	43	44	45			
K_{IC}	0.741	0.741	0.746	0.789	0.804	0.816	0.874	0.949	1.011			

7.3.1 断裂韧度试验值的频率分布与直方图

将表 7.1 中的 HSC 断裂韧度试验值按照 0.037$MPa \cdot m^{1/2}$的组距分成 11 组，然后求得试验值的频率分布，见表 7.2。根据表 7.2 的结果得到 HSC 断裂韧度试验值频率直方图（图 7.1）。一般地，画出频率直方图后，把各个小矩形上底边的中点顺次连接成一条光滑曲线，然后把这条光滑曲线与概率论中的典型分布密度曲线进行比较，就可以粗略地看出总体是否服从某种典型分布[17]。图 7.2 是典型的正态分布和威布尔分布的图形。正态分布的图形关于均值 μ 对称，威布尔分布在形状参数 α 满足一定的数值范围时（$\alpha=3\sim4$），曲线的对称性较好，其概率密度图形与正态分布相似。从直方图 7.1 上看，图形存在一个峰值，虽有一定的对称趋势，但偏态性也比较明显。因此，根据正态分布和威布尔分布密度函数的特点，采用这两种分布作为试验数据所服从的概率分布模型。

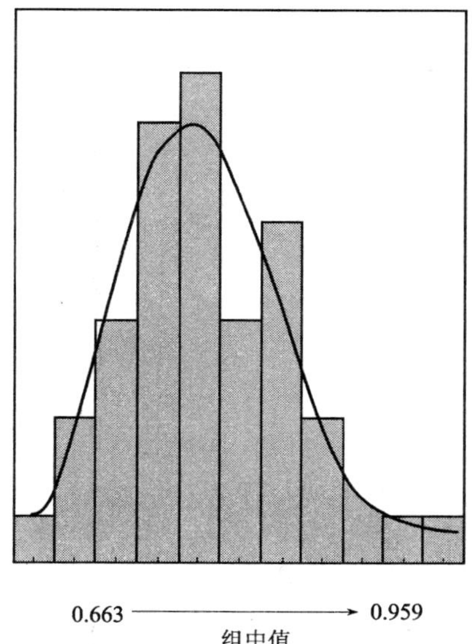

图 7.1　HSC 断裂韧度试验值频率直方图

HSC 的断裂韧度试验值频率分布与频率　　**表 7.2**

No.	各组范围	组中值	频　数	频　率	累计频率
1	≤0.6445		1	0.0222	0.0222
2	0.6445～0.6815	0.663	3	0.0667	0.0889
3	0.6815～0.7185	0.700	5	0.1111	0.2000
4	0.7185～0.7555	0.737	9	0.2000	0.4000
5	0.7555～0.7925	0.744	10	0.2222	0.6222
6	0.7925～0.8295	0.811	5	0.1111	0.7333
7	0.8295～0.8665	0.848	7	0.1556	0.8889
8	0.8665～0.9035	0.885	3	0.0667	0.9556
9	0.9035～0.9405	0.922	0	0.0000	0.9556
10	0.9405～0.9755	0.959	1	0.0222	0.9778
11	≥0.9755		1	0.0222	1.0000

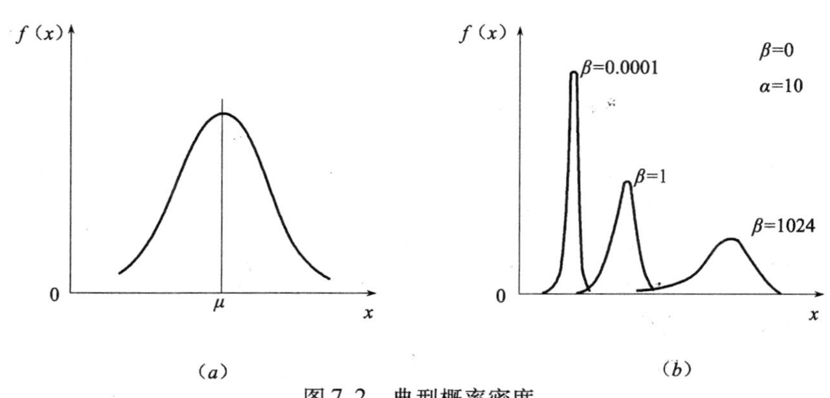

图 7.2　典型概率密度

(a) 正态分布；(b) 威布尔分布

7.3.2 参数估计

1. 正态分布参数估计

将 HSC 断裂韧度视为随机变量 X，并假定服从正态分布 N（μ，σ^2），用矩估计法可求得正态分布均值 μ 和标准差 σ 的估计量分别为：

$$\hat{\mu} = \bar{x} \tag{7-18a}$$

$$\hat{\sigma} = s \tag{7-18b}$$

式中 $\bar{x}$——样本均值；

s——子样标准差。

$$\bar{x} = \frac{1}{n}\sum_{i=1}^{n} x_{\mathrm{i}} \tag{7-18c}$$

$$s = \sqrt{\frac{1}{n}\sum_{i=1}^{n}(x_{\mathrm{i}} - \bar{x})^2} \tag{7-18d}$$

按照上述方法得到 HSC 断裂韧度的均值和标准差的估计量分别为：$\hat{\mu} = 0.782$，$\bar{\sigma} = 0.074$。

2. 威布尔分布参数估计

三参数威布尔分布的参数估计比较复杂。由于脆性材料断裂韧度观测值的离散性比较大，所以一般近似地取位置参数 $\delta = 0$[10]。这样，就得到了双参数的威布尔分布：

$$f(x) = \frac{\alpha}{\beta^{\alpha}} x^{\alpha-1} e^{-(\frac{x}{\beta})^{\alpha}} \tag{7-19}$$

（1）第一种估计方法

如果设服从威布尔分布的 HSC 断裂韧度随机变量 X 的均值和方差分别为 μ 和 σ^2，那么由切比雪夫大数定理，当随机变量个数 n 趋于无穷大时，母体的均值$\bar{X}$依概率收敛于 μ，即对任意 $\varepsilon > 0$，

$$\lim_{n\to\infty} = \mathrm{P}\{|\bar{X} - \mu| < \varepsilon\} = 1 \tag{7-20}$$

此结果说明，n 很大时可用一次抽样后所得的子样平均数$\bar{x}$近似于母体平均数 μ。

对于 X_1^2，X_2^2，…，由切比雪夫大数定理可得 $\frac{1}{n}\sum_{i=1}^{n} X_i^2$ 依概率收敛于 EX^2，再由概率收敛的性质可得 $s^2 = \frac{1}{n}\sum_{i=1}^{n} X_i^{\ 2} - \bar{X}^2$ 以及概率收敛于 $EX^2 - \mu^2 = \sigma^2$，即对任意 $\varepsilon > 0$，

$$\lim_{n\to\infty} = P\{|s^2 - \sigma^2| < \varepsilon\} = 1 \tag{7-21}$$

此结果说明，n 很大时可用一次抽样后所得的子样方差近似于母体方差 σ^2。

因此，HSC 断裂韧度随机变量威布尔分布参数的估计可以根据上述原理进行。在实际中，将无穷多样本纳入统计分析中的例子是不多见的，并且分析时工作量太大，数据的采集也不容易实现，试验成本太高。对于 HSC 而言，其断裂韧度试验值就属于这种情况。

服从威布尔分布的 HSC 断裂韧度随机变量 X 的数学期望 $E(X)$ 和方差 $D(X)$ 分别为[18]：

$$E(X) = \beta^{1/\alpha}\Gamma(1 + \frac{1}{\alpha}) \tag{7-22a}$$

$$D(X)=\left[\Gamma(1+\frac{2}{\alpha})-\Gamma^2(1+\frac{1}{\alpha})\right]\beta^{2/\alpha} \tag{7-22b}$$

式中　Γ——伽玛函数。其他符号含义同前。

从表 7.1 可以求得 HSC 断裂韧度数据子样的均值 $\hat{\mu}$ 和方差 $\hat{\sigma}^2$，再由式（6-20）、式（7-21）所得结果，结合式（7-22a）及式（7-22b）可得：

$$\hat{\mu}=\hat{\beta}^{1/\alpha}\Gamma(1+\frac{1}{\hat{\alpha}}) \tag{7-23a}$$

$$\hat{\sigma}^2=\left[\Gamma(1+\frac{2}{\hat{\alpha}})-\Gamma^2(1+\frac{1}{\hat{\alpha}})\right]\hat{\beta}^{2/\hat{\alpha}} \tag{7-23b}$$

采用代入消元法消去 $\hat{\beta}$ 项，整理后可得：

$$\frac{\hat{\mu}^2}{\hat{\sigma}^2+\hat{\mu}^2}=\frac{\Gamma^2(1+\frac{1}{\alpha})}{\Gamma(1+\frac{2}{\alpha})} \tag{7-24a}$$

由式（7-24a）以及伽玛函数的特性计算查表求得 α 估计值 $\hat{\alpha}$。由式（7-23a）及 $\hat{\alpha}$ 可得 β 的估计值 $\hat{\beta}$：

$$\hat{\beta}=\frac{\hat{\mu}^2}{\Gamma^2(1+\frac{1}{\hat{\alpha}})} \tag{7-24b}$$

至此，得到 HSC 断裂韧度服从双参数威布尔分布的参数估计值 $\hat{\alpha}=13.513$，$\hat{\beta}=0.813$，也就确定了 HSC 断裂韧度服从的威布尔分布概率密度函数。

（2）第二种估计方法

从上述双参数威布尔参数估计法可以看出，尽管该方法有比较严密的概率理论支持，但是在求参数时要利用伽玛函数的特性以及需要查找数学用表，计算过程比较繁琐。因此，寻找一种简单的参数估计方法很有必要。双参数威布尔分布的分布函数为：

$$F(x)=1-e^{-(\frac{x}{\beta})^{\alpha}} \tag{7-25}$$

将式（7-25）两端取对数可得：

$$\ln\ln\frac{1}{1-F(x)}=-\alpha\ln\beta+\alpha\ln x \tag{7-26}$$

若设 $Y=\ln\ln\frac{1}{1-F(x)}$，$X=\ln x$，$A=\alpha$，$B=-\alpha\ln\beta$，则可得线性方程如下：

$$Y=AX+B \tag{7-27}$$

通过式（7-27）求出 A、B 之值，最后就可求出 α 和 β 的估计值 $\hat{\alpha}$，$\hat{\beta}$。这种方法是采用线性化的手段，将复杂的函数形式化为简单的线性函数，然后根据最小二乘法得到预估参数。

设 $S=(X_1,\cdots,X_n)$ 是从总体 X 中抽出的容量为 n 的样本，记 $(x_1,\cdots,x_n)$ 为样本 S 的任意一组观测值，将其从小到大依次排列，得

$$x_1^*\leqslant x_2^*\leqslant\cdots\leqslant x_n^* \tag{7-28}$$

定义 x_i^* 为随机变量 $X_i^{(n)}$ $(i=1,\cdots,n)$ 的观测值，则 $X_1^{(n)},\cdots,X_n^{(n)}$ 为 S 的一组顺序统计量。显然

$$X_1^{(n)} \leqslant X_2^{(n)} \leqslant \cdots \leqslant X_n^{(n)} \tag{7-29}$$

对于 $X_i^{(n)}$，存在中位值 x_{k0}，使 $X_i^{(n)}$ 的观测值小于 x_{k0} 和大于 x_{k0} 的概率各为 50%，将总体 X 的观测值小于 x_{k0} 的概率定义为 $X_i^{(n)}$ 的中位秩或 50% 秩。可以证明中位秩的值仅与样本量 n 有关，而不依赖于总体分布，只要总体分布连续[19]。

对于一组经排序的随机变量数据 x_i（$i=1, 2, \cdots, n$），第 i 个数据 x_i 的试验概率值一般在（$i-1$）/n 到 i/n 之间，可以取中位秩如下式[20]：

$$F_n(x_i) = \frac{i-0.3}{n+0.4} \tag{7-30}$$

表 7.3 是用中位秩得到的 HSC 断裂韧度试验值概率。采用中位秩求试验概率可不必求出经验分布函数，对于小样本的试验比较有效，当然直接利用经验分布函数也是可以的。但是，从顺序统计量的定义可以看出，观测值之间是可以相等的，在求经验分布函数时，对于相等的观测值要进行概率合并处理，增加了计算工作量。为了和第一种威布尔参数估计法所得参数估计值比较，本章根据式(7-25)～式(7-27)所述的线性化过程与中位秩求试验概率结合的方法，估计 HSC 断裂韧度所服从的威布尔分布参数。

威布尔分布下 HSC 断裂韧度试验值概率 **表 7.3**

K_{IC}（MPa·m$^{1/2}$）	i	F_n（x_i）	K_{IC}（MPa·m$^{1/2}$）	i	F_n（x_i）
0.644	1	0.01542	0.780	24	0.52203
0.672	2	0.03744	0.780	25	0.54405
0.672	3	0.05947	0.787	26	0.56608
0.673	4	0.08150	0.789	27	0.58811
0.685	5	0.10352	0.789	28	0.61013
0.696	6	0.12555	0.804	29	0.63216
0.702	7	0.14758	0.816	30	0.65419
0.713	8	0.16960	0.823	31	0.67621
0.714	9	0.19163	0.823	32	0.69824
0.722	10	0.21366	0.826	33	0.72026
0.727	11	0.23568	0.830	34	0.74229
0.736	12	0.25771	0.840	35	0.76432
0.741	13	0.27974	0.850	36	0.78634
0.741	14	0.30176	0.854	37	0.80837
0.746	15	0.32379	0.854	38	0.83040
0.746	16	0.34581	0.857	39	0.85242
0.746	17	0.36784	0.859	40	0.87445
0.748	18	0.38987	0.867	41	0.89648
0.760	19	0.41189	0.869	42	0.91850
0.763	20	0.43392	0.874	43	0.94053
0.770	21	0.45595	0.949	44	0.96256
0.772	22	0.47797	1.011	45	0.98458
0.775	23	0.50000			

图 7.3 是由表 7.3 所列数据得到的式（7-27）的 Y 与 X 之间的关系。α 和 β 的估计值

$\hat{\alpha}=12.294$，$\hat{\beta}=0.815$。从图 7.3 可以看出，除个别数据点以外，多数点都在直线附近，回归系数为 0.91，自变量 X 与函数 Y 的线性关系良好。因此，由此求得的威布尔分布参数估计值比较可信。

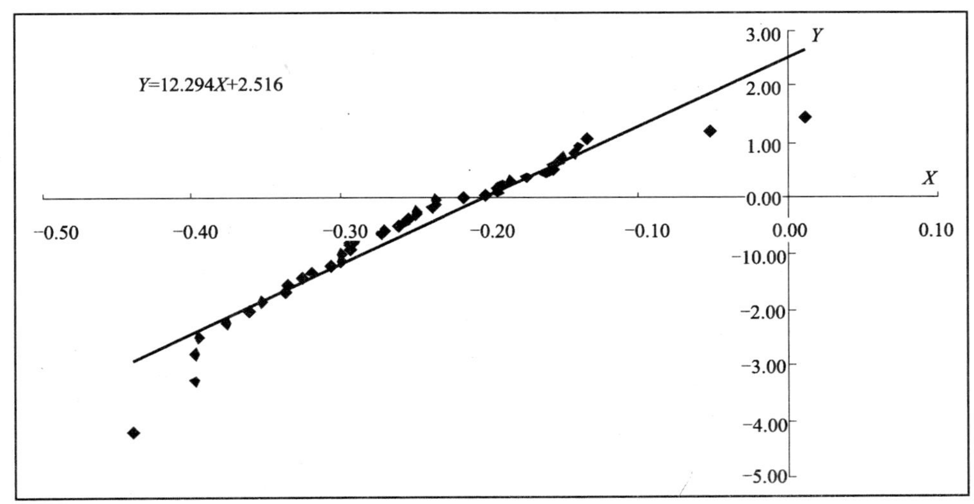

图 7.3　Y 与 X 的关系

（3）α 和 β 估计值的比较

图 7.4 是两组参数下的 HSC 断裂韧度试验数据（表 7.1）拟合所得的双参数威布尔概率分布。可以看出，两组参数的威布尔分布图形比较接近。形状参数 α 决定图形的形状，两分布的 α 相差为 9.021%；尺度参数 β 的大小影响曲线的尺寸比例大小，两分布的 β 相差仅为 0.246%，所以两图形在一定高度范围内非常接近。从表 7.1 可知，试验测得的 HSC 断裂韧度试验值的变化范围是 0.664～1.011。图 7.4 中阴影部分表示断裂韧度为某一确定值时的概率。在断裂韧度值小于图形最高点所对应的断裂韧度值以前的相当大一段区域内（0.644～0.748），两曲线下的阴影部分面积几乎相等，说明此区段内，由两分布得到的概率值相差不大。

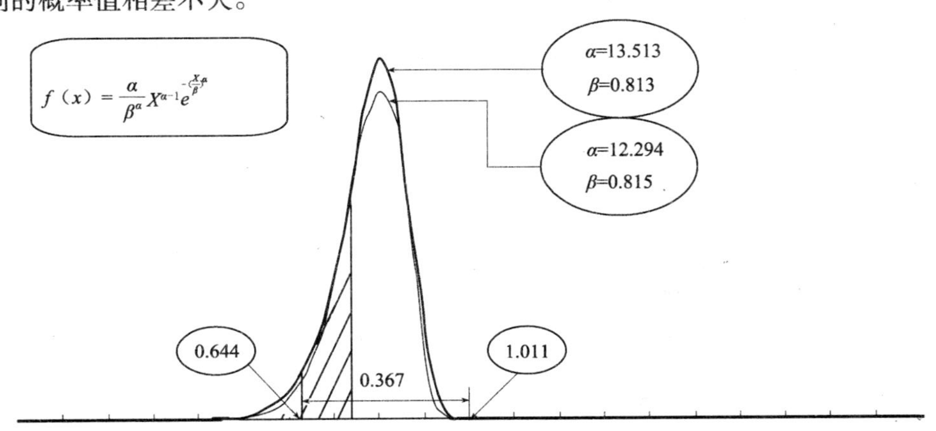

图 7.4　威布尔分布概率密度分布图形及参数

3. 正态分布与威布尔分布的比较

图 7.5 是 HSC 断裂韧度试验数据拟合得到的正态分布概率模型和威布尔分布概率模型。可以看出，威布尔分布在不同形状参数下的图形和正态分布图形都与直方图（图 7.1）较为相似，当 $\alpha = 12.294$，$\beta = 0.815$ 时，正态分布与威布尔分布的接近程度更好。但是，要通过对两种概率分布模型进行拟合性检验，判定哪种分布能更合适地描述 HSC 断裂韧度试验值所服从的概率分布。

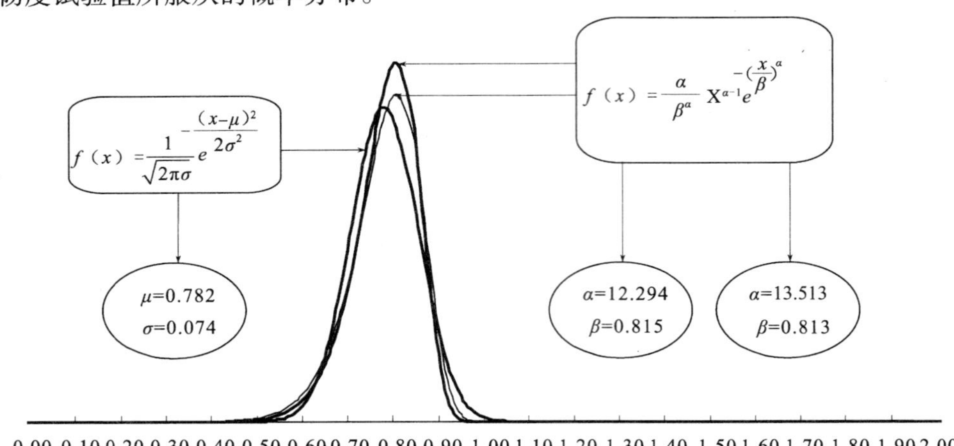

图 7.5　正态分布与威布尔分布概率密度分布图形及参数

7.3.3　统计分布的拟合性检验

用样本经验分布拟合理论曲线分布后，该随机变量实际总体分布是否符合所选理论分布模型，需要客观判定方法的检验。目测经验分布函数与理论曲线差异的方法比较快捷直观，但主观因素较大，尤其当样本容量不够大时，一般仅用于适线调整[21]。通常采用分布拟合的检验方法，如，皮尔逊 χ^2 检验、A^2 和 D^2 检验以及柯尔莫哥洛夫-斯米尔诺夫检验法（K-S 检验法）。

本章采用 K-S 检验法，分别对正态分布和威布尔分布进行拟合性检验。K-S 检验是逐点分析经验分布与理论分布的偏差，从而检验经验分布与假设理论分布的差异是否显著，对连续函数小样本数据有较为精确的检验结果[22]。K-S 检验法的主要过程如下[23]：

（1）构造统计量：

$$D_n = \sup_{-\infty < x < \infty} |F_0(x) - F_n(x)| \tag{7-31}$$

式中　$F_0(x)$ ——假设的已知理论分布；

$F_n(x)$ ——经验分布函数，其样本容量为 n。

D_n——对应所有样本 x_i 的经验分布 $F_n(x)$ 与理论分布 $F_0(x)$ 之差的绝对最大值。

（2）假设检验

假设：$F_0(x) = F_n(x)$。给定显著性水平 λ，若 $D_n > D_n(\lambda)$，则否定原假设，否则接受原假设。

1933 年，柯尔莫哥洛夫首次提出用 D_n 做检验，1949 年斯米尔诺夫求出了 $\sqrt{n}D_n$ 的极限分布：

$$\lim_{n\to\infty} P(D_n\sqrt{n} < d_n(\lambda)) = \sum_{\kappa=-\infty}^{\infty}(-1)^k e^{-2k^2 d_n(\lambda)^2} \tag{7-32a}$$

或写成

$$\lim_{n\to\infty} P\left(D_n > \frac{d_n(\lambda)}{\sqrt{n}}\right) = 1 - \sum_{\kappa=-\infty}^{\infty}(-1)^k e^{-2k^2 d_n(\lambda)^2} = \lambda \tag{7-32b}$$

式中
$$\frac{d_n(\lambda)}{\sqrt{n}} = D_n(\lambda)$$

在给定显著性水平 λ 时，D_n（λ）可由文献[24]查到，$\lambda=0.05$ 时，D_n（0.05）= 0.198。正态分布与威布尔分布 F_n（x）、F_0（x）和 D_n 见表 7.4、表 7.5 和表 7.6。表中 HSC 断裂韧度的经验分布函数由下式得到：

$$F_n(K_{IC}) = P(K_{IC} < K_i) = i/N \tag{7-33}$$

式中　i——K_{IC}小于 K_i 的个数；

N——试验值总数。

从表 7.4、表 7.5 和表 7.6 中可以看出，D_n 的最大值与最小值分别为：0.05466，0.00139；0.08884，0.00000；0.09956，0.00113。

如果将理论分布与经验分布的接近程度用相关系数反映，则可以看出哪种理论分布类型更能准确描述试验数据所服从的概率分布。相关系数定义为[25]：

$$r = \frac{\sum[F_0(x) \times F_n(x)]}{\sqrt{[\sum F_0^2(x)] \times [\sum F_n^2(x)]}} \tag{7-34}$$

式中　r——相关系数。

r 是按照经验分布函数与理论分布函数夹角余弦来定义的相关系数，在 0 ~ 1 之间变化，r 越大则说明待选的理论分布函数与实际的 HSC 断裂韧度分布函数拟合程度越好。将正态分布与威布尔分布的检验结果列于表 7.7。

正态分布下 $F_n(x)$，$F_0(x)$ 与 D_n 值　　**表 7.4**

K_{IC} (MPa · m$^{1/2}$)	i	F_n (x)	F_0 (x)	D_n	K_{IC} (MPa · m$^{1/2}$)	No.	F_n (x)	F_0 (x)	D_n
0.644	0	0.00000	0.03159	0.03159	0.775	22	0.48889	0.46182	0.02707
0.672	1	0.02222	0.06927	0.04705	0.780	23	0.51111	0.48860	0.02252
0.673	3	0.06667	0.07108	0.00441	0.787	25	0.55556	0.52614	0.02942
0.685	4	0.08889	0.09571	0.00682	0.789	26	0.57778	0.53684	0.04094
0.696	5	0.11111	0.12334	0.01223	0.804	28	0.62222	0.61571	0.00652
0.702	6	0.13333	0.14058	0.00724	0.816	29	0.64444	0.67567	0.03123
0.713	7	0.15556	0.17624	0.02069	0.823	30	0.66667	0.70877	0.04210
0.714	8	0.17778	0.17975	0.00197	0.826	32	0.71111	0.72245	0.01134
0.722	9	0.20000	0.20934	0.00934	0.830	33	0.73333	0.74019	0.00686
0.727	10	0.22222	0.22920	0.00698	0.840	34	0.75556	0.78185	0.02629

续表

K_{IC} (MPa·$m^{1/2}$)	i	$F_n(x)$	$F_0(x)$	D_n	K_{IC} (MPa·$m^{1/2}$)	No.	$F_n(x)$	$F_0(x)$	D_n
0.736	11	0.24444	0.26749	0.02305	0.850	35	0.77778	0.81937	0.04159
0.741	12	0.26667	0.29008	0.02341	0.854	36	0.80000	0.83317	0.03317
0.746	14	0.31111	0.31352	0.00240	0.857	38	0.84444	0.84306	0.00139
0.746	16	0.35556	0.31352	0.04204	0.859	39	0.86667	0.84943	0.01723
0.748	17	0.37778	0.32311	0.05466	0.867	40	0.88889	0.87319	0.01570
0.760	18	0.40000	0.38300	0.01700	0.869	41	0.91111	0.87870	0.03241
0.763	19	0.42222	0.39849	0.02373	0.874	42	0.93333	0.89173	0.04161
0.770	20	0.44444	0.43522	0.00922	0.949	43	0.95556	0.98760	0.03205
0.772	21	0.46667	0.44583	0.02083	1.011	44	0.97778	0.99896	0.02118

威布尔分布下 $F_n(x)$, $F_0(x)$ 与 D_n 值($\alpha=12.294$, $\beta=0.815$)　　表 7.5

K_{IC} (MPa·$m^{1/2}$)	i	$F_n(x)$	$F_0(x)$	D_n	K_{IC} (MPa·$m^{1/2}$)	No.	$F_n(x)$	$F_0(x)$	D_n
0.644	0	0.00000	0.05379	0.05379	0.775	22	0.48889	0.41646	0.07243
0.672	1	0.02222	0.08908	0.06686	0.780	23	0.51111	0.44176	0.06935
0.673	3	0.06667	0.09065	0.02398	0.787	25	0.55556	0.47829	0.07727
0.685	4	0.08889	0.11138	0.02249	0.789	26	0.57778	0.48894	0.08884
0.696	5	0.11111	0.13380	0.02269	0.804	28	0.62222	0.57094	0.05129
0.702	6	0.13333	0.14754	0.01420	0.816	29	0.64444	0.63767	0.00678
0.713	7	0.15556	0.17572	0.02017	0.823	30	0.66667	0.67619	0.00952
0.714	8	0.17778	0.17848	0.00071	0.826	32	0.71111	0.69247	0.01864
0.722	9	0.20000	0.20186	0.00186	0.830	33	0.73333	0.71388	0.01946
0.727	10	0.22222	0.21763	0.00459	0.840	34	0.75556	0.76539	0.00983
0.736	11	0.24444	0.24837	0.00393	0.850	35	0.77778	0.81305	0.03527
0.741	12	0.26667	0.26677	0.00010	0.854	36	0.80000	0.83077	0.03077
0.746	14	0.31111	0.28612	0.02499	0.857	38	0.84444	0.84351	0.00093
0.746	16	0.35556	0.28612	0.06944	0.859	39	0.86667	0.85173	0.01494
0.748	17	0.37778	0.29412	0.08365	0.867	40	0.88889	0.88224	0.00665
0.760	18	0.40000	0.34531	0.05469	0.869	41	0.91111	0.88926	0.02185
0.763	19	0.42222	0.35893	0.06329	0.874	42	0.93333	0.90571	0.02762
0.770	20	0.44444	0.39192	0.05253	0.949	43	0.95556	0.99849	0.04294
0.772	21	0.46667	0.40164	0.06503	1.011	44	0.97778	1.00000	0.02222

威布尔分布下 $F_n(x)$，$F_0(x)$ 与 D_n 值（$\alpha=13.513$，$\beta=0.813$） **表 7.6**

K_{IC} (MPa·$m^{1/2}$)	i	$F_n(x)$	$F_0(x)$	D_n	K_{IC} (MPa·$m^{1/2}$)	No.	$F_n(x)$	$F_0(x)$	D_n
0.644	0	0.00000	0.04220	0.04220	0.775	22	0.48889	0.40931	0.07958
0.672	1	0.02222	0.07377	0.05155	0.780	23	0.51111	0.43688	0.07424
0.673	3	0.06667	0.07521	0.00855	0.787	25	0.55556	0.47688	0.07867
0.685	4	0.08889	0.09452	0.00563	0.789	26	0.57778	0.48858	0.08920
0.696	5	0.11111	0.11586	0.00475	0.804	28	0.62222	0.57890	0.04332
0.702	6	0.13333	0.12915	0.00419	0.816	29	0.64444	0.65236	0.00792
0.713	7	0.15556	0.15685	0.00130	0.823	30	0.66667	0.69452	0.02786
0.714	8	0.17778	0.15960	0.01818	0.826	32	0.71111	0.71225	0.00113
0.722	9	0.20000	0.18301	0.01699	0.830	33	0.73333	0.73544	0.00210
0.727	10	0.22222	0.19899	0.02323	0.840	34	0.75556	0.79055	0.03499
0.736	11	0.24444	0.23051	0.01394	0.850	35	0.77778	0.84029	0.06251
0.741	12	0.26667	0.24958	0.01708	0.854	36	0.80000	0.85837	0.05837
0.746	14	0.31111	0.26980	0.04131	0.857	38	0.84444	0.87118	0.02674
0.746	16	0.35556	0.26980	0.08575	0.859	39	0.86667	0.87936	0.01269
0.748	17	0.37778	0.27821	0.09956	0.867	40	0.88889	0.90903	0.02014
0.760	18	0.40000	0.33253	0.06747	0.869	41	0.91111	0.91567	0.00456
0.763	19	0.42222	0.34712	0.07510	0.874	42	0.93333	0.93091	0.00242
0.770	20	0.44444	0.38268	0.06177	0.949	43	0.95556	0.99971	0.04415
0.772	21	0.46667	0.39321	0.07346	1.011	44	0.97778	1.00000	0.02222

正态分布与威布尔分布参数估计结果及检验 **表 7.7**

分布类型	参数	D_n	D_n (0.05)	检验结果	r
正态分布	$\mu=0.782$ $\sigma=0.074$	0.055	0.198	接受	0.999
威布尔分布	$\alpha=12.294$ $\beta=0.815$	0.089		接受	0.998
	$\alpha=13.513$ $\beta=0.813$	0.100		接受	0.996

从表 7.7 可以看出，两种分布的 D_n 最大值均小于 D_n（0.05），即两种分布假定都可以接受。从相关关系来看，正态分布与威布尔分布基本相同，其中 $\alpha=12.294$，$\beta=0.815$ 时，两分布的相关系数几乎一致，这种一致性在图 7.5 中亦有所反映。但是，从威布尔最弱链节理论出发，威布尔分布的参数有较明显的实际意义，形状参数 α 与失效机理相联系，不同的值将有不同的失效机理，尺度参数 β 起到放大与缩小比例常数的作用，通常与工作条件的负载大小有关[26]。所以，从材料破坏的统计理论角度考虑，将威布尔分布作为 HSC 的断裂韧度试验值的统计分布是较为合理的。HSC 作为一种准脆性材料，材料失效的本质特征是在应力区存在各种缺陷，这种缺陷的分布是随机的，断裂韧度作为 HSC 的材料特性，采用统计方法来研究其随机性是合适的。

7.4 小　　结

通过对三点弯曲下 HSC 断裂韧度的统计分析，得到以下主要结论：

1. 基于最弱链节理论的威布尔分布模型可以通过式(7-4)～式(7-12)应用微分学的近似计算建立;对于威布尔分布函数的推导可以采用式(7-13)～式(7-18)的方法进行。

2. HSC 断裂韧度服从正态分布和双参数威布尔分布。根据 HSC 破坏的特点和最弱链节理论，并比较正态分布与双参数威布尔分布的拟合程度差别，建议用形状参数 α 与尺度参数 β 分别为 12.294 和 0.815 的威布尔分布描述 HSC 断裂韧度的概率分布。

3. 提出了两种双参数威布尔分布参数的估值方法。通过方法的比较，认为采用线性化方程与中位秩理论估算参数，计算简便并且拟合结果较好。

参考文献

[1] 符芳. 建筑材料 [M]. 南京：东南大学出版社，1995.

[2] 徐世烺. 混凝土断裂韧度的概率统计分析 [J]. 水利学报，1984，(10)：51-58.

[3] W. Weibull. A statistical theory of the strength of materials [J]. Royal Swedish Institute for Engineering Research，1939，(151)：1-29.

[4] Q. S. Li，J. Q. Fang，D. K. Liu，J. Tang. Failure probability prediction of concrete components [J]. Cement and Concrete Research. 2003，33：1631-1636.

[5] W. K. Yip，F. K. Kong，K. S. Chan，M. K. Limh. A statistical model of microcracking of concrete under uniaxial compression [J]. Theoretical and Applied Fracture Mechanics 1995，22：17-27.

[6] 王凤武，楼梦麟，徐人平，张立翔. 混凝土抗压疲劳寿命概率分布及其置信度计算 [J]. 同济大学学报，2003，31 (10)：1146-1150.

[7] 李建林. 平面应力状态下混凝土强度的概率分布 [J]. 混凝土与水泥制品. 1993，(4)：17-20.

[8] 陈建有，梁中强，徐旭岭，张柏林. 基于设计置信度的混凝土强度动态评价 [J]. 浙江水利水电专科学校学报. 2006，18 (4)：8-11.

[9] 徐世烺，赵国藩. 混凝土断裂韧度的概率模型研究 [J]. 土木工程学报，1988，21 (4)：9-23.

[10] 徐世烺，赵国藩. 混凝土断裂力学研究 [M]. 大连：大连理工大学出版社，1991.

[11] FT. Pierce. Tensile tests for cotton yarns. V. The weakest linktheorems on the strength of long and short composite specimens [J]. Journal of the Textile Institute Transactions. 1926，17：355-368.

[12] J. Tucker. A study of the compressive strength dispersion of material with applications [J]. Journal of the Franklin Institute. 1927，204：751-781.

[13] 吴有富，何少溪，陆勤. 混凝土受拉断裂的破坏机理 [J]. 工程力学，1993，10 (3)：116-123.

[14] W. Weibull. A statistical distribution function of wide applicability [J]. Journal of Applied Mechanics，1951，18：293-297.

[15] 吴琪琳，潘鼎. 碳纤维强度的 WEIBULL 分析理论 [J]. 高科技纤维与应用，1999，24 (6)：41-44.

[16] 赵涛，林青. 可靠性工程基础 [M]. 天津：天津大学出版社，1999.

[17] 庄楚强，何春雄. 应用数理统计基础 [M]. 广州：华南理工大学出版社，2006.

[18] 王雪峥，武小悦. 二参数 Weibull 分布下可靠性指标验证的 SPOT 方法 [J]. 系统工程与电子技术，2007，29 (6)：1009-1011.

[19] 李新，麻森．分位秩及其应用［J］．数理统计与管理，1986，(4)：24-28.
[20] 麻晓敏，张士杰，胡丽琴，曹瑞芬，刘萍，罗乐，吴宜灿．可靠性数据威布尔分析中秩评定算法改进研究［J］．核科学与工程，2007，27（2）：152-155.
[21] 高绍凤，陈万隆，朱超群，朱瑞兆，吴息，郑友飞．应用气候学［M］．北京：气象出版社，2001.
[22] 刘敏，陈士煊，霍立兴，张玉凤．奥氏体不锈钢焊缝金属断裂韧度概率分布的确定［J］．机械工程材料，2000，24（4）：1-4.
[23] 张廷毅，高丹盈，朱海堂．钢纤维高强混凝土与高强混凝土断裂韧度［J］．建筑材料学报，2007，10（5）：577-582.
[24] 中国科学院数学研究所概率统计室．常用数理统计表［M］．北京：科学出版社，1974.
[25] 李宁，顾卫，史培军，杜子璇．沙尘暴评估中土壤含水量概率分布模型研究［J］．自然灾害学报，2005，(2)：10-15.
[26] 方开泰，许建伦．统计分布［M］．北京：科学出版社，1987.

第8章　钢纤维高强混凝土断裂能

断裂能 G_F 是混凝土材料重要的断裂性能参数之一，是指形成单位面积断裂区所需消耗的能量值[1]，它可由反映材料全部力学特征的荷载—变形曲线（软化曲线）下的面积确定。Petersson 首先将断裂能的概念引入混凝土中，同时也采用三点弯曲法测定混凝土的断裂能[2]。断裂能与能量释放率 G_{IC} 有着相同的量纲，但物理意义不同。Petersson 在最初将断裂能概念引入混凝土时，实际上未加区分地与应变能释放率 G_{IC} 等同起来，认为采用三点弯曲法测试的断裂能值即为混凝土的真实断裂参数—断裂能，Hillerborg 的虚拟裂缝断裂模型（Fictitious Crack Model，FCM）中也采用了断裂能这一参数，断裂能失去了其最初的含义，演变成混凝土的一种非线性断裂参数。现在几乎每一种非线性断裂模型的提出都依赖于这一参数，因此断裂能成为混凝土的重要性能参数之一，常用于混凝土的线性数值分析[3]。

8.1　虚拟裂缝模型与断裂能

8.1.1　虚拟裂缝模型与直接拉伸试验[4,5]

虚拟裂缝模型（FCM）是瑞典 Lund 工学院 Hillerborg 教授等于 1976 年提出来的。他们认为，对于带切口的混凝土三点弯曲梁，其裂缝端部断裂区的基本性态和特征如图 8.1 所示。该切口梁受荷后，切口端部产生应力集中，并在端部附近产生很多微裂缝。离切口端部愈远，微裂缝的数量愈少，开度愈小。到一定距离后，由应力集中引起的微裂缝有可能消失，该处可像正常混凝土一样承受拉应力。由于切口端部有严重的微裂缝，沿主拉应力方向混凝土已严重受损，它已不能承受拉应力。自切口端部开始至因应力集中引起的微裂缝已消失处，这一区段可称为端部的微裂区。在微裂区的边界上应力可达到混凝土抗拉强度 f_t，而在切口端部应力为零。微裂缝区以外的区域为弹性区。继续增加荷载，肉眼可见微裂缝区变为真实裂缝，缝端前移，形成新的微裂缝区，这就是混凝土裂缝端部微裂缝区的产生和发展过程，是虚拟裂缝模型所依赖的物理现象基础[6]。与

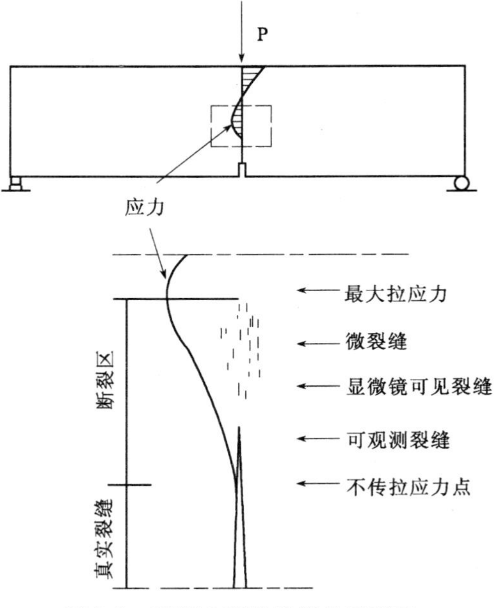

图 8.1　混凝土裂缝端部的断裂区

虚拟裂缝模型相关联的断裂参数是混凝土抗拉强度、拉伸软化曲线和断裂能。

设有一等截面混凝土杆件。如果杆件的最小几何尺寸比最大集料粒径大得多，则从宏观上可以认为组成杆件的材料是均匀和各向同性的。试验在可控制位移及试验过程稳定的刚性试验机上进行，试验完成后可得到应力—变形关系全过程曲线。变形由在杆件上安装的两只测距为 L 的引伸仪 B 和 C 量测［图 8.2（a）］。先在杆件的两端作用拉力 P，并以等应变速率增加杆件的变形，直至杆件断裂为止。随着拉力 P 的增加，杆件变形增大，在杆件的某个部位出现含有很多裂缝的损伤区，称此损伤区为断裂区。断裂区可以发生在杆件的任何部位。为简化分析，假设拉力到达混凝土抗拉强度 f_t 时，断裂区才出现，且发生在引伸仪 B 的量测区段内。

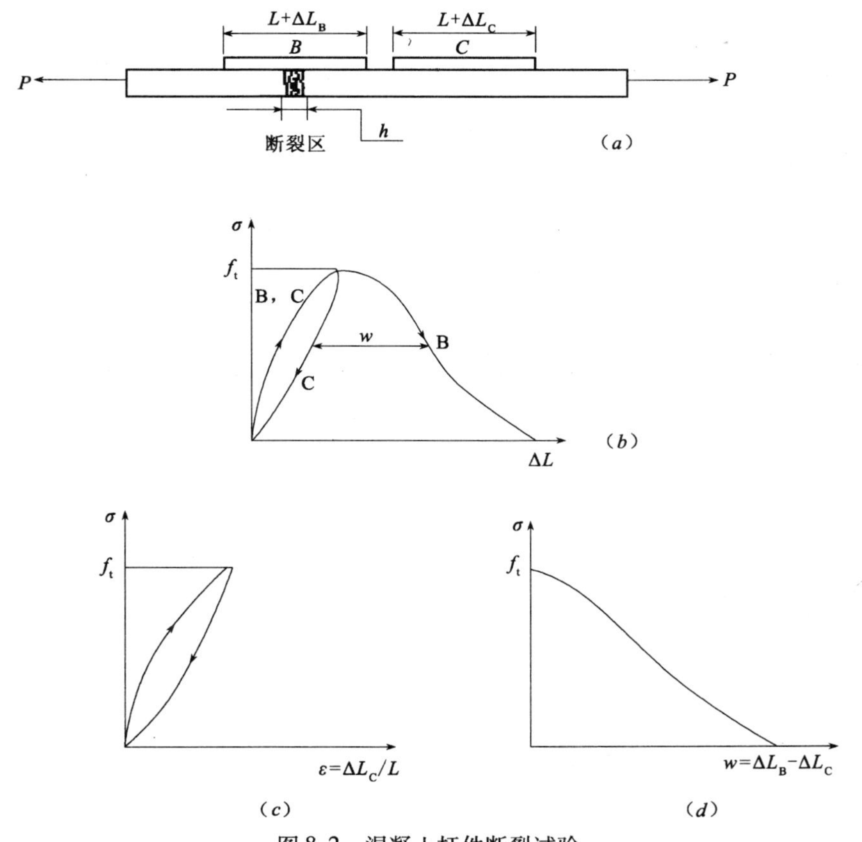

图 8.2　混凝土杆件断裂试验

杆件的应力和变形关系在引伸仪 B 和 C 所量测的两个测量区段内随着拉应力的变化有所不同。第一阶段，拉应力小于 f_t，断裂区尚未出现，量测区段的变形是相同的，即图 8.2（b）中应力加载区段相同。第二阶段，应力达到 f_t 后，断裂区出现。随着变形的增加，断裂区内裂缝不断增加，意味着断裂区内的有效承载断面不断缩小，为保持杆件变形按等速率增加，拉力 P 将不断下降，拉力 P 降低导致断裂区以外各点的变形减小，即断裂区外的杆件部位将卸载。可见，在杆件某处产生一个断裂区后，其他部位不会再出现新的断裂区。当应力达到 f_t 后，引伸仪 C 量测区段内的变形将按应力变形曲线的卸载曲线 C 减小；而 B 段内的变形将按曲线 B 增大［图 8.2（b）］。

应力—变形曲线的加载段一般可以近似为直线，C 段的变形为：

$$\Delta L_{C} = \varepsilon L \tag{8-1}$$

B 段的变形为：

$$\Delta L_{B} = \varepsilon L + w \tag{8-2}$$

式中　ε——加载段的应变；

　　w——断裂区引起的附加变形，L 为引伸仪标距。

实际上，图 8.1 和图 8.2 所示的断裂区是有一定宽度的，式（8-1）与（8-2）并未包含断裂区的宽度 h，这是为了分析方便做了简化处理。若将图 8.2（b）所示的杆件直接拉伸曲线的变形特性分解成图 8.2（c）和（d）两条曲线表示，即 σ 达到 f_t 前，杆件变形按 σ—ε 曲线加载段增长；σ 达到 f_t 后，也就是杆件变形超过相应 f_t 的变形值后，断裂区的变形按 σ—w 曲线增加，断裂区外各点的变形按 σ—ε 曲线卸载段减小。随着杆件变形的增加，断裂区内微裂缝不断增加，这相当于混凝土不断变“软”，即产生单位变形所需的力不断减小，σ—w 曲线是断裂区的变形特性，被称为拉伸软化曲线。虚拟裂缝模型中，假设断裂区的宽度 h 为零，这样变形后断裂区的宽度等于附加变形 w，因此，可将断裂区视为宽度为 w 的约束裂缝。约束裂缝的特点是可传递拉应力，拉应力的数值可根据裂缝的宽度 w 按拉伸软化曲线 σ—w 确定。实际上，约束裂缝不是真实裂缝，是一段虚拟的裂缝。

虚拟裂缝（约束裂缝）传递裂缝尖端拉应力的过程以及应力分布可用图 8.3（a）、（b）表示。其中图 8.3（a）表示裂缝扩展前裂缝前缘按虚拟裂缝模型得到的应力分布；图 8.3（b）表示裂缝扩展后，原虚拟裂缝一部分成为新形成的真实裂缝，虚拟裂缝缝端随之向前移动，其相应的应力分布也如该图所示。

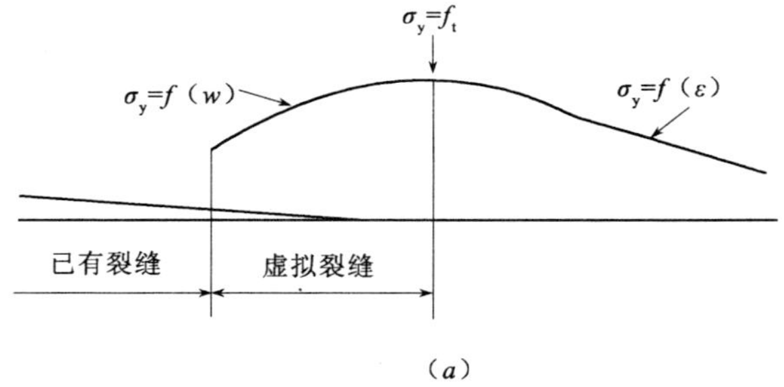

（a）

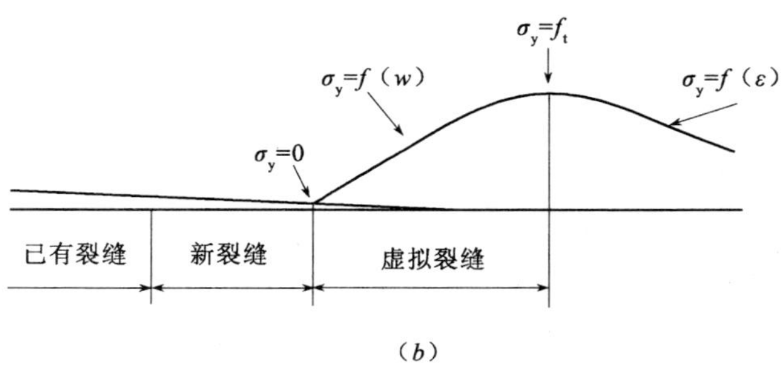

（b）

图 8.3　裂缝扩展与裂缝尖端应力分布

8.1.2　断裂能的概念与测试计算

1. 断裂能的概念

在混凝土断裂力学的研究过程中，大量试验已证实：混凝土并非完全脆性材料，混凝土试件在加荷到一定程度时，宏观裂缝的端部，将产生一个像金属材料缝端塑性区那样的微裂缝区。试件在达到抗拉强度后并不立即断开，而是按拉应变软化曲线来传递应力，只有当应变达到混凝土软化曲线的极限值时，试件才完全断开。在试件的断裂过程中，断裂区内外都将吸收能量[7]。对于直接拉伸试验，图 8.2（*d*）中的曲线（软化曲线）与坐标轴所包围的面积即为虚拟裂缝吸收的能量，它是混凝土断裂区损伤破坏中所吸收的能量，即断裂区单位横截面上所消耗（吸收）的能量。当杆件断裂后，外力 P 在杆件上消耗的功 W_z 为：

$$W_z = P\Delta L_B = AL\int \sigma \mathrm{d}\varepsilon + A\int \sigma \mathrm{d}w \tag{8-3}$$

式中　A——杆件截面面积。其他符号含义同前。

式（8-3）的第一项是由于存在不可恢复的变形而使杆件 B 段整个体积吸收的功。如用 W_1 表示式（8-3）中的第一项，则：

$$W_1 = AL\int_0^f (\varepsilon_{卸} - \varepsilon_{加})\mathrm{d}\sigma \tag{8-4}$$

式中　$\varepsilon_{卸}$——σ—w 曲线卸载段的应变；

$\varepsilon_{加}$——σ—w 曲线加载段的应变。

B 段单位体积吸收的外力功等于图 8.2（c）中的加载曲线和卸载曲线所包围的面积。如果 $\varepsilon_{卸}=\varepsilon_{加}$，则 $W_1=0$。式（8-3）的第二项为整个断裂区吸收的外力功。如用 W_2 表示式（8-3）中的第二项，则：

$$W_2 = A\int_0^{w_0} \sigma \mathrm{d}w \tag{8-5}$$

式中　w_0——附加变形的最大值。

用 G_F 表示断裂区单位面积吸收的外力功，则：

$$G_F = \int_0^{w_0} \sigma \mathrm{d}w \tag{8-6}$$

式中　G_F——混凝土的断裂能。

G_F 表示为使裂缝扩展单位面积外界所需提供的能量。断裂能 G_F 与混凝土的配合比、强度、集料的种类和粒径、水泥标号等有关，是一个表征材料特性的参数，G_F 要通过混凝土断裂试验确定。

2. 断裂能的测试计算

测定 G_F 的直接方法是单轴拉伸断裂试验。但是该方法对于试验设备要求较高：要有位移控制的电液伺服式刚性万能实验机或是采用必要的附加工具（完全刚性的试验机架）来提高试验机刚度；在试验过程中要保证试验稳定进行，试件变形比较缓慢，所以完成稳定的直接拉伸断裂试验是非常困难的。另外，诸如试件的偏心受荷、初始应力的存在等因素也影响了试验的稳定性。所以 RILEM 建议采用带切口的三点弯曲梁来测定断裂能[8]，该方法操作简便，可在一般试验室进行测定。图 8.4 是三点弯曲切口梁测试断裂能的示意图，从切口梁的三点弯曲试验中可得到一条稳定的荷载—挠度曲线（图 8.5），曲线下的面积表示总能量，它是混凝土梁中的裂缝扩展时所吸收（消耗）的总能量，若梁截面积已知，可以求出断裂能 G_F。这一方法忽略了断裂面以外混凝土吸收的能量部分，也忽略了压头、支座弹性变形所吸收的能量[9]。

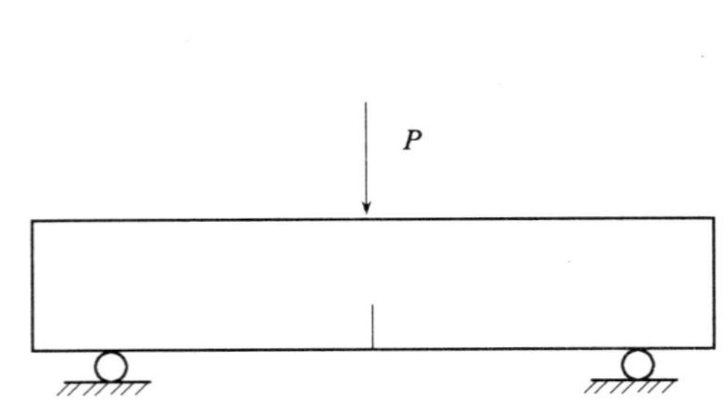

图 8.4　三点弯曲切口梁受荷

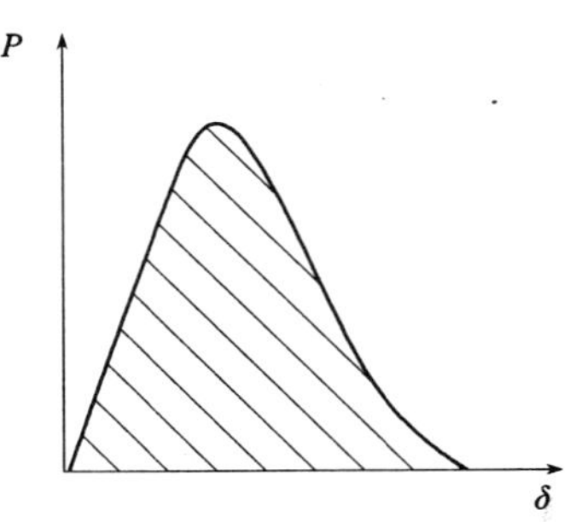

图 8.5　三点弯曲切口梁荷载—挠度曲线

在试验时，不仅有荷载作用于梁上，而且还有梁的自重及试验中一些设备的重量，因此，计算断裂能时要考虑作用在试件上的外荷载做的功（外力功）即试件的荷载—挠度曲线下的面积、支座间试件系统（试件以及与试验机不相连但一直作用在试件上的加荷附件）重力做的功（重力功）[10]，即全部作用力做功（总功），如图 8.6 所示。

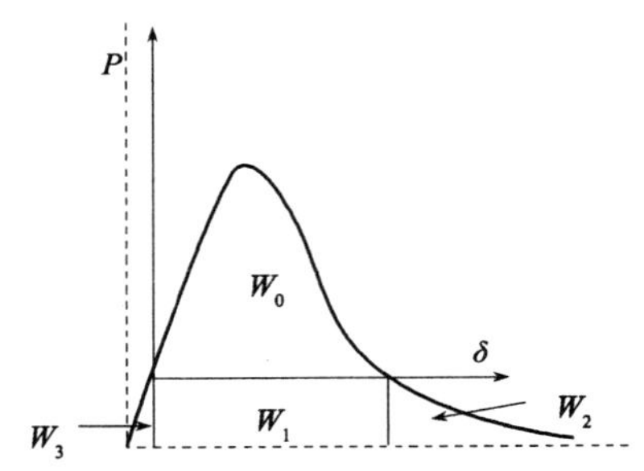

图 8.6　全部作用力做功下荷载—挠度曲线

要使图 8.4 所示的切口梁完全断裂需做的功为：

$$W_z = W_0 + W_1 + W_2 + W_3 \tag{8-7}$$

式中　W_0——施加于三点弯曲切口梁跨中处外荷载 P 所做外力功；

W_1（W_2、W_3）——试件系统重力做的功。

其中 W_3 很小可以忽略不计，$W_1 \approx W_2$[11]。那么，使切口梁断裂的做功值为：

$$W_z = W_0 + 2W_1 \tag{8-8}$$

$$W_1 = \left(\frac{1}{2}m_1 g + m_2 g\right)\delta_{max} \tag{8-9}$$

式中　m_1——支座间切口梁的质量，kg；

m_2——与试验机不相连但一直作用在试件上的加荷附件的质量，kg；

g——重力加速度，m/s^2；

δ_{max}——跨中最大挠度，m。

断裂能的计算公式为：

$$G_F = \frac{W_z}{A_{lig}} = \frac{W_0 + W_g}{A_{lig}} \tag{8-10}$$

式中　W_g——切口梁与加载附件自重所做的重力功，N·m，$W_g = 2W_1$；

A_{lig}——梁的韧带净面积，m^2，$A_{lig}=(W-B)a_0$；

W——试件高度，m；

B——试件宽度，m；

a_0——初始裂缝高度，m。

断裂能是混凝土软化曲线与坐标轴包围的面积，通过软化曲线可以确定断裂能的大小，也可以通过混凝土三点弯曲切口梁试验测得的荷载—挠度曲线，采用式（8-10）求得混凝土的断裂能。

8.2　混凝土与钢纤维混凝土断裂能研究概况

8.2.1　混凝土断裂能

混凝土的断裂过程是一个比较复杂的力学过程，在此过程中包含着能量的转移。建立在虚拟裂缝模型基础上的软化断裂能概念可以反映混凝土的断裂性能。国内外对于混凝土断裂能的研究非常广泛。

Hillerborg 在虚拟裂缝模型的基础上提出了断裂能的概念，指出它是考虑混凝土软化特性的断裂参数，是描述混凝土断裂特征的重要参数之一；在对混凝土断裂能试验方法对测试结果准确性和可信度的影响程度分析的基础上，认为单轴直接拉伸试验测试混凝土断裂能难以实现；试验测得的荷载—挠度曲线的尾部曲线随试验的进行而逐渐平缓，并无限接近于挠度轴。这一现象不仅导致该曲线下的面积计算更为困难和带来更大的误差，而且导致测试时间延长，同时使试验方法更加复杂，严重降低了断裂能的测试效率[8]。

Petersson[2] 和 Barmeshuber[12] 采用有限元分析的方法研究了断裂区周围的能量耗散。前者研究后认为：断裂区周围应力场对实测断裂能有一定的影响，断裂能值随试件尺寸增大而增大；非线性应力—应变场的范围越大，试件消耗在断裂区外的塑性能越多，高度为 200mm 梁的塑性能比 50mm 的高一倍，由此可知，大试件的实测断裂能值有些偏高。后者研究认为：随断裂过程区的发展，韧带外的非线性变形增大，所消耗的能量也增大，大约有 10% 的总断裂能是由这种非线性变形所消耗。由此可知，断裂能并非常数，即存在尺寸效应。文献［13］研究了混凝土集料体积率对断裂能的影响，试验表明：集料体积率的增加，并不会促使断裂能有明显的增加。文献［14］通过楔入劈拉试验研究了韧带高度对断裂能的影响，试验表明：随着韧带高度的增加，断裂能有增大的趋势。

文献［15］通过在普通材料压力试验机上附设菱形框架的方法成功地进行了混凝土直接拉伸试验，通过试验获得了稳定的应力—应变全曲线，研究表明：断裂能随着混凝土抗拉强度的提高而增大，用直接拉伸法测得的断裂能仍然具有尺寸效应。文献［16］研究了粗骨料最大粒径对混凝土断裂能的影响，研究表明：混凝土断裂能随骨料最大粒径（d_{max}）的变化而变化。当 $d_{max}\leqslant 40$mm 时，断裂能随骨料最大粒径的增大而增大；当 $40\text{mm}<d_{max}\leqslant 150$mm 时，断裂能随骨料最大粒径的增大而减小，并趋于稳定值。文献［15，17～19］研究了混凝土强度对于断裂能的影响，研究显示：对高性能混凝土来说，特别是掺混合料的高性能混凝土，断裂能与抗压强度之间的单调增加关系可能不再存在；当试件尺

寸相同时，随着抗拉强度的提高，断裂能也明显增大；高强度混凝土断裂能不随强度值发生变化，且具有较小值；中强度和一般强度混凝土断裂能随强度值增加而略微增加，且具有较大值。文献［20］在分析三点弯曲法测量混凝土断裂能误差来源的基础上，对试验机系统进行特殊设计，可以排除绝大多数误差来源。荷载—挠度曲线下降段被截断的尾部曲线对断裂能测量结果的影响较大，采用荷载—挠度曲线下降段尾部曲线的形式估算被截断的尾部曲线对断裂能测量结果的影响，基本上解释了断裂能测量结果的尺寸效应现象。

8.2.2 钢纤维混凝土断裂能

混凝土是一种准脆性材料，把钢纤维掺入混凝土，制成钢纤维混凝土，发挥钢纤维对混凝土的阻裂、增强和增韧作用，是改善混凝土脆性的有效方法。文献［21］对钢纤维大骨料混凝土研究表明：随钢纤维体积率的增加，钢纤维混凝土断裂能明显提高。与基体混凝土相比，当钢纤维体积率为0.5%、0.77%、1.0%、1.25%时，7d龄期的钢纤维混凝土断裂能提高幅度分别达567%、774%、833%、991%，28d龄期时提高幅度分别达514%、654%、681%、776%。钢纤维混凝土的断裂能随龄期的增长而提高。文献［22］通过对钢纤维高性能混凝土切口梁进行三点弯曲试验后认为，钢纤维混凝土断裂能表征了混凝土梁在整个弯曲过程中能量消耗的平均值，而弯曲韧性指标可完全描述梁挠度在2.7mm范围内力学性能的变化趋势。综合使用弯曲韧性指标和断裂能，才能更完整地描述混凝土三点弯曲切口梁在整个弯曲过程中的受力与破坏特征。文献［23］对钢纤维混凝土性能研究表明，钢纤维增强混凝土和普通混凝土相比较，断裂能显著提高，增大48倍。断裂能包括了混凝土亚临界扩展过程及其他非线性因素，更能说明钢纤维混凝土的断裂过程。文献［24］采用单轴拉伸、三点弯曲和楔入劈拉三种试验模型分别进行纤维混凝土及素混凝土材料的抗裂性能试验，对比分析两种材料的试验结果，发现在混凝土中掺入一定量的钢纤维，其断裂能数值相比素混凝土材料明显提高，尤其在受弯曲荷载时，变形能力和断裂能增强最显著。

目前，用三点弯曲法进行混凝土的断裂能研究较多，但是对于HSC以及SFHSC断裂能的研究非常有限，未成体系，试验得到的结论也不一致，不能全面反映HSC与SFHSC的断裂性能。因此，本章在试验基础上，研究初始裂缝制作方法、相对切口深度（a_0/W）、粗骨料最大粒径（d_{max}）、水灰比（W/C）以及钢纤维体积率（ρ_f）对SFHSC及其对比组HSC重力功、外力功和断裂能的影响，建立SFHSC与HSC的断裂能统一计算模式。

8.3 作用力功及断裂能试验结果

断裂能采用式（8-10）计算。文献［25］认为，采用三点弯曲法测量混凝土的断裂能，试件自重对测量结果有很大影响，如果对试件自重处理不当，会严重影响混凝土断裂能测量的精度和效率。公式（8-10）中的第二项W_g表示重力功，包含了切口梁与加载附件自重所做的功，从式（8-9）可以看出这个量与切口梁试件跨中最大挠度δ_{max}有关。钢纤维掺入混凝土后，钢纤维与混凝土基体间的桥联作用强弱、钢纤维的拔出量多少对断裂能的大小有直接影响[26]。三点弯曲法得到的钢纤维混凝土切口梁的荷载—挠度曲线呈逐渐下降的趋势，而不像普通混凝土近于直线下降[23]。钢纤维使钢纤维混凝土切口梁荷载一挠度曲线的峰值后曲线变得平缓，极限挠度值较素混凝土有明显的提高[27]。这些研究成果说明，在计算 SFHSC 断裂能时，由于δ_{max}的值较普通混凝土大许多；同时，在钢纤维体积率较大时，试件的自重相对较大，得到的重力功也大。从式（8-10）可以看出，外力功与重力功之和构成作用力做功，因此，研究重力功和外力功对于断裂能的贡献是很有必要的。

使三点弯曲切口梁试件断裂破坏需要的作用力做功（W_z）主要包括重力功（W_g）和外力功（W_0）。表 8.1 为 HSC 和 SFHSC 的功、能试验结果，其中，G_{fF}表示 SFHSC 断裂能；G_{0F}表示 HSC 断裂能；W_g/W_z，W_0/W_z 分别表示重力功、外力功所占作用力做功的比例，也就是部分功占总功的比例。

三点弯曲切口梁试件功、能试验结果　　**表 8.1**

试件编号	ρ_f（%）	a_0/W	W_g/J	W_0/J	G_{fF}（G_{0F}）（$N \cdot m^{-1}$）	W_g/W_z	W_0/W_z
MF05-2	0.5	0.2	0.963	2.877	479.920	0.251	0.749
MF05-0-2	0.0	0.2	0.177	1.338	189.384	0.117	0.883
MF10-2	1.0	0.2	1.613	7.978	1198.953	0.168	0.832
MF10-0-2	0.0	0.2	0.219	1.187	175.662	0.156	0.844
MF15-2	1.5	0.2	1.737	9.635	1421.432	0.153	0.847
MF15-0-2	0.0	0.2	0.218	1.243	182.581	0.149	0.851
MF20-2	2.0	0.2	2.143	18.904	2630.861	0.102	0.898
MF20-0-2	0.0	0.2	0.168	1.363	191.355	0.110	0.890
MF05-3	0.5	0.3	0.566	2.478	434.745	0.186	0.814
MF05-0-3	0.0	0.3	0.158	0.675	119.037	0.190	0.810
MF10-3	1.0	0.3	1.408	6.107	1073.654	0.187	0.813
MF10-0-3	0.0	0.3	0.190	0.957	163.872	0.166	0.834
MF15-3	1.5	0.3	1.864	7.949	1401.717	0.190	0.810
MF15-0-3	0.0	0.3	0.130	1.086	173.674	0.107	0.893
MF20-3	2.0	0.3	2.244	13.881	2303.480	0.139	0.861
MF20-0-3	0.0	0.3	0.145	1.086	175.914	0.118	0.882
MF05-4	0.5	0.4	0.571	1.918	414.832	0.230	0.770
MF05-0-4	0.0	0.4	0.150	0.649	133.180	0.187	0.813
MF10-4	1.0	0.4	1.591	4.650	1040.245	0.255	0.745
MF10-0-4	0.0	0.4	0.197	0.916	185.536	0.177	0.823
MF15-4	1.5	0.4	1.664	6.589	1375.543	0.202	0.798
MF15-0-4	0.0	0.4	0.225	0.814	173.191	0.217	0.783
MF20-4	2.0	0.4	2.177	11.273	2241.596	0.162	0.838
MF20-0-4	0.0	0.4	0.220	0.786	167.639	0.219	0.781
MF05-5	0.5	0.5	0.457	1.266	344.537	0.265	0.735
MF05-0-5	0.0	0.5	0.122	0.440	112.468	0.217	0.783

续表

试件编号	ρ_f（%）	a_0/W	W_g/J	W_0/J	G_{fF}（G_{0F}）（N·m^{-1}）	W_g/W_z	W_0/W_z
MF10-5	1.0	0.5	1.234	3.572	961.076	0.257	0.743
MF10-0-5	0.0	0.5	0.176	0.629	160.901	0.219	0.781
MF15-5	1.5	0.5	1.384	5.010	1278.725	0.216	0.784
MF15-0-5	0.0	0.5	0.164	0.562	145.046	0.226	0.774
MF20-5	2.0	0.5	1.913	8.628	2108.246	0.182	0.818
MF20-0-5	0.0	0.5	0.146	0.554	140.090	0.209	0.791
MF10a-4	1.0	0.4	1.532	4.444	996.024	0.256	0.744
MF10a-0-4	0.0	0.4	0.122	0.835	159.465	0.128	0.872
MF10b-4	1.0	0.4	1.202	5.347	1091.619	0.184	0.816
MF10b-0-4	0.0	0.4	0.218	1.243	243.442	0.149	0.851
MF05g0-2	0.5	0.2	0.890	3.782	583.969	0.190	0.810
MF05g0-0-2	0.0	0.2	0.128	0.835	120.267	0.133	0.867
MF05g10-2	1.0	0.2	0.737	3.607	542.935	0.170	0.830
MF05g10-0-2	0.0	0.2	0.069	1.083	144.098	0.060	0.940
MF15g0-2	1.5	0.2	1.944	23.754	3212.200	0.076	0.924
MF15g0-0-2	0.0	0.2	0.122	0.835	119.599	0.128	0.872
MF15g10-2	1.5	0.2	2.032	10.130	1520.275	0.167	0.833
MF15g10-0-2	0.0	0.2	0.149	0.968	139.662	0.134	0.866
MF05Y-4	0.5	0.4	0.415	1.330	290.833	0.238	0.762
MF05Y-0-4	0.0	0.4	0.123	0.616	123.167	0.166	0.834
MF10Y-4	1.0	0.4	0.852	2.835	614.500	0.231	0.769
MF10Y-0-4	0.0	0.4	0.124	0.691	135.833	0.152	0.848
MF15Y-4	1.5	0.4	0.970	5.171	1023.500	0.158	0.842
MF15Y-0-4	0.0	0.4	0.115	0.663	129.667	0.148	0.852
MF20Y-4	2.0	0.4	1.726	9.823	1924.833	0.149	0.851
MF20Y-0-4	0.0	0.4	0.135	0.810	157.500	0.143	0.857

表注：试件编号同第4章表4.1～表4.4。

8.4 作用力功及断裂能影响因素

8.4.1 初始裂缝制作方式

图8.7（a）、（b）反映了三点弯曲切口梁试件初始裂缝制作方法对SFHSC及其对比组HSC重力功（W_g）、外力功（W_0）以及断裂能（G_{fF}、G_{0F}）的影响。C表示切割试件法所得功、能与预制裂缝法所得功、能比值。结合表8.1和图8.7（a）可以看出，不同钢纤维体积率下的对比组HSC重力功的C值依次为：1.216、1.589、1.957和1.628，平

均值为 1.598。外力功的 C 值依次为：1.054、1.326、1.228 和 0.970，平均值为 1.145。断裂能的 C 值依次为：1.081、1.366、1.336 和 1.064，平均值为 1.212。在图 8.7（*b*）中，不同钢纤维体积率下的 SFHSC 重力功的 C 值依次为：1.377、1.868、2.157 和 1.261，平均值为 1.666。外力功的 C 值依次为：1.442、1.640、1.589 和 1.148，平均值为 1.455。断裂能的 C 值依次为：1.426、1.693、1.344 和 1.165，平均值为 1.407。可见所有情况下的 C 值远大于 1，说明切割试件法所得功、能均比预制裂缝法所得功、能大，初始裂缝制作方法对功、能有很大影响。从对试验结果的统计分析来看，只有在个别点处，C 值在 1 附近变化，初始裂缝制作方法对重力功的影响最大，对断裂能的影响次之，对外力功的影响相对最小，这种影响趋势对于 SFHSC 更为明显。

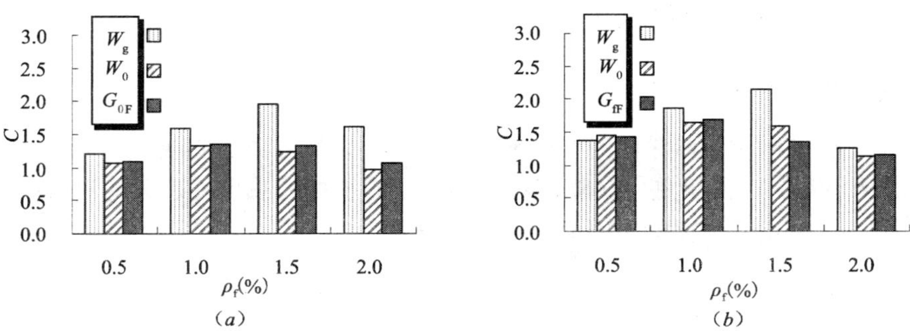

图 8.7　不同初始裂缝制作方法对 HSC 与 SFHSC 功、能的影响

（*a*）HSC；（*b*）SFHSC

图 8.8（*a*）、（*b*）是切口梁试件初始裂缝制作方法对 SFHSC 及其对比组 HSC 重力功、外力功所占作用力做功的比例（部分功比总功）的影响。C 表示切割试件法所得的部分功与总功比与预制裂缝法所得部分功与总功比的比值。结合表 8.1 和图 8.8（*a*）可以看出，对于 HSC，W_g/W_z 的 C 值依次为：1.125、1.163、1.465 和 1.530，平均值为 1.321。W_0/W_z 的 C 值依次为：0.975、0.971、0.919 和 0.912，平均值为 0.944。在图 8.8（*b*）中，对于 SFHSC，W_g/W_z 的 C 值依次为：0.965、1.103、1.285 和 1.083，平均值为 1.109。W_0/W_z 的 C 值依次为：1.011、0.969、0.946 和 0.985，平均值为 0.978。

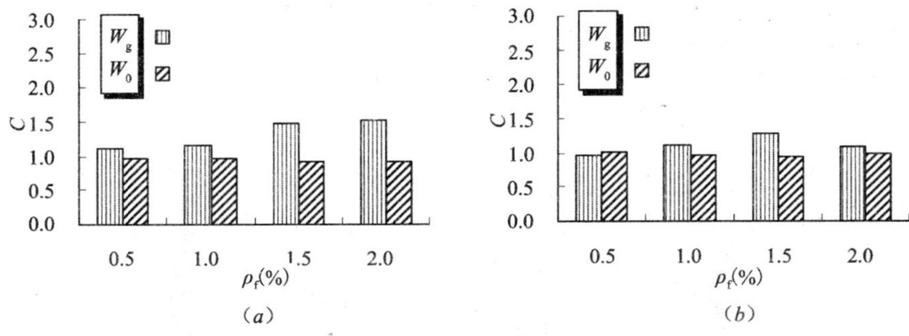

图 8.8　初始裂缝制作方法对 HSC 和 SFHSC 部分功与总功比的影响

（*a*）HSC；（*b*）SFHSC

图 8.7 表明，初始裂缝制作方法对于 HSC 与 SFHSC 重力功、外力功和断裂能的影响是比较显著的。图 8.8 表明，初始裂缝制作方法对于部分功与总功的比值影响不如对部分

功的影响显著，特别是对于外力做功与总功的比值而言。对于 HSC，W_0/W_z 的 C 值与 1 最小相差仅为 2.5%，最大相差 8.8%；对于 SFHSC，最小相差为 1.1%，最大相差为 5.4%。这说明三点弯曲法测试 HSC 与 SFHSC 断裂能时，在相对切口深度为 0.4 时，初始裂缝制作方法对于外力做功所占比重的影响是不显著的。或者说，对于相对切口深度为 0.4 的三点弯曲切口梁试件，不论采用预制初始裂缝的方式还是切割初始裂缝的方式，作用力功在总功中所占的比重是一定的，也就是说图 8.6 中 W_0 所包括的区域面积占总区域的比例为定值。两种初始裂缝制作方法对于作用力功的影响表现为：图 8.6 中总区域的面积大小有所不同，从试验结果来看，采用切割法测得作用力做功（总功）大于预制法得到的作用力功，因此，得到的断裂能也是前者大于后者。图 8.7 中断裂能的 C 值就是两种方法下的图 8.6 中总面积大小的比值。

8.4.2 相对切口深度

图 8.9 反映了相对切口深度对 SFHSC 对比组 HSC 重力功的影响。可以看出：除钢纤维体积率为 0.5% 的对比组重力功随相对切口深度的增加而减少外，其他对比组 HSC 的重力功随相对切口深度变化规律不明显。

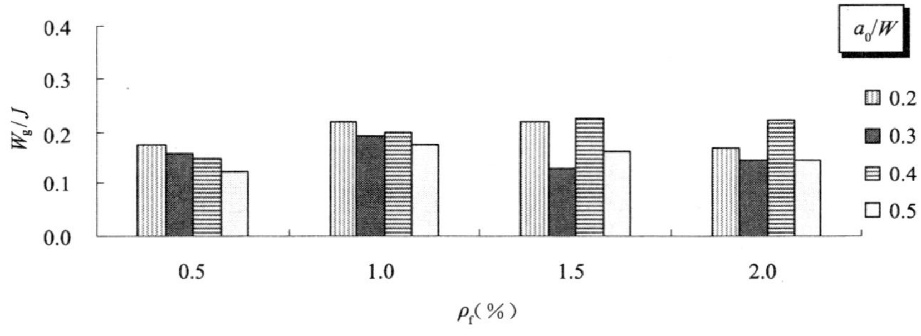

图 8.9 a_0/W 对 HSC 重力功的影响

图 8.10 是相对切口深度对对比组 HSC 外力功的影响。可以清楚地看到，外力功随相对切口深度的增加而减少。在钢纤维体积率为 1.5% 和 2.0% 时，随相对切口深度增大外力做功减少量比较均匀，钢纤维体积率为 1.5% 时，相对切口深度从 0.2 到 0.5 变化，外力功依次减少 0.158、0.271 和 0.253；钢纤维体积率为 2.0% 时，外力功分别依次减少 0.277、0.300 和 0.232。

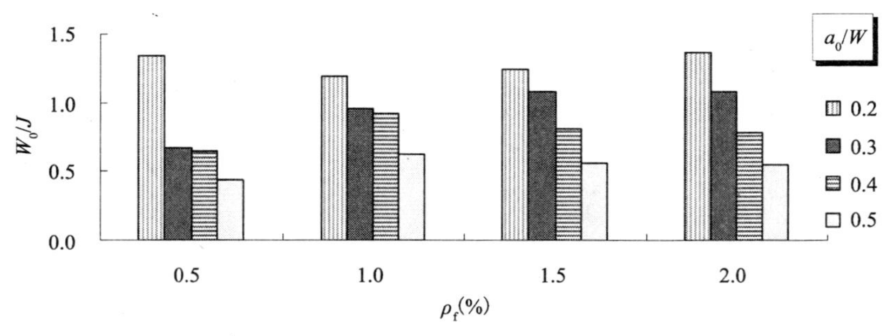

图 8.10 a_0/W 对 HSC 外力功的影响

图 8.11 反映了相对切口深度对对比组 HSC 重力功与外力功占作用力功（总功）比例的影响。图 8.11 中，从左到右依次为钢纤维体积率为 0.5%，1.0%，1.5% 和 2.0% 的对比组 HSC 重力功和外力功所占总功的比例，每一种钢纤维体积率下对应 4 种相对切口深度。结合表 8.1 和图 8.11 可以看出，每一种钢纤维体积率下的对比组 HSC 重力功所占总功的比例都不超过 25%。

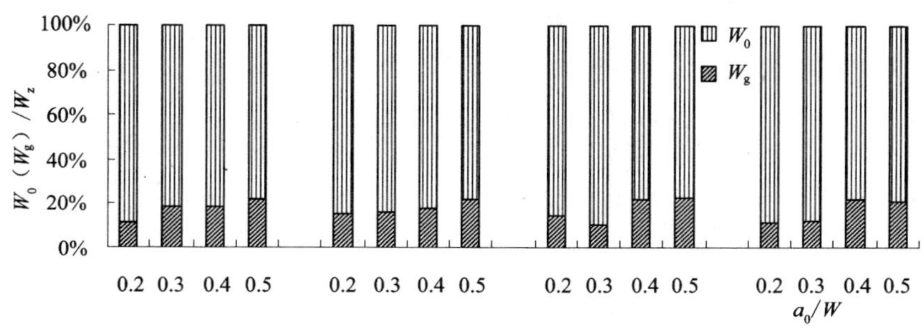

图 8.11　a_0/W 对 HSC 部分功占总功比例的影响

图 8.12 反映了相对切口深度对于对比组 HSC 断裂能的影响。可以看出，钢纤维体积率为 1.5% 和 2.0% 时的对比组 HSC，随着相对切口深度的增加，断裂能逐渐减少。

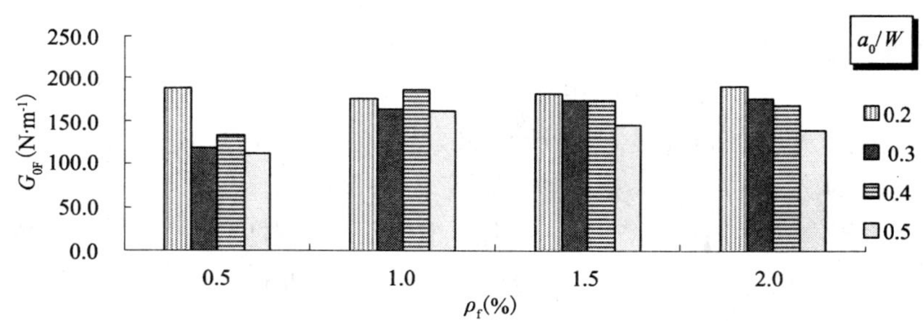

图 8.12　a_0/W 对 HSC 断裂能的影响

从图 8.9～图 8.12 可知，尽管随相对切口深度的增加重力功变化的规律性不明显，但重力功在总功中所占的比例要远低于外力功占总功的比例，最多仅占不到 1/4，因此决定总功大小的是外力功；断裂能作为总功与切口梁韧带净面积的比值，若在总功一定的时候，则应切口深度越深，断裂能越大，但从试验数据来看，断裂能随相对切口深度的增加呈现了减少的趋势，这种趋势和外力功的变化趋势一致，因为切口深度越深，试件承受的峰值荷载越小（第 6 章表 6.2），总功值相对较小，抵消了韧带净面积减少对断裂能增加趋势的影响。

图 8.13 为相对切口深度对 SFHSC 重力功的影响。从图 8.13 中可以看出在钢纤维体积率为 0.5% 时，随着相对切口深度的增加，重力功减少；钢纤维体积率为 1.5% 和 2.0% 时，重力功先增后降。

图 8.14 为相对切口深度对 SFHSC 外力功的影响。从图 8.14 中可以看出，随着相对切口深度的增加，外力功逐渐呈现减少的趋势。

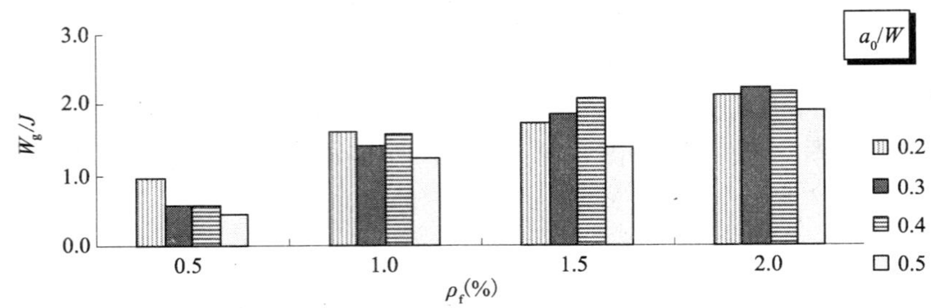

图 8.13　a_0/W 对 SFHSC 重力功的影响

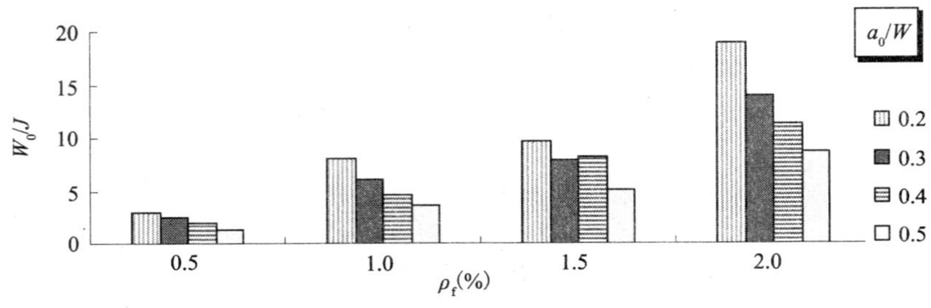

图 8.14　a_0/W 对 SFHSC 外力功的影响

从图 8.13、图 8.14 也可以看出，SFHSC 重力功与外力功较对比组 HSC（图 8.9、图 8.10）有了较大的增加，重力功最大增加 15.434 倍（钢纤维体积率为 2.0%，相对切口深度为 0.3）；外力功最大增加 15.572 倍（钢纤维体积率为 2.0%，相对切口深度为 0.4）。

图 8.15 反映了相对切口深度对 SFHSC 重力功与外力功占作用力功（总功）比例的影响。图 8.15 中，从左到右依次为钢纤维体积率为 0.5%，1.0%，1.5% 和 2.0% 的 SFHSC 重力功和外力功所占总功的比例，每一种钢纤维体积率下对应 4 种相对切口深度。结合表 8.1 可以看出，每一种钢纤维体积率下的重力功所占总功的比例都不超过 27%。但对于 HSC 比较而言，除钢纤维体积率为 2.0% 外，重力功所占比例有所增加，特别是在钢纤维体积率较低时。钢纤维体积率相同时，随着相对切口深度的增加，重力功所占总功的比例逐渐增加，与之对应，外力功比例下降。

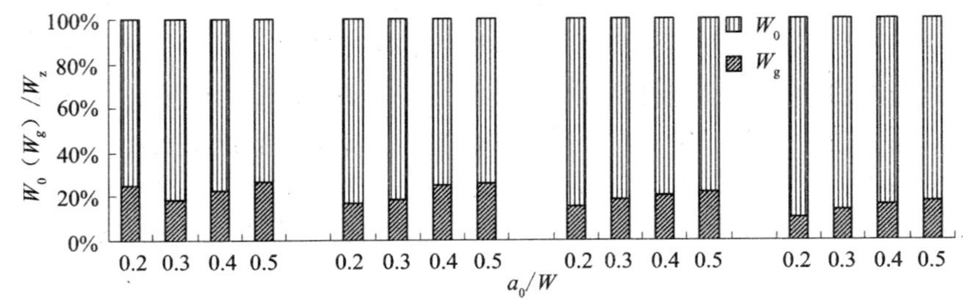

图 8.15　a_0/W 对 SFHSC 部分功占总功比例的影响

图 8.16 反映了相对切口深度对 SFHSC 断裂能的影响。从图 8.16 中可以看出随着相对切口深度的增加，不同钢纤维体积率下的 SFHSC 断裂能逐渐减少。但变化的幅度没有 HSC 大，呈现出比较平缓的减少趋势。

图 8.17（*a*），（*b*）是钢纤维体积率一定时，不同相对切口深度条件下，三点弯曲切

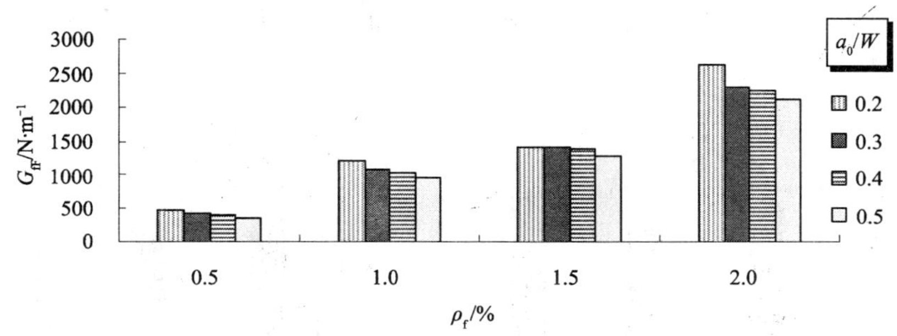

图 8.16　a_0/W 对 SFHSC 断裂能的影响

口梁在荷载作用下的典型的荷载—挠度曲线。从图 8.17 中可以看出，钢纤维掺入 HSC 以后，试件所能承受的最大荷载有了明显的提高，挠度增加更为显著。相对切口深度越大，峰值荷载减小，荷载—挠度曲线与坐标轴围成的面积减少，即外力做功值减小，这和图 8.10 与图 8.14 反映的结果完全一致。重力功是试件系统重力与荷载—挠度曲线最大挠度的乘积，从图 8.17 中可以看出，不同切口深度下的切口梁试件的最大挠度值并不完全与相对切口深度的变化趋势一致，再加上各试件的重量也有差异，因此，重力功的变化所表现出的规律性与外力功相比就差一些，这种特点在图 8.9 与图 8.13 中得到了反映，特别是在图 8.13 中，由于钢纤维掺入后与混凝土的桥联作用，使得试件在完全断裂之前能够获得相当大的挠度，但由于荷载此时已经极低了，因此由于挠度增加而获得的外力功增加很小，故而挠度的增加使得重力功获得显著的增加。在切口梁试件的其他条件都相同（如水灰比，钢纤维体积率），而相对切口深度不同时，由于钢纤维的上述作用使得切口深度差异不大的两个试件的最大挠度值大小很难有确定的变化趋势可言，因此 SFHSC 重力功随相对切口深度的变化规律就不好把握。如在图 8.13 中，不同钢纤维体积率下试件的重力功变化趋势完全不同。

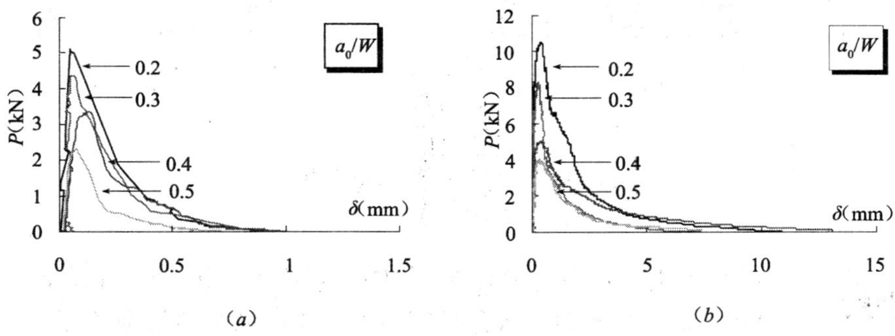

图 8.17　不同 a_0/W 下切口梁的典型荷载—挠度曲线

（a）HSC；（b）SFHSC

8.4.3　粗骨料最大粒径

图 8.18（a）、（b）为粗骨料最大粒径对钢纤维体积率为 0.5% 时的 SFHSC 及其对比组 HSC 重力功与外力功的影响。从图 8.18（a）可以看出随着粗骨料最大粒径的增加，重力功先减少后增加。图 8.18（b）是粗骨料最大粒径对于外力功的影响，从图中可以看

出：HSC 外力功随着粗骨料最大粒径的增加而增加，SFHSC 外力功随着粗骨料最大粒径的增加而减少。

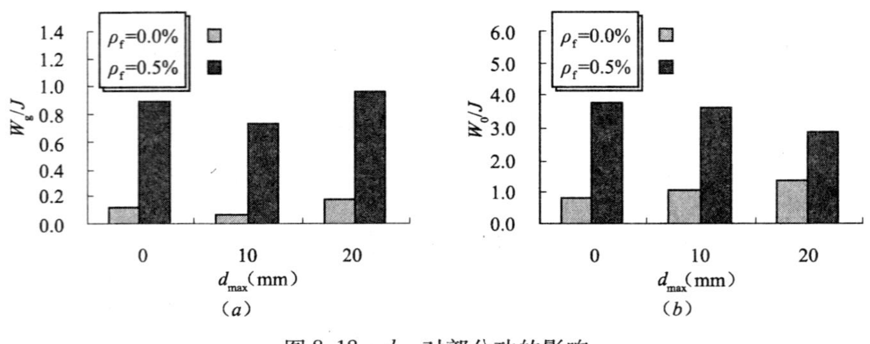

图 8.18 d_{max}对部分功的影响

(*a*) 重力功；(*b*) 外力功

图 8.19 (*a*)、(*b*) 为粗骨料最大粒径对钢纤维体积率为 1.5% 时的 SFHSC 及其对比组 HSC 重力功与外力功的影响。从图 8.19 (*a*) 可知，随着粗骨料最大粒径的增大，HSC 重力功逐渐增大，SFHSC 重力功先增后降。从图 8.18 (*b*) 可知，外力功随粗骨料最大粒径的变化趋势与图 8.18 (*b*) 所示的钢纤维体积率为 0.5% 时的情况基本一致。在钢纤维体积率为 1.5% 时，粗骨料最大粒径从 0mm 到 10mm 变化时，SFHSC 外力功降幅远高于钢纤维体积率为 0.5% 时的降幅，前者是后者的 70 余倍。

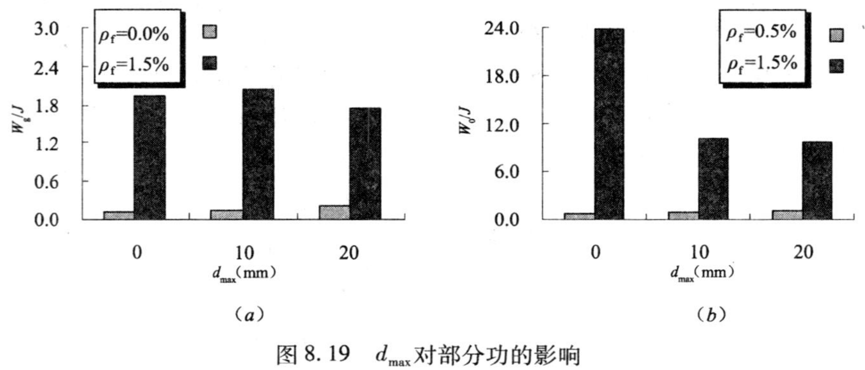

图 8.19 d_{max}对部分功的影响

(*a*) 重力功；(*b*) 外力功

图 8.20 (*a*)、(*b*) 为粗骨料最大粒径对 SFHSC 及其对比组 HSC 断裂能的影响。从图 8.20 (*a*) 可以看出，随着粗骨料最大粒径的增加，HSC 断裂能逐渐增加。文献 [28] 研究指出：当粗骨料最大粒径小于等于 40mm 时，断裂能随粗骨料最大粒径的增大而增大。从图 8.20 (*b*) 也可以得到相同的结论。从图 8.20 中可以看出不同钢纤维体积率下的 SFHSC 断裂能随粗骨料最大粒径的增大而减小。

从图 8.18 ~ 图 8.20 可知，SFHSC 及其对比组 HSC 的重力功随粗骨料最大粒径的变化规律性不强。对于 SFHSC，外力功随粗骨料最大粒径的增大而减小；对于 HSC，外力功随粗骨料最大粒径的增大而增大。两种钢纤维体积率下的断裂能随粗骨料最大粒径增大而变化的规律与外力功变化规律一致。

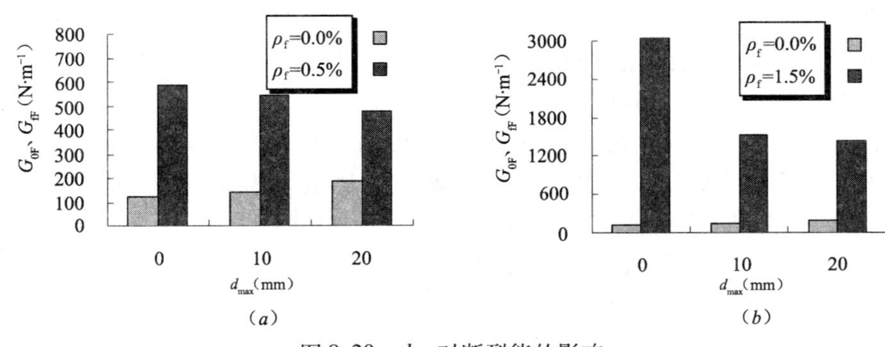

图 8.20　d_{max}对断裂能的影响

当裂缝扩展到骨料时，将穿过或绕过骨料扩展。对普通混凝土来说，骨料强度较骨料与硬化水泥浆体粘结强度大，裂缝一般绕过骨料扩展[29]。对于 HSC，粗骨料与硬化水泥浆的粘结性能良好，界面粘结力大于骨料强度，裂缝扩展遇到粗骨料阻挡时，往往会破裂粗骨料进行，即裂缝扩展会选择消耗能量少的方式进行。在试验结束后，观察试件断面就可以看到，大粒径的粗骨料发生断裂。骨料粒径越大，裂缝穿过所消耗的能量越大，因此，试件破坏需要的做功值增大，进而测得断裂能越大。

钢纤维掺入 HSC 后，在切口梁试件初始裂缝的前端扩展区域形成了阻裂带，裂缝受到粗骨料以及钢纤维的阻挡，或穿过粗骨料或绕过钢纤维，消耗的能量远远高于 HSC，因此试件破坏需要的总功值比较大，测得的断裂能较大。粗骨料粒径越大，钢纤维越不易分散均匀，阻裂效果降低，因此，随着粗骨料最大粒径的增加，功、能略有降低。但钢纤维体积率为 1.5%，粗骨料最大粒径为 0 时，测得的功、能都较其他两种粒径大的多，主要由于钢纤维在分布过程中，没有受到粗骨料的阻挡，能够相对均匀地分散在初始裂缝前端一定区域内，且数量较多，在裂缝扩展区域形成了钢纤维密集分布的阻裂带，裂缝在扩展过程中，不断绕过钢纤维阻挡，甚至穿过钢纤维扩展，扩展路径比较曲折，消耗能量很大。

8.4.4　水灰比

图 8.21 为水灰比对 SFHSC 及其对比组 HSC 重力功、外力功的影响。从图 8.21 中可以看出，随着水灰比的减少，HSC 的重力功逐渐增加，SFHSC 重力功先增后降。SFHSC 与 HSC 外力功的变化随水灰比的减小逐渐增大。

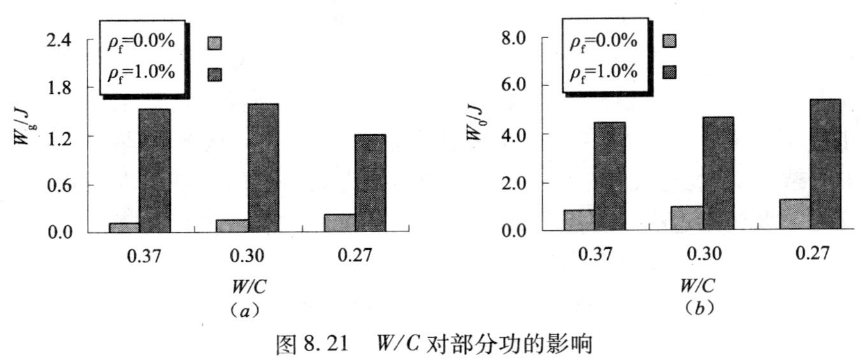

图 8.21　W/C 对部分功的影响

(a) 重力功；(b) 外力功

图8.22为重力功与外力功占总功的比例，左边三个柱状图为SFHSC，右边为HSC。对于SFHSC，重力功的比例相对较高，最高达25.637%，随着水灰比的减少，重力功占总功比例逐渐减少。对于HSC，重力功占总功比例较小，最大仅为17.698%，随着水灰比的减小，重力功占总功比例先增后降。外力功占总功比例随水灰比的变化趋势与重力功相反。图8.23为水灰比对SFHSC及其对比组HSC断裂能的影响。随着水灰比的减小，断裂能逐渐增加，但总体增幅不大。对于HSC，增长率较高，最大为31.210%；对于SFHSC，最大增长率仅为4.939%。图8.24（*a*），（*b*）是钢纤维体积率一定（1.0%），相对切口深度一定（0.4）条件下，三点弯曲切口梁在荷载作用下的典型的荷载—挠度曲线。

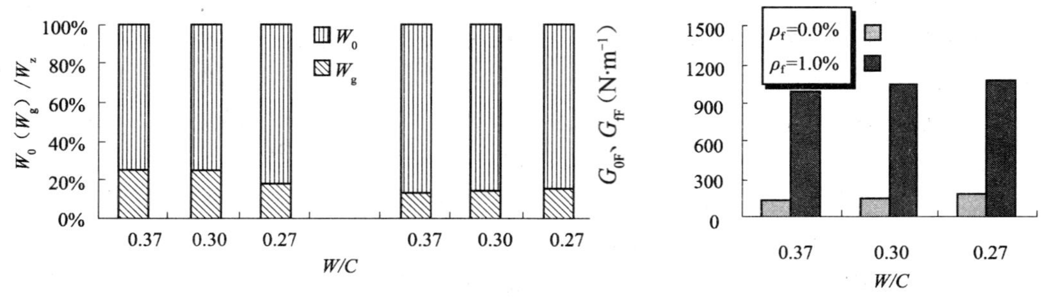

图8.22　*W/C*对部分功占总功比例的影响

图8.23　*W/C*对断裂能的影响

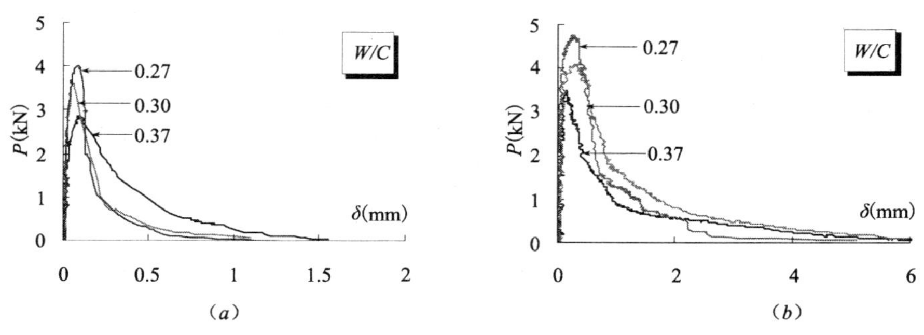

图8.24　不同*W/C*下切口梁的典型荷载—挠度曲线

（*a*）HSC；（*b*）SFHSC

文献[20]在研究了167个混凝土断裂能实测数据构成的数据库后认为：断裂能随水灰比的增加而减少。从图8.21～图8.23可知，外力功与断裂能的变化趋势一致，即随着水灰比的减少，呈现增大的趋势，尽管重力功的变化趋势不稳定，甚至在总功中的比重超过10%以上，但是对于断裂能变化起决定作用的是外力功。从图8.24（*a*）可以清楚地看到，水灰比越小，混凝土的脆性越大，在图中表现为：峰值荷载后的荷载—挠度曲线的下降段比较陡。水灰比越小，三点弯曲切口梁试件破坏时的极限荷载越大，虽然曲线比较“窄”，但是与坐标围成的面积即外力功却比较大，这与试验结果是一致的。图8.24（*b*）中，SFHSC的曲线与坐标轴围成的面积要远大于同水灰比的对比组HSC，试件破坏时的挠度值比较大，表现出较好的延性性能。

8.4.5　钢纤维体积率

在制作 SFHSC 三点弯曲切口梁试件时，由于钢纤维体积率的不同，单位体积对比组 HSC 中掺入的粗骨料数量有所不同，因此，不同体积率下的 HSC 功、能会有差异。

图 8.25～图 8.28 为钢纤维体积率对于对比组 HSC 重力功、外力功、做功比例及断裂能的影响。从图 8.25 和图 8.26 可知，在相对切口深度一定的情况下，钢纤维体积率对重力功与外力功的影响规律性不强。从图 8.27 可知，相对切口深度较小（0.2，0.3），重力功占总功的比例越小，且规律性不明显；相对切口深度越大（0.4，0.5），重力功占总功的比例较大，且较为稳定，即重力功与外力功的比例比较稳定，钢纤维体积率对重力功与外力功所占总功的比例影响不大。从图 8.28 可知，相对切口深度为 0.2 时，不同钢纤维体积率下的 HSC 断裂能相差不大；相对切口深度为 0.3、0.4 和 0.5 时，钢纤维体积率为 0.5% 的情况下，断裂能较小。

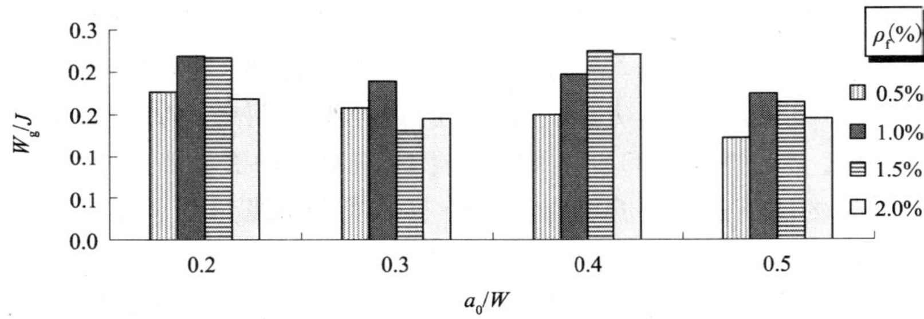

图 8.25　ρ_f 对 HSC 重力功的影响

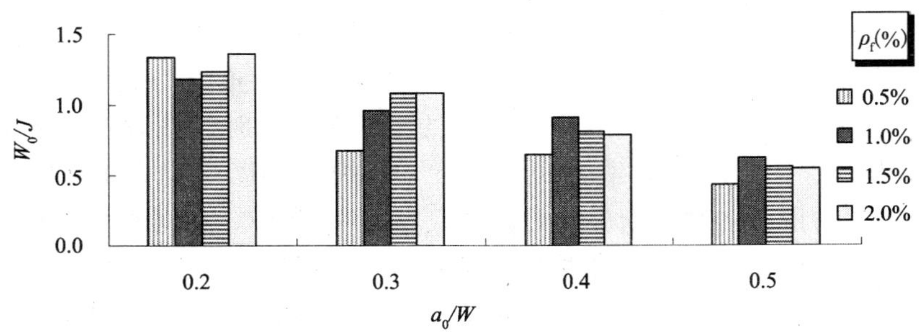

图 8.26　ρ_f 对 HSC 外力功的影响

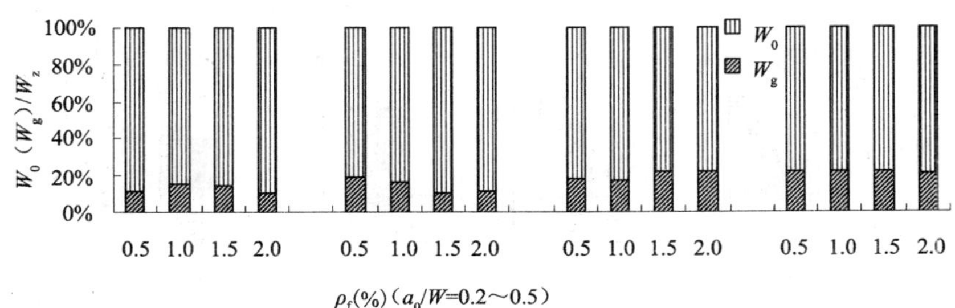

图 8.27　ρ_f 对 HSC 部分功占总功比例的影响

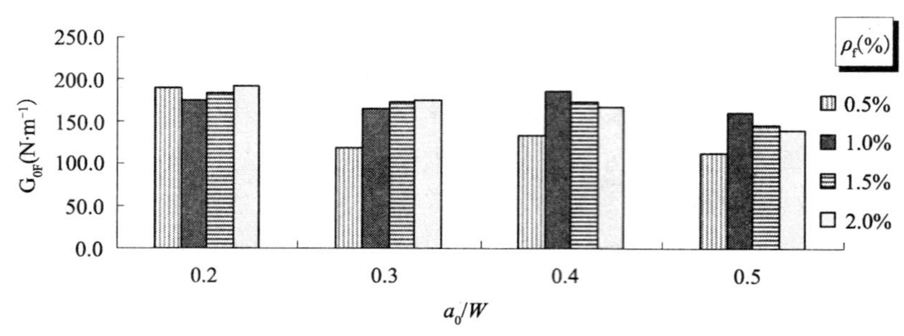

图 8.28 ρ_f 对 HSC 断裂能的影响

图 8.29 ~ 图 8.32 为钢纤维体积率对于 SFHSC 重力功、外力功、做功比例及断裂能的影响。从图中可知，相对切口深度一定，重力功、外力功及断裂能都随钢纤维体积率的增大而增加。重力功在从 0.5% 的钢纤维体积率增加到 1.0% 时，增幅最大，增长 178.552%（$a_0/W=0.4$）；重力功在从 1.5% 的钢纤维体积率增加到 2.0% 时，增幅最大，增长 96.209%（$a_0/W=0.2$）。随着钢纤维体积率的增大，重力功在总功中的比例逐渐下降，外力功的比例逐渐提升，在典型荷载—挠度曲线图中（图 8.33），钢纤维体积率越大，峰值荷载越高，曲线与坐标轴围成的面积（外力功）越大，尽管与试件系统重力做功有关的最大挠度值有所增加，但其增加的幅度要小于外力功，因此外力功比例逐渐增加。断裂能与外力功的变化趋势比较一致，最大增长 85.085%（$a_0/W=0.2$），与外力功增长相差为 11.124%，增长率的变化是重力功影响的结果。这从做功比例图中也可以看出，图中最左部分的 4 个柱状图为，相对切口深度为 0.2 时重力功与外力功所占总功比例，从钢纤维体积率为 1.5% 到 2.0%，重力功变化幅度较小。钢纤维体积率从 0.5% 到 1.0% 变化，重力功变化的幅度大，此时，外力功增长 177.331%，断裂能增长 149.823%，即此时重力功变化对于断裂能的影响要大于从钢纤维体积率 1.5% 到 2.0% 时的重力功对于断裂能的影响。在图 8.33 中，相对切口深度一定，不同钢纤维体积率 HSC 试件的荷载—挠度曲线与坐标轴围成的面积相差不大，这和图 8.26 反映的比较一致，即外力功比较接近；SFHSC 曲线与坐标轴围成面积在不同钢纤维体积率下的差别显著，这反映了钢纤维对于 HSC 材料耗能能力的贡献，即改善了 HSC 的断裂性能。

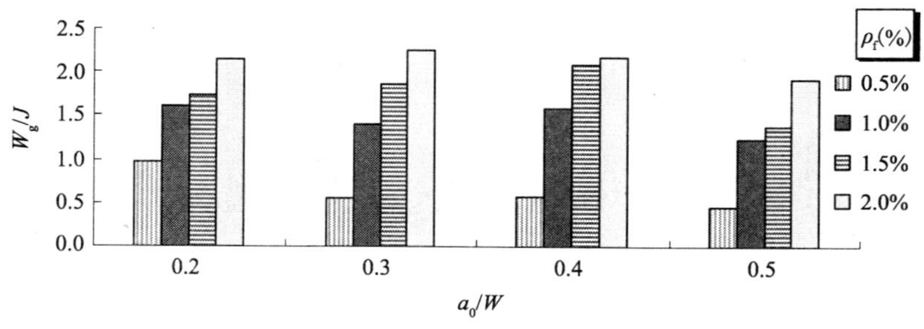

图 8.29 ρ_f 对 SFHSC 重力功的影响

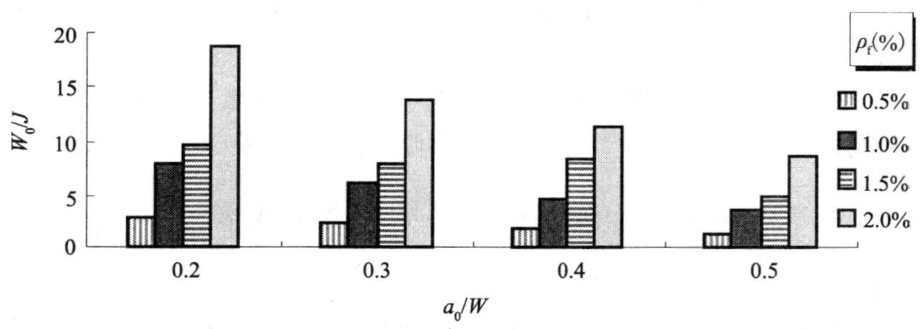

图 8.30　ρ_f 对 SFHSC 外力功的影响

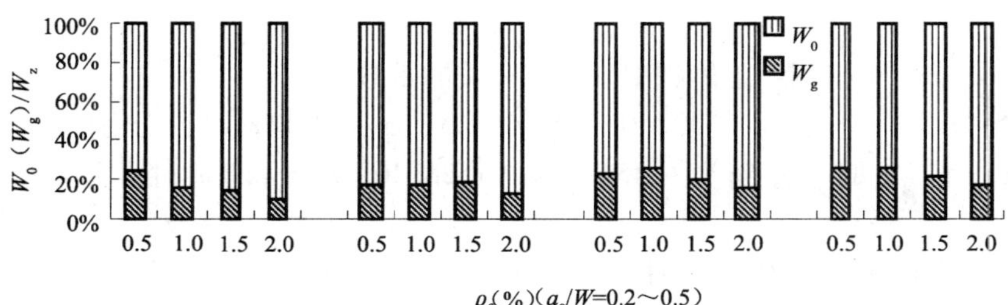

图 8.31　ρ_f 对 SFHSC 部分功占总功比例的影响

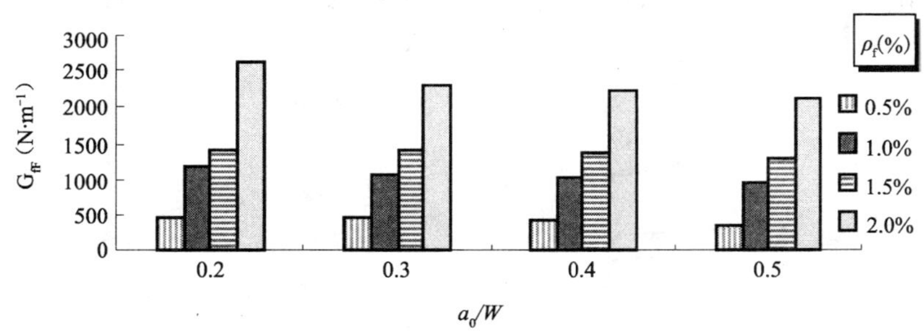

图 8.32　ρ_f 对 SFHSC 部分功占总功比例的影响

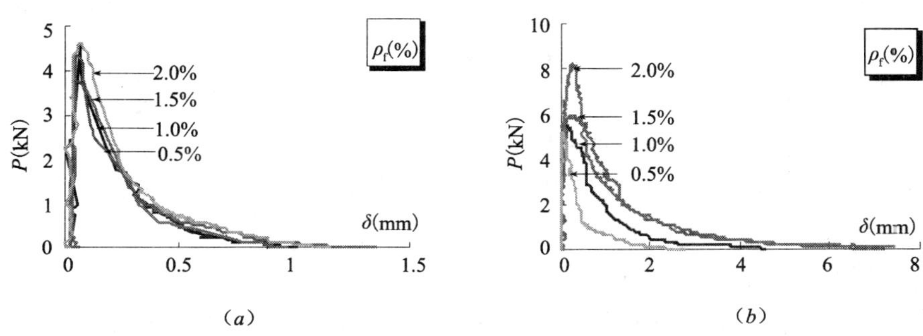

图 8.33　不同 ρ_f 下切口梁的典型荷载—挠度曲线

(a) HSC；(b) SFHSC

8.5 断裂能与影响因素的关系

在上一节分析相对切口深度、粗骨料最大粒径、水灰比及钢纤维体积率等因素对SFHSC断裂能影响的基础上，本节建立这些影响因素与断裂能关系的计算模式。

8.5.1 钢纤维高强混凝土断裂能与影响因素的关系

1. 断裂能与相对切口深度的关系式

根据试验结果，SFHSC断裂能与相对切口深度（a_0/W）的关系见图8.34。可以看出，钢纤维体积率一定时，断裂能和相对切口深度之间线性关系明显，并可统一表示为：

$$G_{fF}=\alpha(a_0/W)+\beta \tag{8-11}$$

式中 α，β——与钢纤维体积率（ρ_f）有关的常数。

$\rho_f=0.5\%$ 时，分别为 −426.06 和 567.63；$\rho_f=1.0\%$ 时，分别为 −747.04 和 1329.95；$\rho_f=1.5\%$ 时，分别为 −454.29 和 1528.36；$\rho_f=2.0\%$ 时，分别为 −1629.73 和2891.45。

通过试验值与计算值的比较，用式（8-11）计算SFHSC断裂能值误差在5%以下，满足精度要求。

2. 断裂能与粗骨料最大粒径的关系式

SFHSC断裂能与粗骨料最大粒径（d_{max}）的关系见图8.35。钢纤维体积率一定，粗骨料最大粒径与断裂能具有下式关系：

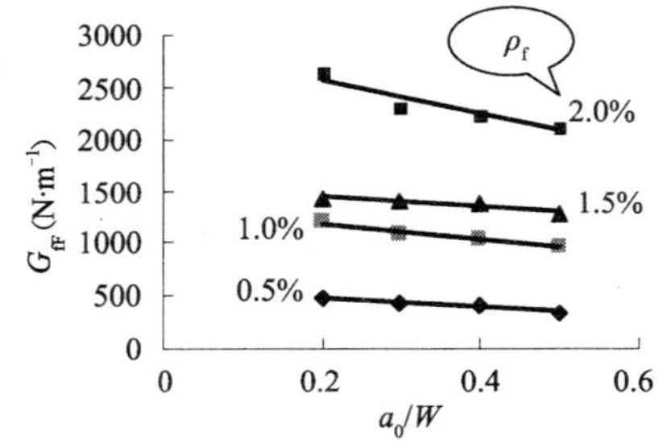

图8.34 SFHSC断裂能与 a_0/W 间的关系

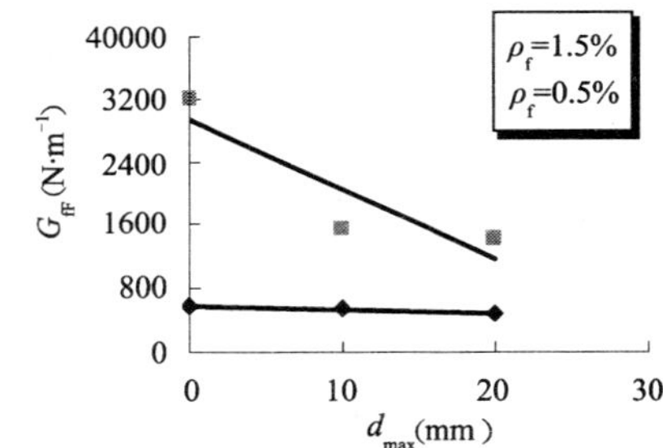

图8.35 SFHSC断裂能与 d_{max} 间的关系

$$G_{fF}=\alpha d_{max}+\beta \tag{8-12}$$

式中 α、β——常数。

当$\rho_f=0.5\%$ 时，α、β 分别为：−5.02、587.63；$\rho_f=1.5\%$ 时，α、β 分别为：−89.54、2946.69。通过试验值与计算值的比较，用式（8-12）计算SFHSC断裂能值误差在2%以下，满足精度要求。

3. 断裂能与水灰比的关系式

SFHSC断裂能与水灰比（W/C）的关系见图8.36。钢纤维体积率一定，断裂能随水灰比的增大而减小，二者之间具有下列关系式：

$$G_{fF}=\alpha(W/C)+\beta \tag{8-13}$$

式中 α、β 分别为 -898.49 和 1324.16。通过试验值与计算值的比较，用式（8-13）计算 SFHSC 断裂能值误差在 2% 以下，满足精度要求。

4. 断裂能与钢纤维体积率的关系式

图 8.37 反映了相对切口深度一定时，SFHSC 断裂能与钢纤维体积率（ρ_f）之间的关系。可以看出，相对切口深度一定时，断裂能随钢纤维体积率的增大而增大，二者之间具有下列关系式：

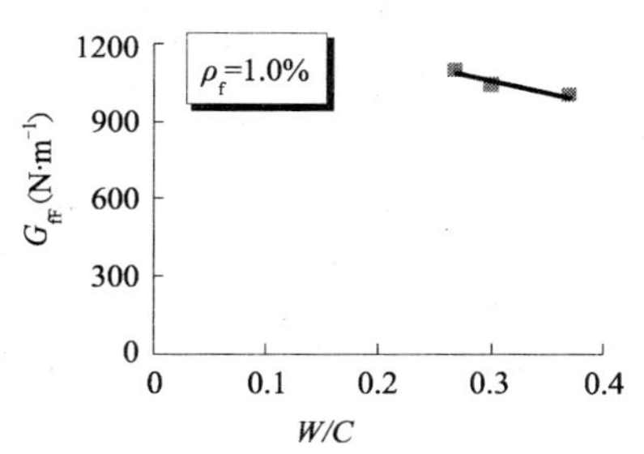

图 8.36　SFHSC 断裂能与 W/C 间的关系

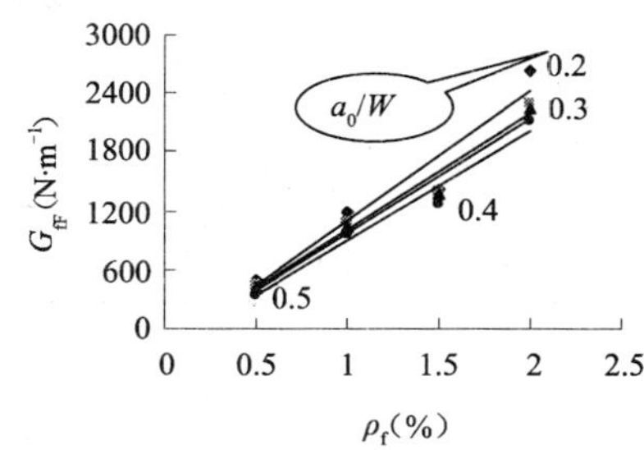

图 8.37　SFHSC 断裂能与 ρ_f 间的关系

$$G_{fF}=\alpha\rho_f+\beta \tag{8-14}$$

式中　α、β——常数。

相对切口深度 $a_0/W=0.2$ 时，α、β 分别为 1335.10 和 -236.03；$a_0/W=0.3$ 时，α、β 分别为 1186.85 和 -180.17；$a_0/W=0.4$ 时，α、β 分别为 1163.10 和 -185.84；$a_0/W=0.5$ 时，α、β 分别为 1121.80 和 -229.05。表 8.5 为不同相对切口深度下 SFHSC 断裂能计算值与试验值。

不同 ρ_f 下 SFHSC 断裂能试验值与计算值之比的统计量数字特征　　表 8.2

a_0/W	平均值	标准差	变异系数
0.2	1.022	0.126	0.123
0.3	1.011	0.078	0.077
0.4	1.011	0.074	0.074
0.5	1.010	0.077	0.076

表注：a_0/W 为相对切口深度。

表 8.2 为相对切口深度一定时，不同钢纤维体积率下 SFHSC 断裂韧度试验值与按式（8-14）得到的计算值之比的平均值、标准差和变异系数。可以看出计算值与试验值接近程度良好。

8.5.2　高强混凝土断裂能与影响因素的关系

根据水灰比（W/C）、相对切口深度（a_0/W）及粗骨料最大粒径（d_{max}）对 HSC 断裂能（G_{0F}）的影响（见本章 8.5.2～8.5.4 节，与 SFHSC 分析类似）及对表 8.1 的断裂能试验数据统计分析可知，G_{0F}与 W/C、a_0/W 和 d_{max}之间均具有线性关系：

$$G_{0F}=\alpha A+\beta \tag{8-15}$$

式中　A——影响因素；

α、β——常数。

表 8.3 为不同影响因素下，钢纤维体积率一定时，α、β 的统计值。如 $A=a_0/W$，$\rho_f=0.5\%$，表示此钢纤维体积率下，HSC 断裂能与相对切口深度之间的统计关系式中的常数 α、β 分别为 -216.60、214.33。

不同 A 下 α、β 值 **表 8.3**

A	W/C	a_0/W				d_{max}	
ρ_f	1.0%	0.5%	1.0%	1.5%	2.0%	0.5%	1.5%
α	-756.95	-216.60	-22.62	-11309	-162.07	3.46	3.15
β	433.32	214.33	179.41	208.2	225.47	116.69	115.79

不同 A 下 HSC 断裂能试验值与计算值之比的统计量数字特征 **表 8.4**

A	ρ_f	平均值	标准差	变异系数
W/C	1.0%	1.001	0.072	0.072
a_0/W	0.5%	1.000	0.027	0.027
	1.0%	1.000	0.017	0.017
	1.5%	1.000	0.015	0.015
	2.0%	1.000	0.025	0.025
d_{max}	0.5%	1.001	0.034	0.034
	1.5%	1.001	0.037	0.037

从表 8.4 中可以看出，按照线性关系（8-15）得到的 HSC 断裂能计算值与试验值接近程度较好。

8.6 断裂能计算模式

8.6.1 多因素计算模式

式(8-11)～式(8-15) 反映了单因素对于 SFHSC 与 HSC 断裂能的影响。各单因素与断裂能之间的关系均可用一元一次回归模型表达。为了反映各因素对断裂能的综合影响，SFHSC 与 HSC 断裂能可统一表示为：

$$G_F=\alpha_1(W/C)+\alpha_2(a_0/W)+\alpha_3(d_{max}/20)+\alpha_4\lambda_f+\beta \tag{8-16}$$

式中 λ_f——钢纤维含量特征参数。

若 $\lambda_f=0$，即为 HSC 的断裂能 G_{0F}，$\lambda_f\neq0$ 即为 SFHSC 断裂能 G_{fF}；α_1、α_2、α_3、α_4 和 β 为常数，其他符号含义同前。对 SFHSC 与 HSC 试验数据统计分析可得 α_1、α_2、α_3、α_4 和 β 分别为 -454.93、-99.02、-66.00、2975.12 和 272.53。SFHSC 与 HSC 断裂韧度试验值与按式（8-16）得到的计算值之比的平均值、标准差和变异系数分别为：0.911、0.267 和 0.293；1.001、0.142 和 0.412，可以看出计算值与试验值符合较好。

8.6.2 增益比型计算模式

为了反映钢纤维对于 HSC 基体断裂能的作用，采用增益比反映钢纤维的影响。断裂能增益比为钢纤维混凝土断裂能与同配比的 HSC 相应断裂能的比值。图 8.38 为钢纤维体积率对断裂能增益比的影响。相对切口深度一定，随着钢纤维体积率的增大，断裂能增益比呈逐渐增大的趋势。文献[30]研究指出：钢纤维混凝土基本力学性能指标的统一计算模式可取为：

$$f_t = f_m(1 + \alpha_f \lambda_f) \tag{8-17}$$

式中　f_t——钢纤维混凝土力学性能指标；

f_m——基体混凝土力学性能指标；

λ_f——钢纤维含量特征参数；

α_f——与钢纤维类型、形状、分布以及受力模型等有关的参数。

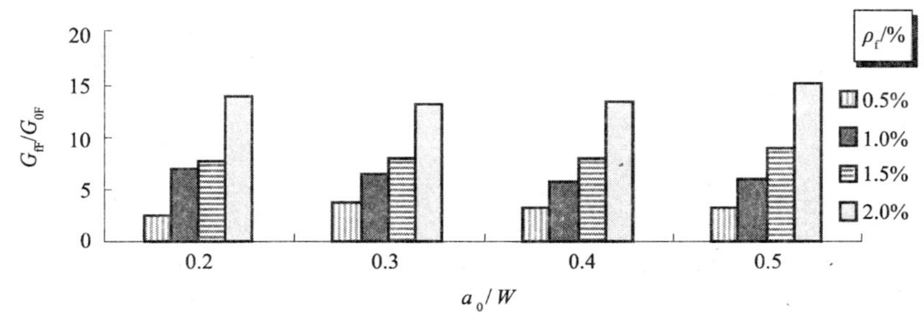

图 8.38　ρ_f 对 SFHSC 断裂能增益比的影响

SFHSC 三点弯曲断度试验表明，SFHSC 断裂能（G_{fF}）与同条件的 HSC 断裂能（G_{0F}）的比值即增益比与钢纤维体积率具有近似线性关系（图 8.39）。因此，SFHSC 断裂能与 HSC 断裂能以及钢纤维含量特征参数也具有式（8-17）的类似关系：

$$G_{fF} = (1 + \alpha_{gF} \lambda_f) G_{0F} \tag{8-18}$$

式中　α_{gF}——钢纤维对 HSC 断裂韧度的增益系数。根据对试验结果的回归分析，当 $a_0/W = 0.2$ 时，$\alpha_{gF} = 16.575$；当 $a_0/W = 0.3$ 时，$\alpha_{gF} = 16.342$；当 $a_0/W = 0.4$ 时，$\alpha_{gF} = 16.008$；当 $a_0/W = 0.5$ 时，$\alpha_{gF} = 17.971$。

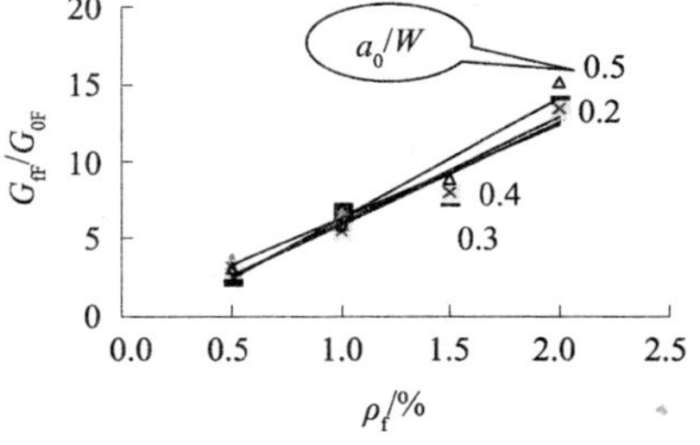

图 8.39　ρ_f 与 SFHSC 断裂能增益比间的关系

试验值与计算值之比的统计量数字特征　　表 8.5

数字特征 / a_0/W	平　均　值	标　准　差	变异系数
0.2	0.909（0.902）	0.178（0.176）	0.196（0.195）
0.3	0.978（0.959）	0.078（0.076）	0.079（0.079）
0.4	0.925（0.889）	0.116（0.107）	0.126（0.119）
0.5	0.900（0.958）	0.143（0.156）	0.159（0.163）

钢纤维体积率相同，不同相对切口深度下的断裂能增益比相差不大，即断裂能增益比受相对切口深度变化影响较小（图 8.40），从图 8.39 也可以看出，不同相对切口深度下的增益比回归曲线比较接近，因此可以采用统一的增益系数，不同相对切口深度下的增益

系数算术平均值为16.724，按照该增益系数得到的断裂能计算值与试验值比较见表8.5。表中数据为试验值与计算值之比的统计量数字特征，括号内数值为按照统一的增益系数得到的统计量数字特征。从表中可以看出，采用统一增益系数得到计算断裂能是合适的。

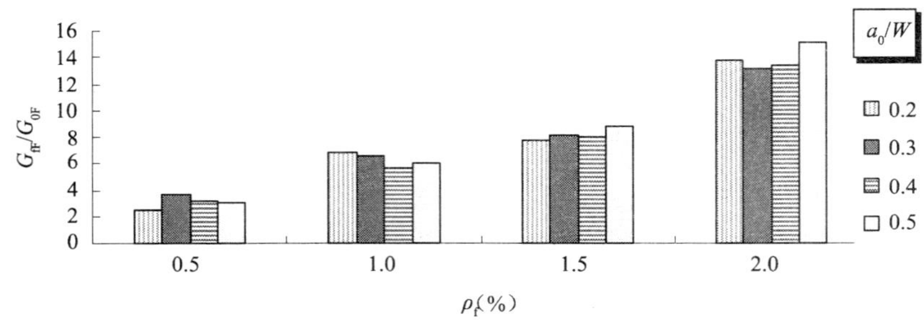

图8.40　a_0/W对SFHSC断裂能增益比的影响

8.7　小　　结

通过对SFHSC及其对比组HSC三点弯曲切口梁试件的功、能分析，可得到以下结论：

1. 三点弯曲切口梁试件系统（试件以及与试验机不相连但一直作用在试件上的加荷附件）重力所做的功（重力功）对于SFHSC与HSC断裂能有一定贡献，但是决定断裂能变化趋势的是加载系统提供的外力所做的功（外力功），见图8.11、图8.15、图8.22、图8.27和图8.31，重力功与外力功之和即为作用力对于试件系统所做的功（总功），作用力做功（总功）与断裂能的变化趋势完全一致。

2. 初始裂缝制作方法对于HSC与SFHSC重力功、外力功和断裂能的影响是比较显著的；三点弯曲法测试HSC及SFHSC断裂能，在相对切口深度为0.4时，不论采用预制初始裂缝的方式还是切割初始裂缝的方式，作用力功在总功中所占的比重是一定的，采用切割法测得作用力做功（总功）大于预制法得到的作用力功。

3. 对于HSC，随着相对切口深度增加，重力功变化的规律性不明显，重力功在总功中所占的比重不到25%；高钢纤维体积率（1.5%，2.0%）下，随着相对切口深度增加，外力功逐渐减少，且减少量比较均匀；同时断裂能逐渐减少。对于SFHSC，随着相对切口深度的增加，外力功与断裂能逐渐呈现减少的趋势。

4. 随着粗骨料最大粒径的增加，HSC外力功和断裂能逐渐增加，SFHSC外力功和断裂能逐渐减少。

5. 对于HSC，随着水灰比的减小，重力功、外力功逐渐增大，断裂能增加，断裂能最大增长为31.210%；对于SFHSC，随着水灰比的减小，重力功有减少的趋势，外力功逐渐增加，断裂能增加，增大幅度不大，断裂能最大增长为4.939%。

6. 对于HSC，相对切口深度一定时，钢纤维体积率对于功、能影响规律不一致；对于SFHSC，重力功、外力功及断裂能都随钢纤维体积率的增大而增加。

7. 单一影响因素与SFHSC及其对比组HSC断裂能之间均具有线性关系。在此基础上，建立了考虑多因素影响的SFHSC断裂能计算模式（8-16）和增益比型计算模式（8-18）。其中，式（8-16）是SFHSC和HSC断裂能计算的统一公式，便于应用。

参考文献

[1] G. Appa Rao, B. K. Raghu Prasad. Fracture energy and softening behavior of high-strength concrete [J]. Cement and Concrete Research, 2002, (32): 247-252.

[2] P. E. Petersson. Crack growth and development of fracture zones in plain concrete and similar materials (R). Report TVBM-1006, Lund Institute of Technology, 1981.

[3] 钱觉时，范英儒，袁江．三点弯曲法测定混凝土断裂能的尺寸效应 [J]．重庆建筑大学学报，1995，17 (2)：1-8.

[4] 刘佳毅．混凝土双 K 断裂参数及其尺寸效应 [D]．大连：大连理工大学硕士学位论文，2000.

[5] 王占桥．纤维增强与加固混凝土断裂与粘结能力 [D]．郑州：郑州大学博士学位论文，2007.

[6] 鲁丽华．混凝土断裂能的实验研究及影响因素分析 [D]．沈阳：东北大学硕士学位论文，2004.

[7] 于骁中，张玉美，郭桂兰，饶斌，周家聪．混凝土断裂能 G_F [J]．水利学报，1987，(7)：30-37.

[8] A. Hillerborg. The theoretical basis of a method to determine the fracture energy of concrete [J]. Material and Construction, 2003, 18 (106): 291-296.

[9] 邓宗才．混凝土的断裂能及其测试方法 [J]．山东建材，1996，(2)：17-19.

[10] 高丹盈，张廷毅．三点弯曲下的钢纤维高强混凝土断裂能 [J]．水利学报，2007，38 (9)：1115-1127.

[11] 钱觉时．论测定断裂能的三点弯曲法 [J]．混凝土与水泥制品，1996，(6)：20-23.

[12] A. Hillerborg. The theoretical basis of a method to determine the fracture energy G_F of concrete [J]. Materials and Structures, 1985, 18 (106): 291-296.

[13] W. Brameshuber, H. K. Hilsdorf, Influence of ligament length and stress state on fracture energy of concrete [J]. Engineering Fracture Mechanics, 1990, 35 (1): 95-106.

[14] F. E. Amparano, Yunping Xi, Young-sook Roh. Experimental study on the effect of aggregate content on fracture behavior of concrete [J]. Engineering Fracture Mechanics. 2000 (67): 65-84.

[15] E. Bruhwileer, F. H. Wittmann. The wedge splitting test, a new method of performing stable mechanics tests [J]. Journal of Engineering Fracture Mechanics, 1988, 5: 117-125.

[16] 姚武，梁正平，陆海荣．直接拉伸下混凝土的断裂能 [J]．水利学报，1995，(8)：28-32.

[17] 吴智敏，赵国藩．骨料粒径对混凝土断裂参数的影响 [J]．大连理工大学学报．1994，34 (5) 583-588.

[18] Canan Tasdemir. Effects of silica fume and aggregate size on the brittleness of concrete. Cement and Concrete Research [J]. 1996, 26 (1).

[19] Canan Tasdemir. Combined effects of silica fume, aggregate type, and size on post peak response of concrete in bending [J]. ACI Materials Journal, 1999, 96.

[20] 栾曙光，David Darwin. 混凝土断裂能 G_F 随龄期、强度的变化规律 [J]．水利学报．1999，(12)：29-32.

[21] 张东，刘娟清，陈兵，吴科如．关于三点弯曲法确定混凝土断裂能的分析 [J]．建筑材料学报，1999，2 (3)：206-211.

[22] 石国柱，韩菊红，张雷顺．钢纤维大粒径混凝土断裂性能研究 [J]．混凝土，2006，(2)：70-72.

[23] 王田凤．钢纤维对高性能混凝土弯曲韧性和断裂能影响的试验 [J]．工业建筑 2007，37 (5)：65-69.

[24] 黄煜镔，钱觉时，王智，叶建雄．钢纤维混凝土断裂性能研究 [J]．建筑技术，2002，33 (1)：28-29.

[25] 孙启林，王利民，赵成泉，华珍，代祥俊，蒲琪. 钢纤维混凝土抗裂性能测试［J］. 山东理工大学学报（自然科学版），2005，19（3）：21-26.

[26] 郭向勇，方坤河，冷发光. 混凝土断裂能的理论分析［J］. 哈尔滨工业大学学报，2005，（9）：1119-1122.

[27] M. Elser, E. K. Tschegg, N. Finger and S. E. Stanzl-Tschegg. Fracture behavior of polypropylene-Fi-ber-Re-inforced concrete: Modeling and computer simulation［J］. Composites Science and Technology, 1996, 56: 947-956.

[28] 李方元，赵人达. 高强混凝土和钢纤维高强混凝土断裂性能试验研究［J］. 混凝土，2002，（8）：29-32.

[29] 吴智敏，赵国藩. 骨料粒径对混凝土断裂参数的影响［J］. 大连理工大学学报，1994，34（5）：583-588.

[30] 高丹盈，刘建秀. 钢纤维混凝土基本理论［M］. 北京：科学技术文献出版社，1994.

第9章　钢纤维高强混凝土 J 积分与张开位移

钢纤维掺入混凝土后，由于钢纤维在基体开裂后的桥联作用，使得它在破坏之前有较大的缓慢裂缝扩展以及在裂缝扩展区存在一个纤维跨接区（“假塑性区”）[1]。钢纤维在很大程度上加强了混凝土裂缝尖端扩展具有类似金属的塑性特征[2]，可采用 J 积分与裂缝张开位移来研究 SFHSC 断裂性能。

9.1　混凝土与钢纤维混凝土 J 积分及张开位移研究概况

1. 混凝土与钢纤维混凝土 J 积分

Li[3]将 J 积分法用于混凝土和砂浆，并给出了 J 积分的近似计算公式。他假定 J 积分是混凝土的特性，仅取决于混凝土的微结构，与试件的尺寸无关，并采用两个具有不同预制裂缝的紧凑拉伸试件测试了混凝土 J 积分临界值。

文献［4］研究了初始裂缝的尖锐程度对于混凝土 J 积分的影响。结果表明，一般尖裂缝同尖细裂缝的 J 积分平均值的比值远大于1，即两者相差较大，尖细裂缝的试验数据比一般尖裂缝集中，因此，在可能的情况下，采用尖细裂缝不仅与实际存在的裂缝较为吻合，而且有利于获得较好的试验结果。文献［5］在 Duan-Nakagawa和 Dugdale 断裂模型下，研究了 J 积分与荷载的关系。结果表明，在外力水平相同时，前者得到的 J 积分小于后者。文献［6］用非线性有限元方法结合试验测试，对混凝土三点弯曲试件在断裂过程中的 J 积分做了研究。结果表明，采用 Hsieh[7]四参数弹塑性断裂模型和修正的 J 积分公式适合进行混凝土断裂性能的研究，主裂缝失稳扩展时的 J 积分值基本上与文中所用的试件尺寸和裂缝长度无关，计算值和试验结果基本吻合。文献［8］以弹塑性断裂理论为基础，提出了基于 J 积分的疲劳裂缝扩展率工程计算方法，并推导出了基于 J 积分的疲劳寿命计算公式。J 积分的理论依据严密、定义明确，目前国外很重视用 J 积分研究纤维增强混凝土的断裂性能[9]。文献［10］研究钢纤维混凝土的 J 积分，得到了不同钢纤维体积率下的 J 积分临界值。文献［11］在此研究基础上，通过比较钢纤维混凝土断裂韧度增长率与 J 积分临界值增长率间的关系后认为，J 积分临界值是按荷载—位移曲线下的面积计算得到的，包括了非线性因素，考虑了钢纤维混凝土在破坏前有大范围的缓慢稳定裂缝扩展并且裂缝尖端存在微裂区域的特点，更能说明钢纤维混凝土断裂破坏的过程。

2. 混凝土与钢纤维混凝土张开位移

裂缝张开位移可用小型三点弯曲试件在全面屈服条件下间接测定，其测量技术比较简单，在一定条件下，所测得的结果比较稳定，基本上是一个不随试件尺寸而变的材料常数，适用于混凝土材料[12]。

文献［13］通过对不同尺寸的三点弯曲切口梁试件的断裂性能研究后认为：混凝土

的荷载—裂缝尖端张开位移（P—CTOD）曲线约在 $P=0.7P_{max}$时开始出现非线性，与此相对应，切口梁的中性轴开始向受压区移动，主裂缝开始发生亚临界扩展，断裂过程区开始逐渐变宽，并形成不规则的狭长带状图形；混凝土临界裂缝尖端张开位移与试件尺寸无关，因而有希望成为控制混凝土断裂的材料参数。文献［14］以三点弯曲、楔劈拉伸和紧凑拉伸试验为基础，根据混凝土断裂过程区的观测结果，综合分析了混凝土断裂特征，提出了描述荷载变形关系曲线的连续函数，根据实测的具有一定离散性的裂缝张开位移数据，提出以幂函数多项式表达该裂缝张开位移的表达形式，通过最小二乘法推导出了由实测裂缝张开位移数据来计算该多项式中待定系数的代数方程，并且给出了算例与分析。文献［15］以软化曲线的概念为基础，将混凝土断裂过程区抽象为具有有黏聚力分布的裂缝。用多项式或幂级数表达黏聚裂缝张开位移分布，通过弹性理论与积分方程解答建立裂缝黏聚力与张开位移分布之间的关系，由变分计算确定了有关物理量，算例数值结果与实验测定值比较符合。文献［16］利用混凝土楔劈拉伸试验测得裂缝尖端张开位移，研究结果表明，裂缝尖端张开位移是与试件尺寸无关的断裂参数。文献［17］通过对 SFHSC 和 HSC 试件的楔劈拉伸试验，探讨了钢纤维体积率和相对切口深度对 SFHSC 临界裂缝张开位移的影响。结果表明，随着钢纤维体积率的增加，临界裂缝嘴张开位移、临界裂缝尖端张开位移均线性增加，SFHSC 临界裂缝嘴张开位移和临界裂缝尖端张开位移的增益比亦基本呈线性增加。在试验的基础上，提出了 SFHSC 临界裂缝张开位移的计算公式。

本章采用切口梁三点弯曲试验方法，研究了相对切口深度（a_0/W）、水灰比（W/C）和钢纤维体积率（ρ_f）对 SFHSC 的 J 积分临界值的影响；研究了 a_0/W、粗骨料最大粒径（d_{max}）、W/C 和 ρ_f 对 SFHSC 张开位移（COD）、临界裂缝扩展长度（e）和转动因子（r）的影响，并根据 J 积分与裂缝尖端张开位移的关系，计算了裂缝尖端前缘区域内的屈服应力 σ_s。

9.2 J 积分与张开位移试验结果

临界 J 积分 J_C 的测试主要有两种方法，即多试件法和单试件法。多试件法的试验和计算比较麻烦，为得到一个数据需要 3～4 个尺寸相同而初始裂缝长度不同的三点弯曲切口梁试件，试验量大、成本高，不适合 SFHSC 的 J_C 测试，因此本试验采用单试件法。文献［18］指出，通过对深裂缝（$a_0/W \geqslant 0.4$）、短跨距（$S/W=3\sim5$）三点弯曲试件的弹塑性理论分析表明，在加载到给定位移 δ（此处表示位移，与张开位移含义不同）或荷载 P 时，J 积分与试件在加载过程中所接受的形变功 $U=\int_0^\delta P\mathrm{d}\delta$ 以及初始裂缝长度 a_0 或韧带尺寸（$W-a_0$）之间有下述简单近似关系：

$$J=\frac{2U}{B(W-a_0)} \tag{9-1}$$

利用这个关系，只需测定单个试件的荷载—位移曲线下临界位移时的形变功 $U_C=\int_0^\delta P\mathrm{d}\delta$，就可算出 J 积分的临界值 J_C。

J 积分和张开位移测试过程中，临界点的判定是测量 J_C 和 δ_C 的关键，这是一个比较困难的问题，选择哪一点作临界点，目前的看法尚未完全一致，一般有以下几种选择法：荷载—挠度曲线上最大荷载点（或荷载下跌点）；裂缝扩展 2% 的点；裂缝开始扩展的开裂点等[19]。本章采用最大荷载点法确定临界点，即 J_C 和 δ_C 是荷载达到峰值时的测试值。试验结果见表9.1、表9.2。表9.1列出的数据为相对切口深度一定时，钢纤维体积率和水灰比变化时 J_C 的试验结果。表9.2中，δ_t、δ_m 分别表示临界裂缝尖端张开位移和临界裂缝嘴张开位移，δ_m/δ_t 为嘴尖比，r 为转动因子，e 为临界裂缝扩展长度。表9.3为根据 J_C 和 δ_C 试验结果得到的裂缝尖端前缘区域的屈服应力 σ_s（详见本章9.5节）。

SFHSC 三点弯曲切口梁试件 J 积分试验结果　　**表 9.1**

试件编号	J_C（$N \cdot m^{-1}$）	试件编号	J_C（$N \cdot m^{-1}$）	试件编号	J_C（$N \cdot m^{-1}$）
MF05-4	54.244	MF05-5	51.630	MF10a-4	116.100
MF10-4	166.840	MF10-5	165.667	MF10b-4	332.700
MF15-4	230.250	MF15-5	214.140		
MF20-4	494.250	MF20-5	481.760		

表注：试件编号同第4章表4.1～表4.3。

SFHSC 三点弯曲切口梁试件张开位移试验结果　　**表 9.2**

试件编号	δ_t（mm）	δ_m（mm）	δ_m/δ_t	r	e（mm）
MF05-2	0.021	0.028	1.304	0.822	65.789
MF10-2	0.129	0.171	1.326	0.769	61.539
MF15-2	0.121	0.160	1.322	0.763	61.066
MF20-2	0.210	0.282	1.343	0.723	57.803
MF05-3	0.045	0.070	1.556	0.783	54.828
MF10-3	0.161	0.253	1.571	0.748	52.346
MF15-3	0.105	0.163	1.552	0.764	53.483
MF20-3	0.143	0.231	1.615	0.691	48.387
MF05-4	0.057	0.113	1.982	0.690	41.422
MF10-4	0.059	0.116	1.966	0.683	40.985
MF15-4	0.131	0.245	1.870	0.769	46.111
MF20-4	0.204	0.377	1.848	0.784	47.029
MF05-5	0.033	0.078	2.364	0.737	36.851
MF10-5	0.027	0.062	2.296	0.789	39.441
MF15-5	0.133	0.287	2.158	0.866	43.302
MF20-5	0.195	0.433	2.221	0.818	40.913
MF10a-4	0.034	0.087	2.559	0.435	26.083
MF10b-4	0.035	0.063	1.800	0.829	49.748
MF05g0-2	0.046	0.065	1.413	0.620	49.634
MF05g10－2	0.038	0.051	1.342	0.708	56.632
MF15g0-2	0.191	0.269	1.408	0.615	49.209
MF15g10-2	0.152	0.211	1.388	0.633	50.633

表注：试件编号同上。

SFHSC 三点弯曲切口梁试件裂缝尖端屈服应力试验结果 **表 9.3**

试件编号	σ_s（MPa）	试件编号	σ_s（MPa）	试件编号	σ_s（MPa）
MF05-4	0.952	MF05-5	1.565	MF10a-4	3.415
MF10-4	2.828	MF10-5	6.136	MF10b-4	9.506
MF15-4	1.758	MF15-5	1.610		
MF20-4	2.423	MF20-5	2.471		

表注：试件编号同上。

9.3 *J* 积分与张开位移影响因素

9.3.1 *J* 积分影响因素

1. 相对切口深度

图 9.1 为相对切口深度对 SFHSC *J* 积分临界值 J_C 的影响。J_C 的测试采用的是相对切口深度为 0.4 和 0.5 两种深裂缝三点弯曲切口梁试件，图中 *C* 为 $a_0/W=0.4$ 时测得的 J_C 与 $a_0/W=0.5$ 时的比值。结合表 9.1 和图 9.1 可以看出，钢纤维体积率为 0.5%、1.0%、1.5% 和 2.0% 时，*C* 值分别为 1.051、1.007、1.075 和 1.026，基本都在 1 左右变化，与 1 最大相差为 7.5%，最小仅为 0.7%。由于 *C* 值在 1 左右一定范围内变化，则两种切口深度下的 J_C 相差不大，即深裂缝条件下，相对切口深度对于 J_C 的影响不大。从 *J* 积分的计算方法（式（9-1））可知，*J* 积分为形变功与韧带尺寸参数 $\left(\frac{2}{B(W-a_0)}\right)$ 的乘积，形变功表示荷载—挠度曲线与坐标轴围成面积的一部分（见图 9.2 阴影部分）。从第 8 章图 8.17 可以看出在典型荷载—挠度曲线上，钢纤维体积率一定时，与 $a_0/W=0.5$ 相比，$a_0/W=0.4$ 时，形变功比较大，但其韧带尺寸参数小。因此，两种切口深度下的 J_C 值比较接近，试验结果也证实了这一点。可以认为，钢纤维体积率一定的情况下，一方面，相对切口深度 a_0/W 越小，三点弯曲切口梁试件的峰值荷载 P_{max} 越大（见第 8 章图 8.17）；另一方面，相对切口深度影响了 J_C 计算中的韧带尺寸参数项，即 a_0/W 越小，$\frac{2}{B(W-a_0)}$ 也相对减小，相对切口深度的这两种作用的综合效果使得钢纤维体积率一定时，相对切口深度对于 J_C 影响不显著。

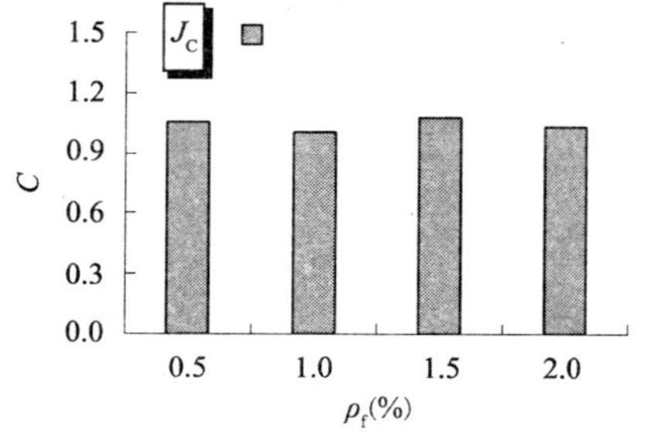

图 9.1 a_0/W 对 SFHSC*J* 积分临界值的影响

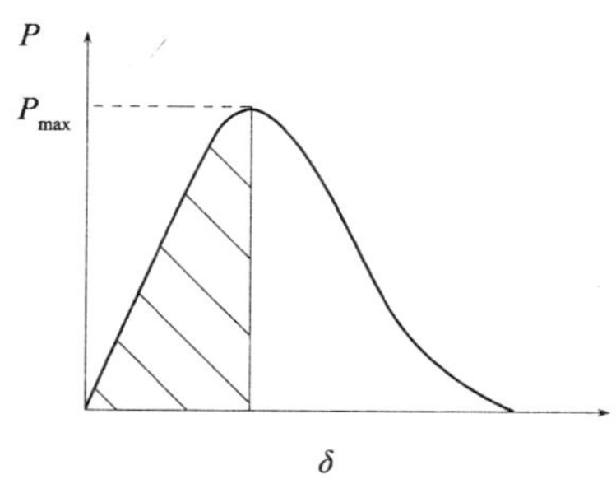

图 9.2 SFHSC*J* 积分临界值计算示意图

2. 水灰比

图 9.3 为水灰比对 SFHSC J_C 的影响。J_C 的测试采用的是相对切口深度为 0.4、钢纤维体积率为 1.0% 的深裂缝三点弯曲切口梁试件，可以看出，随着水灰比的减少，J_C 值逐渐增大。水灰比越小，试验测得的三点弯曲切口梁试件的峰值荷载越大（见第 6 章表 6.2），水灰比为 0.37、0.30 和 0.27 时，峰值荷载 P_{max} 分别为 3.383kN、4.458kN 和 4.616kN，同时荷载—挠度曲线上升段曲线切线斜率差别不大（见第 8 章图 8.24），因此水灰比越小，切口梁试件测得的形变功越大，在钢纤维体积率相同、相对切口深度相同时，形变功就是决定 SFHSC 的 J_C 大小的唯一因素。

3. 钢纤维体积率

图 9.4 为钢纤维体积率对 SFHSC J_C 的影响。从图中可知，随着钢纤维体积率的增加，J_C 随之增加。钢纤维体积率的增加使得三点弯曲切口梁试件能够承受更大荷载（见第 8 章图 8.33）。结合第 6 章表 6.2 可知，当 $a_0/W=0.4$ 时，钢纤维体积率从 0.5% 到 2.0% 变化，试验测得切口梁试件的峰值荷载分别为 3.577kN、4.458kN、5.002kN 和 5.162kN；$a_0/W=0.5$ 时，与 4 种钢纤维体积率对应的峰值荷载依次为 2.715kN、2.933kN、3.537kN 和 4.014kN。钢纤维体积率越高，形变功越大，当相对切口深度相同，SFHSC 的 J_C 越大。

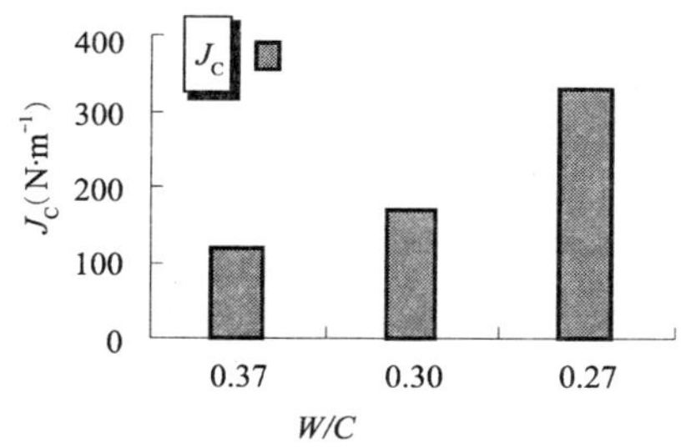

图 9.3　W/C 对 SFHSC J 积分临界值的影响

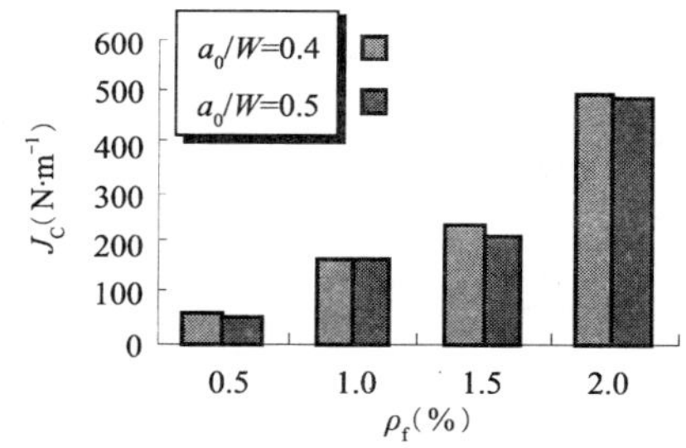

图 9.4　ρ_f 对 SFHSC J 积分临界值的影响

9.3.2　张开位移影响因素

1. 相对切口深度

图 9.5、图 9.6 分别为相对切口深度对裂缝尖端张开位移与裂缝嘴张开位移临界值 δ_t 与 δ_m 的影响。从图上看，钢纤维体积率一定时，相对切口深度对于 δ_t 与 δ_m 的影响规律不明显，δ_t 与 δ_m 的变化趋势基本一致。裂缝尖端张开位移的变化反映了裂尖前缘处的应力应变场的变化，钢纤维的影响在裂尖处表现明显[20]。从第 6 章图 6.1 以及裂缝有效长度的推导过程可以看出 δ_m 的变化是由 δ_t 的改变决定的，因此两者的变化趋势一致。

图 9.7 为相对切口深度对 δ_m 和 δ_t 比值（嘴尖比）的影响。从图中可以看出，钢纤维体积率一定时，随着相对切口深度的增大，嘴尖比逐渐增加。实际上，通过裂缝有效长度的推导可以看出，嘴尖比决定了临界裂缝扩展长度（第 6 章式（6-15）、式（6-16）），该值的规律性变化比单独的临界裂缝尖端张开位移和裂缝嘴张开位移更能反映钢纤维掺入 HSC 后裂缝前缘出现的塑性屈服特征，因为对于同一系列单个三点弯曲切口梁试件而言，在试件制备过程中钢纤维的分布形式会有所不同，在试验过程中诸如支座不均匀沉降、初始裂缝宽度的原始尺寸略有差别等因素的影响，使得 δ_t 与 δ_m 的测试值会有差异，但是在

单个试件测试时，这些因素对 δ_t 与 δ_m 的影响是完全相同的，所以，采用嘴尖比来反映相对切口深度对于张开位移的影响是比较合适的。

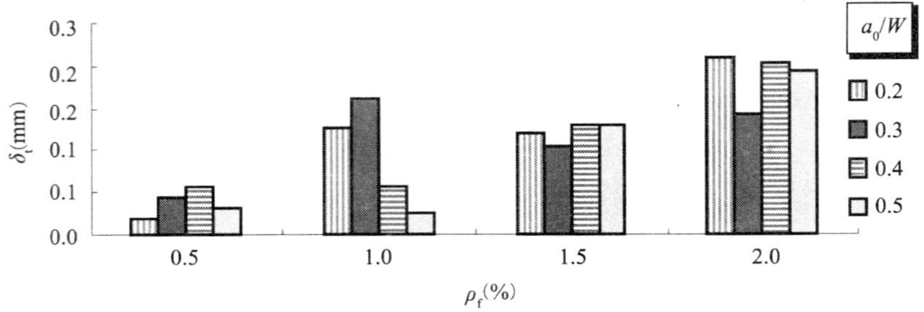

图 9.5　a_0/W 对 SFHSC 临界裂缝尖端张开位移的影响

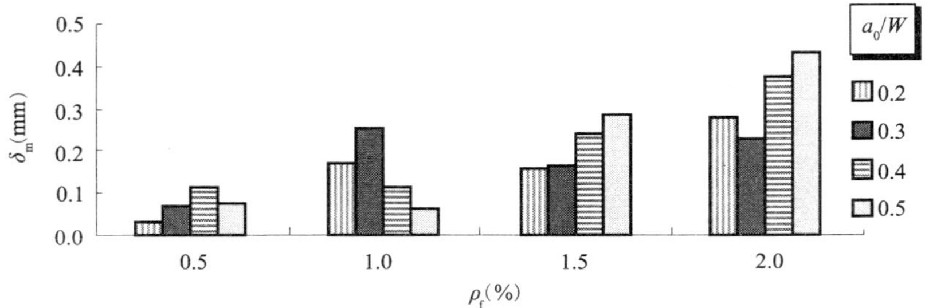

图 9.6　a_0/W 对 SFHSC 临界裂缝嘴张开位移的影响

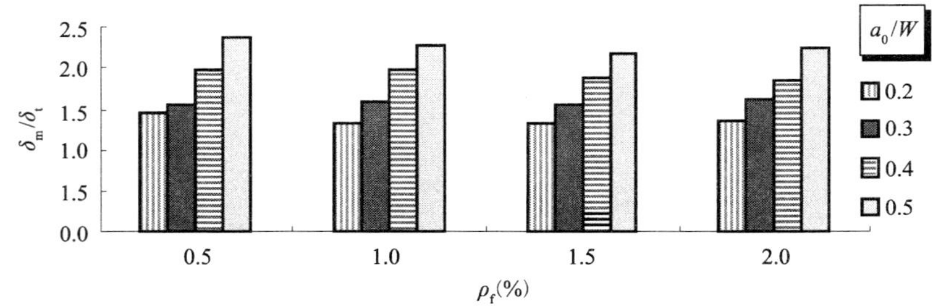

图 9.7　a_0/W 对 SFHSC 嘴尖比的影响

2. 粗骨料最大粒径

图 9.8（a）、（b）分别为粗骨料最大粒径对 δ_t 与 δ_m 的影响。从图中可以看出，随着粗骨料最大粒径的增加，两种钢纤维体积率下的 δ_t 与 δ_m 逐渐减小。在没有粗骨料时，δ_t 与 δ_m 值最大。钢纤维掺入 HSC 后，三点弯曲切口梁试件在受荷条件下，钢纤维起到了阻裂、增韧的效果，荷载一定时，粗骨料粒径越大，钢纤维与粗骨料的嵌锁作用以及钢纤维与硬化水泥浆之间的握裹作用，使得裂缝的扩展相对较小；在达到峰值荷载时，粗骨料最大粒径越大，切口梁的变形越小，裂缝扩展往往发生在峰值荷载以后，因此，在达到峰值荷载时，粗骨料最大粒径越小，张开位移越大。在试验过程中可以看到：d_{max} = 0mm 时，随着荷载的增大，切口梁试件的变形比较显著，可以清晰地听到钢纤维连续拔出拉断的声音；d_{max} 等于 10mm 和 20mm 时，在荷载达到峰值的过程中，切口梁试件的变形不明显，钢纤维的拔出拉断声间隔明显。

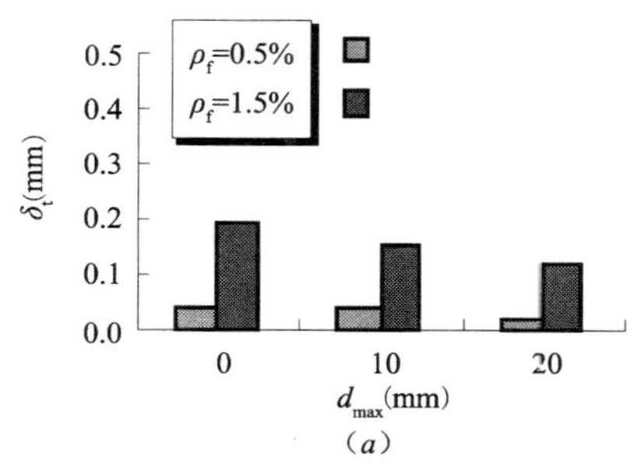

(a)

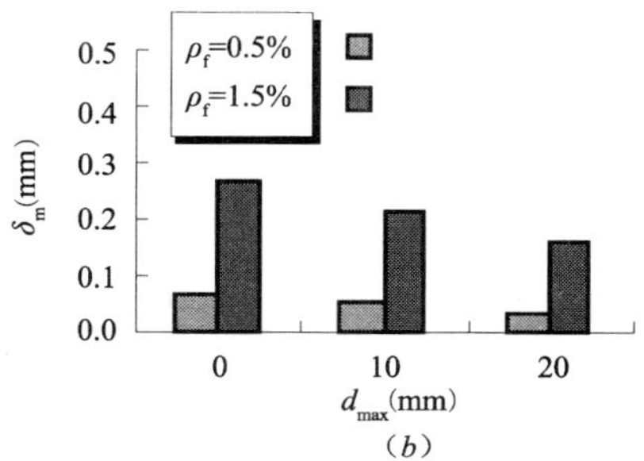

(b)

图 9.8　d_{max}对 SFHSC 临界裂缝张开位移的影响

(a) δ_t；(b) δ_m

图 9.9 为粗骨料最大粒径对 SFHSC 嘴尖比 δ_m/δ_t 的影响。结合表 9.2，从图中可以看出，钢纤维体积率为 0.5% 时，不同粗骨料最大粒径下的嘴尖比比较接近，分别为 1.413、1.342 和 1.304；钢纤维体积率为 1.5% 时，嘴尖比分别为 1.408、1.388 和 1.322。

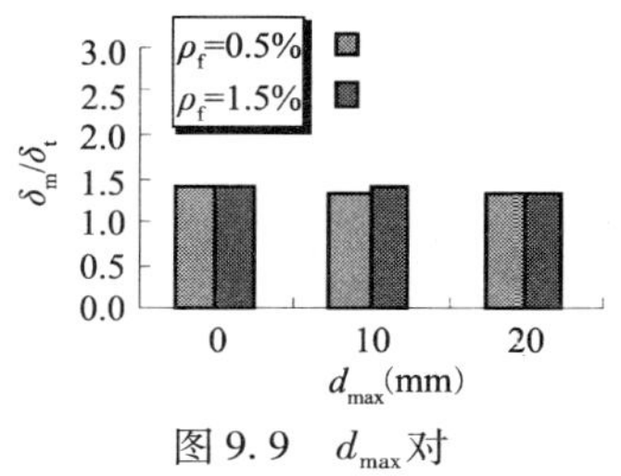

图 9.9　d_{max}对 SFHSC 嘴尖比的影响

从试验结果看，嘴尖比受粗骨料最大粒径的影响比较小，也就是钢纤维体积率为 0.5% 和 1.5% 时的 SFHSC 临界裂缝嘴张开位移和临界裂缝尖端张开位移之比趋于稳定值。

3. 水灰比

图 9.10 为水灰比对 δ_t 与 δ_m 的影响。从图中可以看出，当水灰比为 0.30 时，SFHSC 的 δ_t 与 δ_m 值最大。水灰比小，SFHSC 基体强度高，在切口梁试件所受荷载达到峰值时，试件变形小，因此，水灰比为 0.27 时，δ_t 与 δ_m 值最小。与水灰比为 0.30 相比，水灰比为 0.37 时的 δ_t 与 δ_m 值较小，主要是因为钢纤维掺入 HSC 后对于基体强度的影响所致，这也反映了 SFHSC 材料组成对于材料性能的影响具有显著的复杂性，因此可以考虑采用嘴尖比来削弱钢纤维对于分析过程的影响。图 9.11 为水灰比对 SFHSC 嘴尖比 δ_m/δ_t 的影响。从图中可以看出，随着水灰比的减小，嘴尖比也逐渐减小。对于同一根切口梁试件，钢纤维对于 δ_t 与 δ_m 的影响是一致的，在研究水灰比影响时，所有切口梁试件的钢纤维体积率均为 1.0%，用不同水灰比条件下的试件测得的嘴尖比可以将钢纤维对于结果分析的影响降至最小，因此采用嘴尖比能够比较合适地反映水灰比对于张开位移的影响。

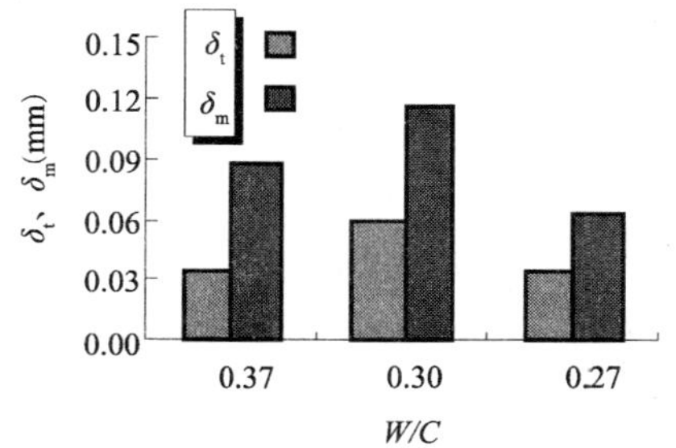

图 9.10　W/C 对 SFHSC 临界裂缝张开位移的影响

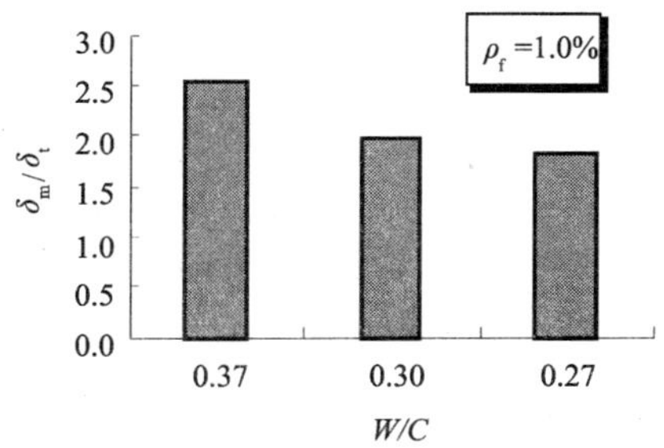

图 9.11　W/C 对 SFHSC 嘴尖比的影响

4. 钢纤维体积率

图9.12、图9.13为钢纤维体积率对 δ_t 与 δ_m 的影响。从图中可以看出，相对切口深度为0.2、0.4和0.5时，随着钢纤维体积率增大，张开位移有增大的趋势；相对切口深度为0.3、钢纤维体积率为1.0%时，张开位移最大。SFHSC在制备过程中，钢纤维的分布形态对于其阻裂性能是有影响的，其分布形态具有一定随机性，因此这组的张开位移随钢纤维体积率的变化规律与其他几组有所不同。

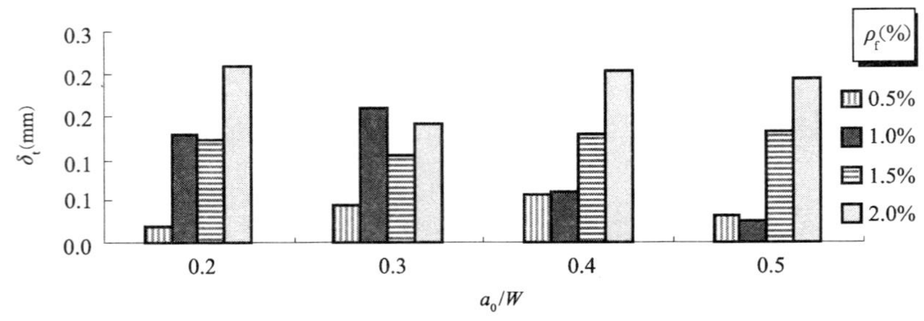

图9.12　ρ_f 对SFHSC临界裂缝尖端张开位移的影响

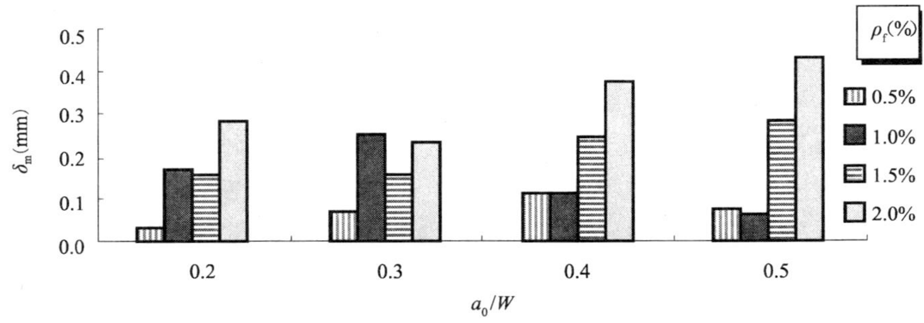

图9.13　ρ_f 对SFHSC临界裂缝嘴张开位移的影响

图9.14为钢纤维体积率对嘴尖比 δ_m/δ_t 的影响，结合表9.2，从图中可以看出，相对切口深度一定时，不同钢纤维体积率下的 δ_m/δ_t 值比较接近，$a_0/W=0.2$ 时，$\rho_f=0.5\%\sim2.0\%$，δ_m/δ_t 依次为：1.304、1.326、1.322和1.343，最大值与最小值相差2.894%，平均值为1.323；$a_0/W=0.3$ 时，$\rho_f=0.5\%\sim2.0\%$，δ_m/δ_t 依次为：1.556、1.571、1.552和1.615，最大值与最小值相差3.901%，平均值为1.574；$a_0/W=0.4$ 时，$\rho_f=0.5\%\sim2.0\%$，δ_m/δ_t 依次为：1.982、1.966、1.870和1.848，最大值与最小值相差6.761%，平均值为1.917；$a_0/W=0.5$ 时，$\rho_f=0.5\%\sim2.0\%$，δ_m/δ_t 依次为：2.364、2.296、2.158和2.221，最大值与最小值相差8.714%，平均值为2.260，因此，相对切口深度一定，钢纤维体积率变化对嘴尖比的影响较小，即 a_0/W 相同，嘴尖比 δ_m/δ_t 趋于稳定值。

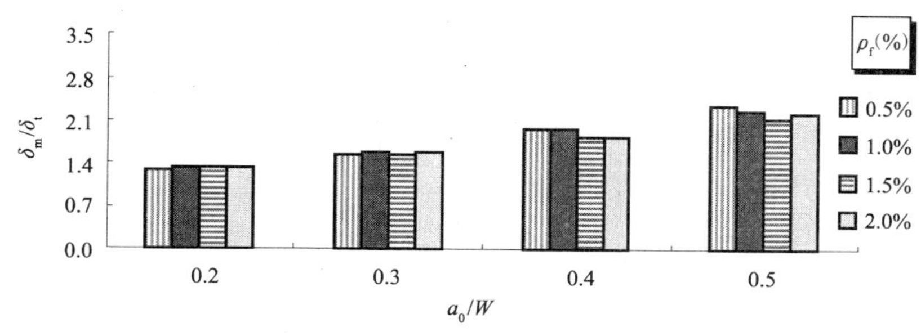

图 9.14　ρ_f 对 SFHSC 嘴尖比的影响

9.3.3　裂缝扩展长度、转动因子影响因素

1. 裂缝扩展长度与影响因素

钢纤维掺入 HSC 后，三点弯曲切口梁试件初始裂缝前缘断裂过程区的范围较普通混凝土大，亚临界裂缝扩展长度的最终值即临界裂缝扩展长度（e）相应增大[21]。从第 6 章式（6-15）、式（6-16）可知，临界裂缝扩展长度与初始裂缝长度（a_0）、临界张开位移（δ_m、δ_t）有关。

图 9.15 ~ 图 9.18 分别为相对切口深度、粗骨料最大粒径、水灰比和钢纤维体积率对临界裂缝扩展长度的影响。图 9.15 中，钢纤维体积率一定时，e 随着相对切口深度的增加逐渐减少。结合表 9.2 和图 9.15 可知，随着相对切口深度增加，δ_m/δ_t 逐渐增大，从第 6 章式（6-15）可知当分母增大的幅度超过分子增大的幅度时，分数值就减小，相应的 e 值就减小。从钢纤维阻裂效果看，若相对切口深度越小，在初始裂缝扩展区域即裂缝前缘一定区域内，钢纤维的数量更多、分布更为均匀，则阻裂效果要好，在试件达到峰值荷载时，切口梁试件变形小，裂缝张开量小，δ_m/δ_t 小，反之，δ_m/δ_t 大，最终得到图 9.15 的变化趋势。图 9.16 中，三点弯曲切口梁试件初始裂缝长度相同，因此嘴尖比决定 e 值大小，从图中可以看出，随着粗骨料最大粒径的增加，e 值小幅增加，钢纤维体积率不同，粗骨料最大粒径变化对于 e 值变幅影响也有不同。图 9.17 中，随着水灰比减小，e 值逐渐增加，因为切口梁试件的初始裂缝长度相同，因此 e 值的变化同 δ_m/δ_t 的变化趋势相反，见图 9.11。图 9.18 中，相对切口深度相同，钢纤维体积率变化，e 值变化幅度不大，最大变化不超过 9mm，最小 0.473mm，e 值变化的不规律性反映了 SFHSC 内部结构的复杂性，同时，e 值的小幅变化也说明，钢纤维对于裂缝扩展的影响是有限的，裂缝的扩展是多影响因素综合作用的结果。文献［22］研究表明，断裂过程区的扩展长度或主裂缝的亚临界扩展长度，是描述混凝土断裂特性的一个重要参数，严格地说，它应该是在瞬时加载条件下试件厚度方向各点裂缝扩展长度的统计平均值。加载时间越长，亚临界扩展长度越大。SFHSC 由于钢纤维的阻裂作用，从加载到试验结束耗时较长，从加载到荷载峰值时，不同试件用时不同，即使同一组试件用时也有差异，因此在量测计算临界裂缝扩展长度时，一定的小幅波动是正常的。

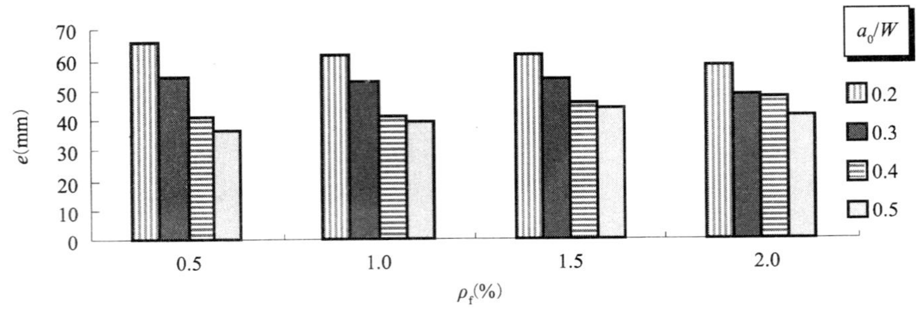

图 9.15　a_0/W 对 SFHSC 临界裂缝扩展长度的影响

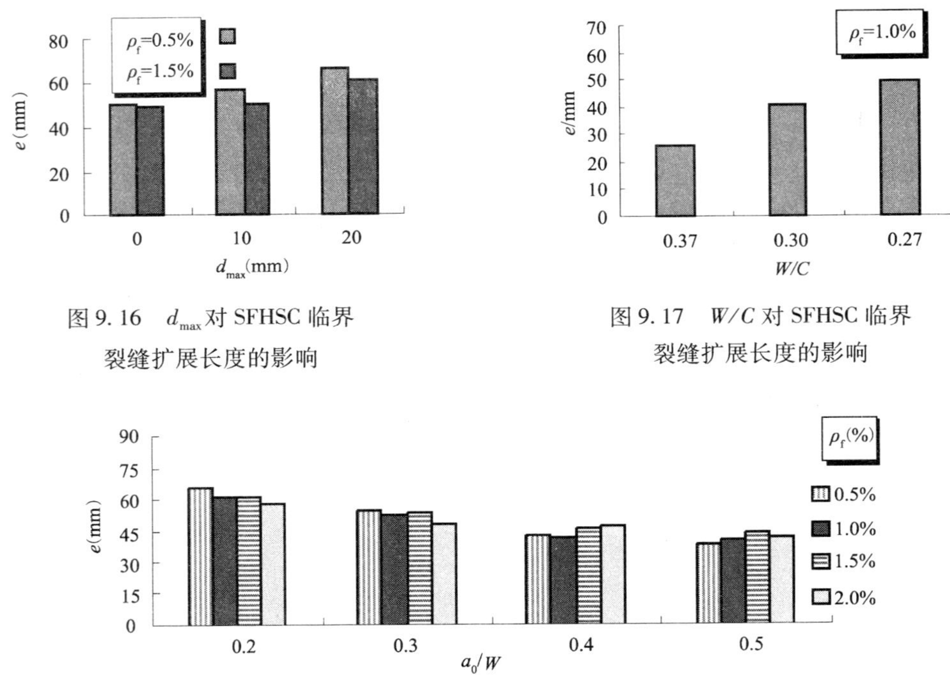

图 9.16　d_{max} 对 SFHSC 临界裂缝扩展长度的影响

图 9.17　W/C 对 SFHSC 临界裂缝扩展长度的影响

图 9.18　ρ_f 对 SFHSC 临界裂缝扩展长度的影响

2. 转动因子与影响因素

从试验结果看，临界裂缝扩展长度最大值不会超过试件韧带的长度，它与试件达到峰值荷载时，裂缝面的即时旋转点有关（见第 6 章图 6.1），旋转点位置离初始裂缝尖端位置越远，则 e 值越大。文献［12，23，24］指出：切口梁试件的变形可视为绕某中心点的刚性转动，该中心点到裂缝尖端的距离为 $r(W-a_0)$，r 称为转动因子，裂缝张开位移（CTOD、CMOD）、试件高度 W、初始裂缝长度 a_0、夹式引伸仪刀口的厚度 t 和转动因子 r 之间有以下关系：

$$\frac{\mathrm{CTOD}}{\mathrm{CMOD}}=\frac{r(W-a_0)}{t+a_0+r(W-a_0)} \tag{9-2}$$

荷载达到峰值以后，式（9-2）左边就是嘴尖比 δ_m/δ_t 的倒数，从 e 的定义可知，此时的 $r(W-a_0)$ 就是临界裂缝扩展长度，式（9-2）就表示裂缝张开位移（嘴尖比）、临界裂缝扩展长度和转动因子之间的关系。根据上式可以通过试验方法测得 *SFHSC* 的转动因子，见表 9.2。图 9.19 ~ 图 9.22 分别为相对切口深度、粗骨料最大粒径、水灰比和钢纤维体积率对转动因子的影响。图 9.19 中，钢纤维体积率一定，随相对切口深度变化，r 变化幅度不大。结合表 9.2 可知，$\rho_f = 0.5\%$，$a_0/W = 0.2 \sim 0.5$，r 分别为：0.822、0.783、0.690 和 0.737，平均值为 0.758；$\rho_f = 1.0\%$，r 分别为：0.769、0.748、0.683 和 0.789，平均值为 0.747；$\rho_f = 1.5\%$，r 分别为：0.763、0.764、0.769 和 0.866，平均值为 0.790；$\rho_f = 2.0\%$，r 分别为：0.723、0.691、0.784 和 0.818，平均值为 0.754。图 9.20 中，因为切口梁试件初始裂缝长度相同，由 r 和 e 的关系可知，r 随粗骨料最大粒径的变化规律与 e 一致，即随着粗骨料最大粒径的增加，r 值小幅增加，钢纤维体积率不同，粗骨料最大粒径变化对于 r 值变幅的影响也有不同。嘴尖比决定 r 值大小。图 9.21 中，r 随水灰比的变化规律与 e 一致，即随着水灰比减小，r 值逐渐增加。图 9.22 中，相对切口深度一定，随钢纤维体积率变化，r 变化幅度不大。结合表 9.2 可知，$a_0/W = 0.2$，$\rho_f = 0.5\% \sim 2.0\%$ 时，r 分别为：0.822、0.769、0.763 和 0.723，平均值为 0.769；$a_0/W = 0.3$ 时，r 分别为：0.783、0.748、0.764 和 0.691，平均值为 0.747；$a_0/W = 0.4$ 时，r 分别为：0.690、0.683、0.769 和 0.784，平均值为 0.731；$a_0/W = 0.5$ 时，r 分别为：0.737、0.789、0.866 和 0.818，平均值为 0.803。r 随切口梁试件的受荷不同会有所变化，不是一个定值，因此它的量测比较困难，文献［24］提出了几种确定 r 的办法，并归纳出了一些统计公式，但是对于 SFHSC 材料，随着荷载的增加，裂缝面的旋转点位置会逐渐内移，但同时由于裂缝的亚临界扩展，其旋转点的移动又有不同于其他材料的特点，因此，本试验测得的 r 针对的是切口梁试件所受荷载在峰值时的值，从试验结果看，SFHSC 的组成材料及配合比对于 r 是有影响的，钢纤维体积率（或相对切口深度）一定时，r 变化不大。

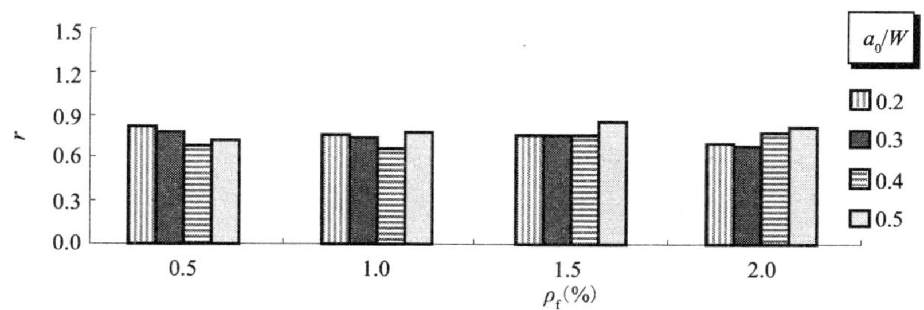

图 9.19　a_0/W 对 SFHSC 转动因子的影响

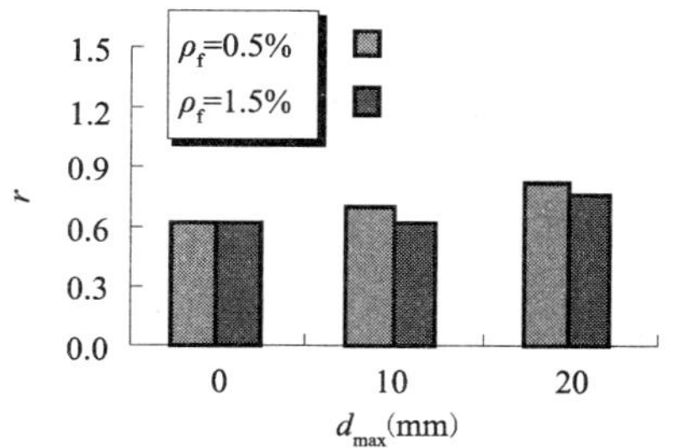

图 9.20　d_{max} 对 SFHSC 转动因子的影响

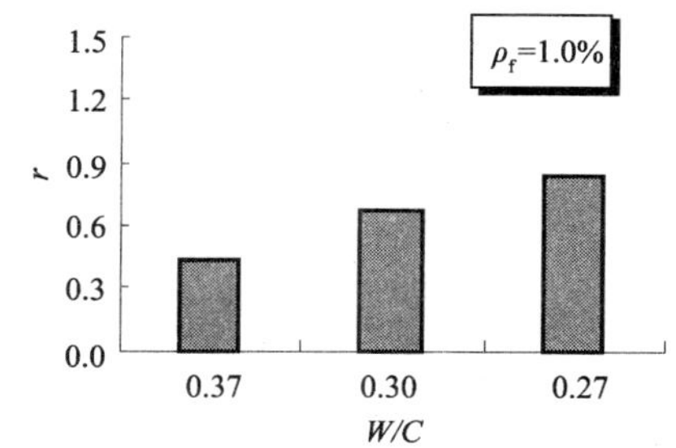

图 9.21　W/C 对 SFHSC 转动因子的影响

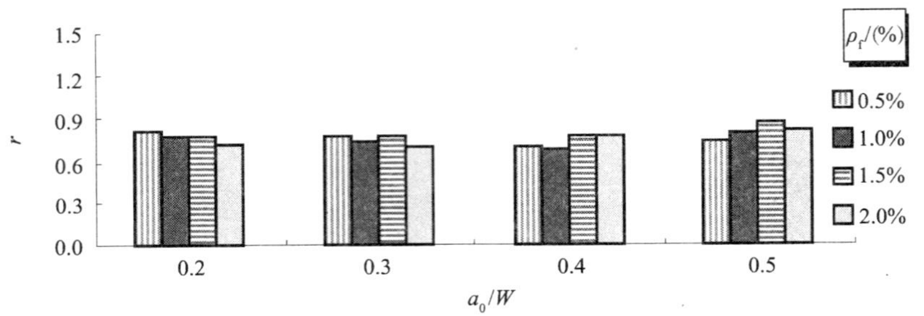

图 9.22 ρ_f 对 SFHSC 转动因子的影响

9.4 J 积分及张开位移与影响因素的关系

9.4.1 J 积分与影响因素的关系

1. J 积分临界值 J_C 与水灰比的关系式

图 9.23（a）和（b）为 SFHSC 的 J 积分临界值 J_C 与水灰比（W/C）的关系，图（a）为线性关系，图（b）为指数关系。

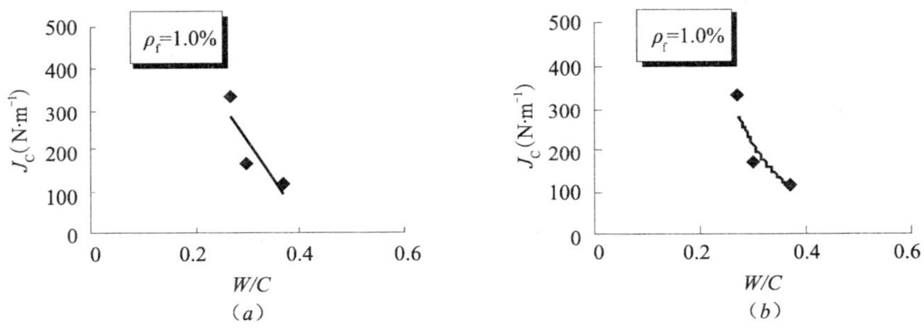

图 9.23 J 积分临界值与 W/C 间的关系

根据对试验结果的分析，J_C 随水灰比的增大而减小，为了比较客观地反映两者间的统计关系，便于确定合理的统计关系式，分别采用线性与指数关系式：

$$J_C = \alpha(W/C) + \beta \tag{9-3}$$

$$J_C = \alpha e^{\beta(W/C)} \tag{9-4}$$

式中 α，β——常数。

在式（9-3）中，α 和 β 分别为 -1910.6 和 803.87；在式（9-4）中，α 和 β 分别为 3744.39 和 -9.58。J_C 的试验值与按式（9-3）计算值之比的平均值为 1.025，标准差为 0.214，变异系数为 0.209；试验值与按式（9-4）计算值之比的平均值为 1.014，标准差为 0.165，变异系数为 0.163，从统计结果看，采用式（9-4）反映 J_C 与水灰比的关系比较合适。

2. J 积分临界值 J_C 与钢纤维体积率的关系式

图 9.24（a）、（b）、（c）和（d）分别为相对切口深度为 0.4 和 0.5 时，SFHSC 的 J 积分临界值 J_C 与钢纤维体积率（ρ_f）的关系，图 9.24（a）、（c）为线性关系，图 9.24（b）、（d）为指数关系。

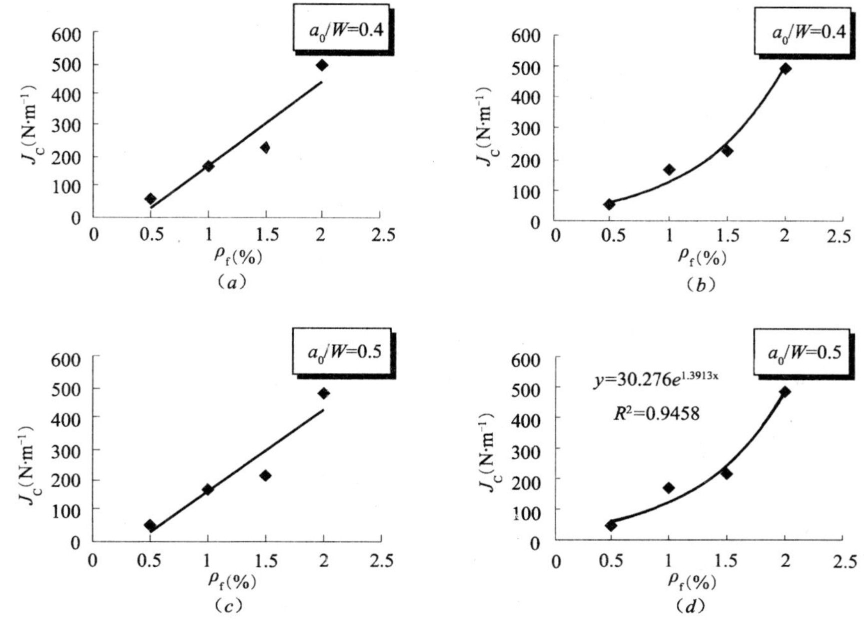

图 9.24　J 积分临界值与 ρ_f 间的关系

根据对试验结果的分析，J_C 随钢纤维体积率的增大而增大，二者之间具有线性或指数关系式：

$$J_C = \alpha\rho_f + \beta \tag{9-5}$$

$$J_C = \alpha e^{\beta\rho_f} \tag{9-6}$$

式中　α，β——常数。

在式（9-5）中，$a_0/W=0.4$ 时，α 和 β 分别为 276.69 和 −109.46；$a_0/W=0.5$ 时，α 和 β 分别为 267.77 和 −106.42。在式（9-6）中，$a_0/W=0.4$ 时，α 和 β 分别为 31.52 和 1.39；$a_0/W=0.5$ 时，α 和 β 分别为 30.28 和 1.39。

表 9.4 为按不同关系式计算得到的 J_C 试验值与计算值之比的统计量数字特征。从表中可以看出，相对切口深度一定时，采用指数型关系式计算得到的 J_C 试验值与计算值之比的平均值、标准差和变异系数较小，故采用式（9-6）反映 J_C 与钢纤维体积率的关系比较合适。

J_C 计算值与试验值之比的统计量数字特征　　　表 9.4

关系式		数字特征		
		平均值	标准差	变异系数
式（9-13）	$a_0/W=0.4$	1.186	0.420	0.354
	$a_0/W=0.5$	1.189	0.425	0.358
式（9-14）	$a_0/W=0.4$	1.015	0.180	0.177
	$a_0/W=0.5$	1.020	0.204	0.200

9.4.2 嘴尖比与影响因素的关系

从前文对 SFHSC 张开位移的试验结果分析可知，临界裂缝尖端张开位移和临界裂缝嘴张开位移与影响因素的统计关系不明显，但嘴尖比与影响因素之间却有较为明显的统计关系。图 9.25 ~ 图 9.28 为嘴尖比与影响因素间的关系。

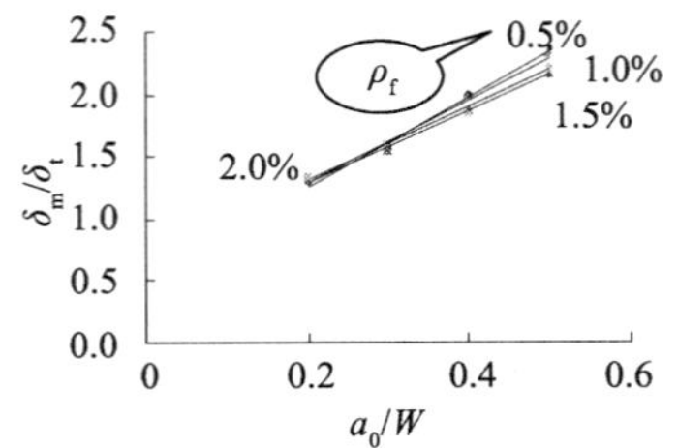

图 9.25 嘴尖比与 a_0/W 间的关系

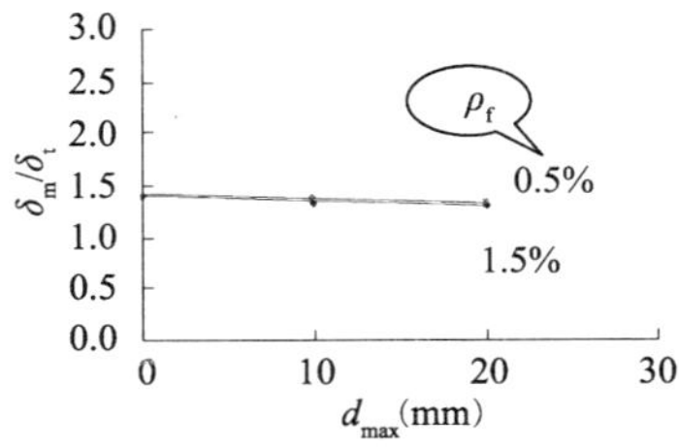

图 9.26 嘴尖比与 d_{max} 间的关系

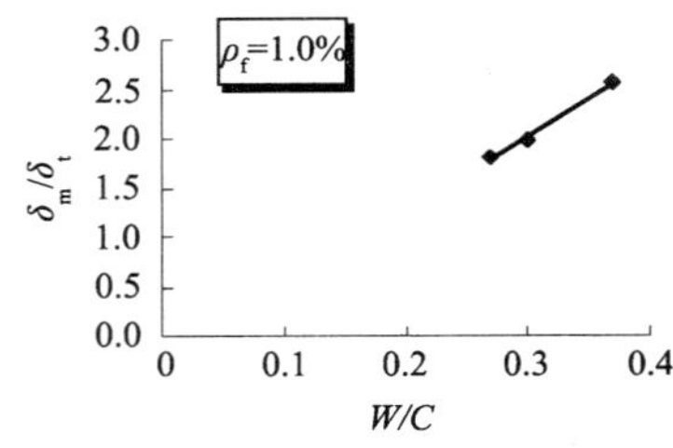

图 9.27 嘴尖比与 W/C 间的关系

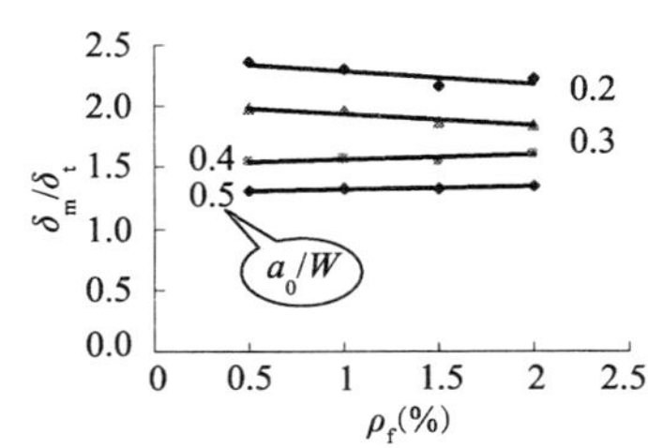

图 9.28 嘴尖比与 ρ_f 间的关系

从图 9.25、图 9.27 可以看出，随着相对切口深度、水灰比的增加，嘴尖比逐渐增加，SFHSC 张开位移试验结果表明，嘴尖比与相对切口深度、水灰比之间均具近似的线性关系，即：

$$\delta_m/\delta_t = \alpha A + \beta \tag{9-7}$$

式中 A——影响因素（相对切口深度、水灰比）参数值；

α、β——常数。

文献［20］通过预制切口梁三点弯曲试验研究指出，$a_0/W = 0.4$、不同钢纤维体积率时，嘴尖比的比值近似为常数。从图 9.26、图 9.28 可以看出，嘴尖比受粗骨料最大粒径、钢纤维体积率变化影响相对较小，SFHSC 张开位移试验结果表明，嘴尖比趋于稳定值，即：

$$\delta_m/\delta_t = C \tag{9-8}$$

式中 C——与影响因素（钢纤维体积率、粗骨料最大粒径）有关的常数。表 9.5 为不同影响因素下 α、β 和 C 值。

不同影响因素下 α、β 和 C 值 **表 9.5**

影响因素		W/C	a_0/W（ρ_f = 0.5% ~ 2.0%）				ρ_f（a_0/W = 0.2 ~ 0.5）				d_{max}（ρ_f = 0.5%、1.5%）	
α	（C *）	7.746	3.606	3.305	2.826	2.867	1.324 *	1.574 *	1.917 *	2.260 *	1.353 *	1.373 *
β		−0.319	0.539	0.633	0.736	0.753						

注：带“*”号数据表示与 ρ_f、d_{max} 有关常数。

通过试验值与计算值的比较，用式（9-7）、式（9-8）计算的 SFHSC 嘴尖比误差在 5% 以下，满足精度要求。

9.5 钢纤维高强混凝土裂缝尖端前缘区域屈服应力的计算方法

D. S. Dugdale 通过对含贯穿裂缝的薄板受均匀拉伸的实验结果分析，提出条形塑性区简化模型（D-M 模型），认为塑性区集中在裂缝尖端前缘沿裂缝方向一定长度，垂直裂缝面方向一定高度的狭长带上，塑性区内应力均为屈服应力 σ_s[25]。基于此模型，对 J 积分路线作如下选择：由裂缝下表面开始，紧贴塑性区边，但在塑性区外，沿逆时针走向，直到裂缝的上表面，如图 9.29 中的路线 ABC 所示。按照 D-M 模型假设，在塑性区的两个断面上，作用着屈服拉应力 σ_s。塑性区端点无应力奇异性，在积分路线 ABC 上，$dy=0$（近似认为塑性区边界与 x 轴平行），按 J 积分（式（1-10））定义有：

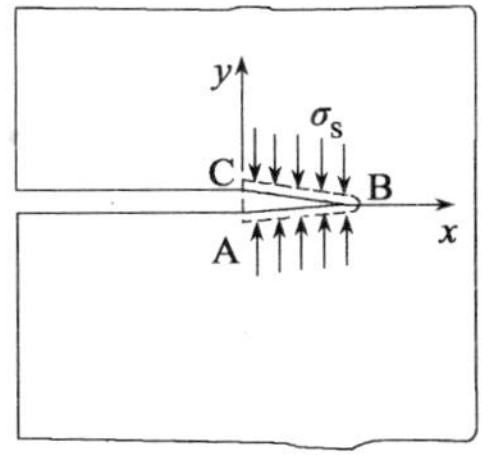

图 9.29　D-M 模型下 J 积分路线

$$J = -\int_{\mathrm{ABC}} T_i \frac{\partial u_i}{\partial x} \mathrm{d}s \tag{9-9}$$

式中　符号含义同前。在 AB 段上 $T_i=+\sigma_s$，BC 段上 $T_i=-\sigma_s$，并且 $\mathrm{d}s=\mathrm{d}x(\mathrm{d}y=0)$，裂缝张开面上 x 方向位移分量为 0，y 方向的位移分量为 v，因此式（9-9）为：

$$J = -\int_{\mathrm{A}}^{\mathrm{B}} \sigma_s \frac{\partial v}{\partial x}\mathrm{d}x + \int_{\mathrm{B}}^{\mathrm{C}} \sigma_s \frac{\partial v}{\partial x}\mathrm{d}x = -\sigma_s[v(\mathrm{B})-v(\mathrm{A})]+\sigma_s[v(\mathrm{C})-v(\mathrm{B})] \tag{9-10}$$

式中　符号含义同前。B 点是顶点，$v(\mathrm{B})=0$，A、C 为裂缝尖端，$v(\mathrm{A})=v(\mathrm{C})=\frac{1}{2}\mathrm{CTOD}$，因此 J 积分、屈服应力 σ_s 与裂缝尖端张开位移（CTOD）的关系如下[9],[24],[25]：

$$J=\sigma_s \mathrm{CTOD} \tag{9-11}$$

这个关系适用于理想塑性材料[25]。文献［9］指出，线弹性条件下，J 积分、屈服应力及裂缝尖端张开位移之间也具有式（9-11）的关系。SFHSC 裂缝前端出现类似金属的屈服现象[2]，同时 HSC 材料又是一种准脆性材料，所以其 J 积分和裂缝尖端张开位移关系也具有式（9-11）的关系。三点弯曲切口梁试件所受荷载达到峰值时，根据此时的 J 积分临界值 J_C 和裂缝尖端张开位移临界值 δ_t 可得屈服应力，见表 9.3。

但是，一方面材料存在硬化现象[25]，另一方面，实际构件裂缝尖端的塑性区并非纯粹的平面应力状态，因此要对式（9-11）进行修正[9,23]，修正后得到：

$$J=k\sigma_s \mathrm{CTOD} \tag{9-12}$$

式中　k——张开位移的减小因子。k 值与塑性区的尺寸、材料硬化指数，裂缝的形式和尺寸都有关系。一般取 $k=1\sim3$。

图 9.30、图 9.31 分别为不同钢纤维体积率、水灰比下 SFHSC 裂缝尖端前缘区域屈服应力 σ_s。在图中没有考虑采用张开位移减小因子 k 修正，仅在图中反映一种趋势，实际上，钢纤维体积率、水灰比的不同对于塑性区的尺寸、SFHSC 的材料硬化指数也是有影响的，因此在 SFHSC 裂缝前缘一定区域内的屈服应力是比较复杂的。图 9.30 中，钢纤维体积率一定时，不同相对切口深度下的 σ_s 大小是有差别的，$\rho_f=1.0\%$ 情况下，$a_0/W=$

0.5 时的 σ_s 远大于 $a_0/W=0.4$ 时的相应值，从 4 种钢纤维体积率看，随着钢纤维体积率的增大，$a_0/W=0.5$ 与 $a_0/W=0.4$ 时的 σ_s 差别减小，$\rho_f=0.5\%$ 时，相差 39.174%；$\rho_f=1.0\%$ 时，相差 59.913%；$\rho_f=1.5\%$ 时，相差 9.165%；$\rho_f=2.0\%$ 时，相差 1.934%。钢纤维体积率的增大使得裂缝尖端塑性区的屈服应力对于裂缝尺寸的依赖程度降低，钢纤维体积率越大，在裂缝扩展区域内的钢纤维数量越多，SFHSC 裂缝尖端的应力应变特征与塑性材料在屈服时的特性越接近，因此钢纤维体积率越高，测得的 σ_s 值越能反映塑性屈服时的应力特征。图 9.31 中，水灰比为 0.27 时的 σ_s 值最大，远高于 0.30 和 0.37 时的值。从图 9.30、图 9.31 中可以看出，不同影响因素下的屈服应力差别较大，规律性不强，这也反映了三点弯曲切口梁试件裂缝前缘应力应变场的不确定性以及 SFHSC 材料本身复杂的力学性能，因此，通过试验方法进一步研究 SFHSC 裂缝尖端在 D－M 模型下的屈服应力对于深入了解 SFHSC 裂尖前缘屈服区域的特性很有必要。

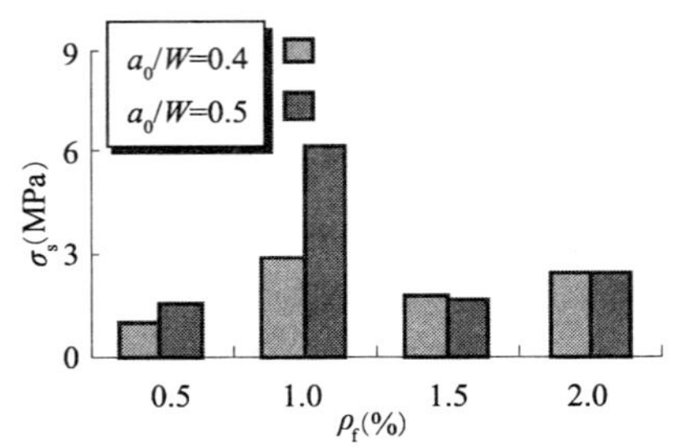

图 9.30　不同 ρ_f 下 SFHSC 裂缝尖端屈服应力

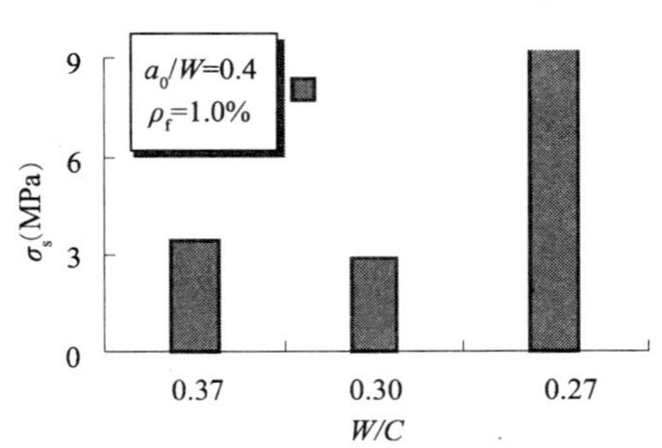

图 9.31　不同 W/C 下 SFHSC 裂缝尖端屈服应力

9.6　临界 *J* 积分计算模式

式（9-3）～式（9-6）反映了单因素对于 SFHSC J_C 的影响。从结果分析看，各单因素与 J_C 之间的关系采用一元一次模型和指数模型均可表达，为了反映各因素对 J_C 的综合影响，同时为简化数据分析过程，SFHSC 的 J_C 可表示为：

$$J_C=\alpha_1(W/C)+\alpha_2\lambda_f+\beta \tag{9-13}$$

式中　λ_f——钢纤维含量特征参数；

α_1、α_2、β——常数。

在研究水灰比对 SFHSC 的 J_C 影响时，所用试件 $a_0/W=0.4$，因此式（9-13）表示该相对切口深度时的 J_C。对 SFHSC 的 J_C 试验数据统计分析可得 α_1、α_2 和 β 分别为：－1709.20、746.60 和 460.40。SFHSC 的 J_C 试验值与按式（9-13）得到的计算值之比的平均值、标准差和变异系数分别为：1.013、0.281 和 0.278，可以看出计算值与试验值符合较好。

9.7　临界裂缝尖端张开位移计算模式

1. 解析型计算模式

在 D-M 模型下，含裂缝无限大板受到均匀拉伸应力作用，裂缝尖端的塑性区域呈窄条状，其上作用均布应力 σ_s（屈服应力），如图 9.32 所示。

图中，在均匀拉应力 σ 作用下，塑性区域尺寸为 R，此区域内裂缝表面张开受到屈服应力的约束，裂缝长度 $2a$ 处的张开量即为裂缝尖端张开位移 CTOD。根据叠加原理，CTOD 由两部分组成：一是 σ 作用下产生的 $CTOD_1$，二是 σ_s 作用下产生的 $CTOD_2$，计算过程不再赘述，结果如下：

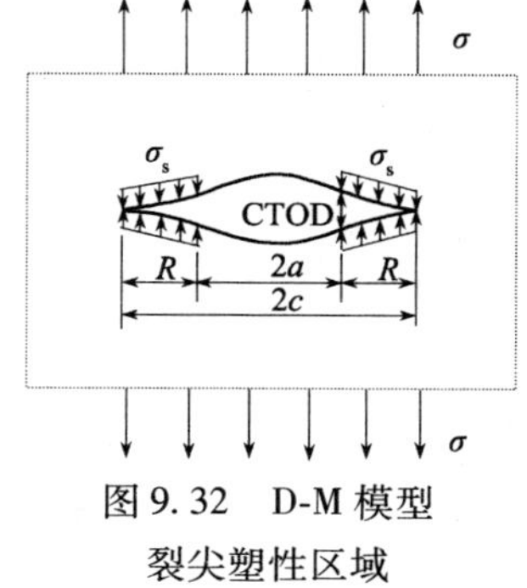

图 9.32　D-M 模型裂尖塑性区域

$$CTOD_1 = \frac{4\sigma}{E}\sqrt{c^2 - a^2} \tag{9-14}$$

$$CTOD_2 = -\frac{4\sigma}{E}\sqrt{c^2 - a^2} + \frac{8a\sigma_s}{\pi E}\ln\frac{c}{a} \tag{9-15}$$

由式（9-14）、式（9-15）可得：

$$CTOD = \frac{8a\sigma_s}{\pi E}\ln\frac{c}{a} \tag{9-16}$$

式中　E——弹性模量。

同样，根据叠加原理，σ 和 σ_s 分别单独作用在新裂缝尖端产生的应力强度因子的和应为零，σ 和 σ_s 单独作用下裂缝尖端的应力强度因子计算在此不再赘述，仅给出结果：

$$K_1 = \sigma\sqrt{\pi c} \tag{9-17}$$

$$K_2 = -2\sigma_s\sqrt{\frac{c}{\pi}}\arccos\frac{a}{c} \tag{9-18}$$

式中　K_1——σ 单独作用下裂缝尖端的应力强度因子；

K_2——σ_s 单独作用下裂缝尖端的应力强度因子。

由式（9-17）和式（9-18）可得：

$$K_1 + K_2 = -2\sigma_s\sqrt{\frac{c}{\pi}}\arccos\frac{a}{c} + \sigma\sqrt{\pi c} = 0 \tag{9-19}$$

由式（9-16）和式（9-19）可得：

$$CTOD = \frac{8a\sigma_s}{\pi E}\ln\left(\sec\frac{\pi\sigma}{2\sigma_s}\right) \tag{9-20}$$

式（9-20）即为裂缝尖端张开位移计算公式，此式涉及物理量较多，一般只作为张开位移的解析表达式，在裂缝扩展的临界状态时，该式即表示临界裂缝尖端张开位移计算公式。

2. 嘴尖比型计算模式

临界裂缝尖端张开位移的计算，目前多采用三点弯曲试件，利用夹式引伸仪来测量刀口张开位移（裂缝嘴张开位移），并按一定的几何关系换算得到，采用这种方法要正确地确定转动因子，即原则上对不同的裂缝嘴张开位移值应采用不同的转动因子值来计算裂缝尖端张开位移，但这是很麻烦的[9]。美国西北大学的 S. P. Shah 教授和大连理工大学的徐世烺教授、赵国藩院士分别提出了混凝土临界裂缝尖端张开位移的计算公式[26,27]：

$$\delta_t = \delta_m\left[\left(1 - \frac{a_0}{a_0 + e}\right)^2 + \left(1.081 - 1.149\frac{a_0 + e}{W}\right)\left(\frac{a_0}{a_0 + e} - \frac{a_0^2}{(a_0 + e)^2}\right)\right]^{1/2} \tag{9-21}$$

$$\delta_t = \delta_m\frac{0.55(a_0 + e)}{0.55(a_0 + e) + a_0 + h_0} \tag{9-22}$$

式中　h_0——夹式引伸仪刀口厚度。

表 9.6 为试验值与按照式（9-21）和式（9-22）分别计算得到的 δ_t 计算值的比较。

δ_t 计算值与试验值 **表 9.6**

试件编号	试验值	公式（2）	试验值/计算值	公式（3）	试验值/计算值
MF05-2	0.021	0.018	0.964	0.022	1.147
MF10-2	0.129	0.110	0.977	0.132	1.175
MF15-2	0.121	0.103	0.980	0.123	1.180
MF20-2	0.210	0.178	0.971	0.216	1.180
MF05-3	0.045	0.040	0.967	0.047	1.125
MF10-3	0.161	0.143	0.964	0.167	1.128
MF15-3	0.105	0.092	0.973	0.108	1.135
MF20-3	0.143	0.127	0.951	0.150	1.122
MF05-4	0.057	0.056	0.928	0.061	1.011
MF10-4	0.059	0.058	0.938	0.063	1.022
MF15-4	0.131	0.126	0.961	0.136	1.043
MF20-4	0.204	0.194	0.969	0.211	1.050
MF05-5	0.033	0.036	0.945	0.035	0.910
MF10-5	0.027	0.029	0.956	0.028	0.922
MF15-5	0.133	0.139	0.993	0.134	0.960
MF20-5	0.195	0.206	0.979	0.199	0.946
MF10a-4	0.034	0.039	0.810	0.042	0.875
MF10b-4	0.035	0.033	0.983	0.036	1.062
MF05g0-2	0.046	0.039	0.941	0.049	1.170
MF05g10-2	0.038	0.032	0.974	0.039	1.187
MF15g0-2	0.191	0.162	0.945	0.202	1.176
MF15g10-2	0.152	0.128	0.955	0.159	1.184

图9.33、图9.34为试验值与按公式（9-21）和式（9-22）得到计算值之比，横轴1～22数字依次对应表3中自上而下的试件编号。从图9.33中可以看出试验值与按照公式（9-21）得到的计算值之比均接近1，经计算可知，除编号为MF10a-4的试件外，试验值与计算值相差不超过8%，最小为0.67%。从图9.34中可以看出按照公式（9-22）得到的计算值与试验值之比在1附近变化，试验值与计算值相差不超过16%，最小为1.12%。从图中可以看按公式（9-21）得到的比值变化幅度较小，按公式（9-22）得到的比值围绕1变化幅度较大，采用公式（9-21）计算 δ_t 的效果好。

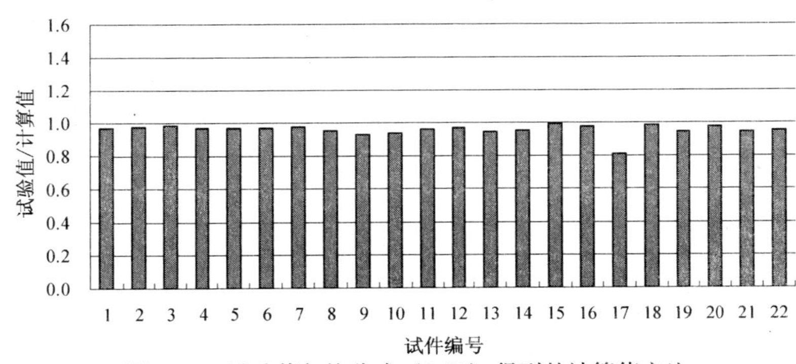

图9.33 试验值与按公式（9-21）得到的计算值之比

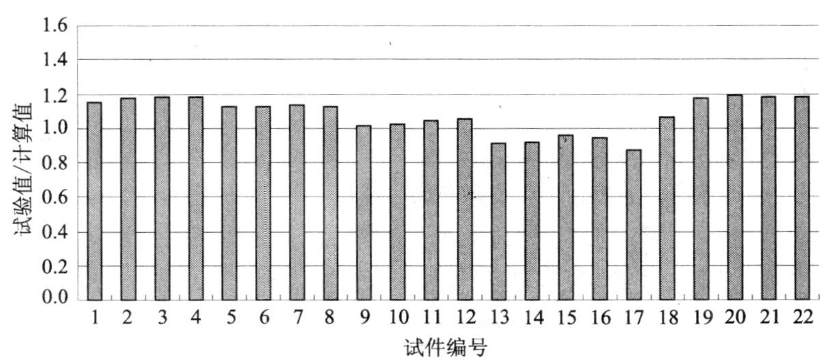

图 9.34　试验值与按公式（9-22）得到的计算值之比

式（9-21）和式（9-22）是针对普通混凝土得到的 δ_t 计算公式。根据式（9-7）和式（9-8）可得 SFHSC 的 δ_t 计算公式：

$$\delta_t = \frac{\delta_m}{\alpha A + \beta} \tag{9-23}$$

$$\delta_t = \frac{\delta_m}{C} \tag{9-24}$$

式中，符号含义同式（9-7）、式（9-8），参数取值见表 9.7，表 9.7 为不同影响因素下 δ_t 试验值与计算值之比的统计量数字特征，可以看出，根据式（9-23）、式（9-24）计算所得的 δ_t 计算值与试验值符合较好，式（9-23）、式（9-24）能够反映不同因素对 δ_t 试验结果的影响。

不同影响因素下 δ_t 试验值与计算值之比的统计量数字特征　　**表 9.7**

影响因素	W/C	$a_0/W(\rho_f=0.5\%\sim2.0\%)$				$\rho_f(a_0/W=0.2\sim0.5)$				d_{max} ($\rho_f=0.5\%$、1.5%)	
平均值	1.000	0.994	1.000	1.000	1.000	0.995	1.000	1.001	1.001	0.933	1.001
标准差	0.015	0.034	0.021	0.013	0.017	0.006	0.016	0.031	0.034	0.026	0.027
变异系数	0.015	0.035	0.021	0.013	0.017	0.006	0.016	0.030	0.034	0.026	0.027

注：第 2～6 列分别表示 δ_t 试验值与按式（9-23）得到的 δ_t 计算值之比的统计量数字特征；第 7～12 列分别表示 δ_t 试验值与按式（9-24）得到的 δ_t 计算值之比的统计量数字特征。

式（9-7）、式（9-8）反映了单因素对于 SFHSC 嘴尖比的影响。相对切口深度和水灰比与嘴尖比之间的关系均可用一元一次回归模型表达；钢纤维体积率和粗骨料最大粒径与嘴尖比之间的关系可用常数模型表达。为了反映各因素对嘴尖比的综合影响，SFHSC 的嘴尖比可表示为：

$$\delta_m/\delta_t = \alpha_1(W/C) + \alpha_2(a_0/W) + \alpha_3(d_{max}/20) + \alpha_4\lambda_f + \beta \tag{9-25}$$

由式（9-25）可得反映多因素影响下的裂缝尖端张开位移计算公式为：

$$\delta_t = \frac{\delta_m}{\alpha_1(W/C) + \alpha_2(a_0/W) + \alpha_3(d_{max}/20) + \alpha_4\lambda_f + \beta} \tag{9-26}$$

式中　α_1、α_2、α_3、α_4、β——常数。

对 SFHSC 张开位移试验数据统计分析可得 α_1、α_2、α_3、α_4 和 β 分别为：8.154、3.183、-0.104、-0.105 和 -1.635。SFHSC 的 δ_t 试验值与按式（9-26）得到的计算值

之比的平均值、标准差和变异系数分别为：1.001、0.030 和 0.030，可以看出计算值与试验值符合较好。

从形式上看，式（9-21）、式（9-22）中包含较多的试件初始状态信息，如初始裂缝长度、试件高度和引伸仪刀口厚度等；式（9-23）、式（9-24）和式（9-26）则包含钢纤维混凝土材料组成的信息，在配合比已知的情况下采用式（9-23）、式（9-24）和式（9-26）可以较好地反映诸因素对临界裂缝张开位移的影响。需要说明的是，式（9-23）、式（9-24）和式（9-26）表示裂缝嘴张开位移和裂缝尖端张开位移的比值（嘴尖比）作为一个物理量与试件初始状态量或钢纤维混凝土材料组成量建立联系，因此公式对嘴尖比的变化规律依赖性较强。

9.8 小　结

通过对 SFHSC 三点弯曲切口梁试件的 J 积分和张开位移试验研究可得到以下结论：

1. 形变功（U）和韧带尺寸参数$\left(\dfrac{2}{B\ (W-a_0)}\right)$是决定 SFHSC 的 J 积分大小的两个因素。相对切口深度对于三点弯曲切口梁试件形变功和韧带尺寸参数有着双重影响，所以从综合效果看，钢纤维体积率一定时，相对切口深度对于 SFHSC 的 J 积分临界值 J_C 的影响不显著。

2. 相对切口深度一定，即韧带尺寸参数一定，形变功决定 SFHSC 的 J 积分的临界值大小，随着水灰比的减少，J_C 值逐渐增大；钢纤维体积率越高，形变功越大，SFHSC 的 J_C 越大。

3. 裂缝尖端张开位移的变化反映了裂尖前缘处的应力应变场的变化，钢纤维的影响在裂尖处表现明显，裂缝嘴张开位移临界值 δ_m 的变化是由裂缝尖端张开位移临界值 δ_t 的改变决定的，两者的变化趋势一致。

4. 在试验过程中试验条件、试件尺寸等影响因素使得 δ_t 与 δ_m 的测试值会有差异，就单个试件而言，影响因素对于 δ_t 与 δ_m 的影响是完全相同的，采用嘴尖比来反映相对切口深度、粗骨料最大粒径、水灰比和钢纤维体积率对于张开位移的影响是比较合适的。

5. 不同相对切口深度对 δ_t 与 δ_m 的影响规律不明显，δ_t 与 δ_m 的变化趋势基本一致，随着相对切口深度的增大，嘴尖比逐渐增加；随着粗骨料最大粒径的增加，ρ_f 为 0.5% 和 1.5% 时的 δ_t 与 δ_m 逐渐减小，嘴尖比受粗骨料最大粒径的影响比较小；$W/C=0.30$ 时，δ_t 与 δ_m 值最大，$W/C=0.27$ 时，δ_t 与 δ_m 值最小，随着水灰比的减小，嘴尖比也逐渐减小；不同钢纤维体积率下，δ_t 与 δ_m 的变化趋势基本一致，钢纤维体积率变化对嘴尖比的影响较小，嘴尖比趋于稳定值。

6. 亚临界裂缝扩展长度的最终值即临界裂缝扩展长度（e）是一个可通过三点弯曲试验确定的物理量，与初始裂缝长度、张开位移（嘴尖比 δ_m/δ_t）密切相关。随着相对切口深度的增加，e 逐渐减少，δ_m/δ_t 逐渐增大；随着粗骨料最大粒径的增加，e 值小幅增加；钢纤维对于裂缝扩展的影响是有限的，钢纤维体积率变化，e 值变化幅度不大。

7. 转动因子（r）决定裂缝面旋转点距初始裂缝尖端的距离，在切口梁试件的受荷达到峰值时，利用试验测得的临界裂缝扩展长度可以求得此时的转动因子，嘴尖比 δ_m/δ_t 决定转动因子的大小。相对切口深度变化，对转动因子变化幅度影响不大；随着粗骨料最大粒径的增加，转动因子值小幅增加；随着水灰比减小，转动因子值逐渐增加；钢纤维体积率对转动因子影响不大。

8. 根据条形塑性区简化模型（D-M 模型），利用试验测得的深裂缝切口梁试件临界 J 积分 J_C 和临界裂缝尖端张开位移 δ_t 可以得到峰值荷载下的试件裂缝尖端前缘区域内的屈服应力 σ_s，从试验结果看，钢纤维体积率越高，切口深度对 σ_s 的影响越小，σ_s 值越稳定，此时 σ_s 值更能反映屈服时的裂缝尖端前缘区域的应力特征。

9. 峰值荷载下的临界 J 积分（J_C）、临界裂缝尖端张开位移（δ_t）和临界裂缝嘴张开位移（δ_m）可通过试验方法测试得到，临界裂缝扩展长度（e）、转动因子（r）和临界裂缝尖端前缘区域屈服应力（σ_s）可通过 J_C、δ_t 和 δ_m 计算求得，计算方法见第 6 章式（6-15）和式（6-16）、本章式（9-11）和式（9-12）。本章提出的是一种根据试验结果计算这些参数的方法，实际上，这些参数有各自的变化规律，受试验材料自身特性的制约。

10. 单一影响因素与 SFHSC 的 J 积分临界值或嘴尖比之间多具有线性关系。在此基础上，建立了考虑多因素影响的 J 积分临界值和临界裂缝尖端张开位移计算公式（9-13）和式（9-26），计算结果与试验结果符合较好。

参考文献

[1] 高丹盈，刘建秀．钢纤维混凝土基本理论［M］．北京：科学技术文献出版社，1994.

[2] 罗章，李夕兵，凌同华．钢纤维混凝土的增强机理与断裂力学模型研究［J］．矿业研究与开发，2003，23（4）：18-22.

[3] V. C. Li. Fracture resistance parameters for cementitious materials and their experimental determination [C]//S. P. Shah, ed. Application of Fracture Mechanics to Cementitous Composites, Dordrecht: Matinus Nijihoff Publisher, 1985: 431-439.

[4] 胡逾，张朝新，王健．不同切口对混凝土断裂参数的影响［J］．华中工学院学报，1987，15（1）：7-11.

[5] 段树金．断裂过渡区长度张开位移和 J 积分的计算［J］．石家庄铁道学院学报，2000，13（3）：4-7.

[6] 钱济成，林建华．混凝土断裂的非线性分析［J］．水利学报，1987，（1）：10-16.

[7] S. S. Hsieh, et al. A plastic-fracture model for concrete[J]. Inter. J. Solids and Structures, 1982, 18(3): 37-64.

[8] 赵吉坤，周红军．混凝土疲劳寿命的尺寸效应［J］．建筑技术开发，2004，31（8）：66-88.

[9] 尹双增. 断裂 · 损伤理论及应用［M］．北京：清华大学出版社，1992.

[10] 程庆国，高路彬. 钢纤维混凝土理论及应用［M］．北京：中国铁道出版社，1999.

[11] 程秀菊，朱为玄．钢纤维混凝土 K_{IC} 计算公式初探［J］．河海大学学报（自然科学版），2005，33（4）：422-454.

[12] 王占桥．纤维增强与加固混凝土断裂与粘结能力［D］．郑州：郑州大学博士学位论文，2007.

[13] 徐世烺，赵国藩．混凝土裂缝的稳定扩展过程与临界裂缝尖端张开位移［J］．水利学报，1984，（4）：33-44.

[14] 王利民，杨爱兰，张东焕．混凝土断裂特性与裂纹张开位移［J］．淄博学院学报（自然科学与工程版），2002，4（1）：11-16.

[15] 王利民，徐世烺，赵熙强．考虑软化效应的黏聚裂纹张开位移分析［J］．中国科学 G 辑，2006，36（1）：59-71.

[16] 吴智敏，徐世烺，王金来．混凝土断裂韧度及临界裂缝尖端张开位移——基于虚拟裂缝模型的分析［J］．三峡大学学报（自然科学版），2002，24（1）：29-34.

[17] 高丹盈，王占桥，钱伟，赵广田．钢纤维高强混凝土断裂能及裂缝张开位移［J］．硅酸盐学报，2006，34（2）：192-198.

[18] 崔振源．断裂韧性测试原理和方法［M］．上海：上海科学技术出版社，1981.

[19] 褚武扬．断裂韧性测试［M］．北京：科学出版社，1979.

[20] 高丹盈，张廷毅．三点弯曲下钢纤维高强混凝土的断裂性能（英文）［J］．硅酸盐学报，2007，35（12）：1630-1635.

[21] 高丹盈，张廷毅，张启明，李士会．三点弯曲下钢纤维高强混凝土与高强混凝土断裂韧度［C］2007土木工程结构创新与可持续发展论坛论文集，上海，2007.

[22] 徐世烺，赵国藩．混凝土裂缝的稳定扩展过程与临界裂缝尖端张开位移［J］．水利学报，1984，（2）：33-44.

[23] 黄克智，余寿文．弹塑性断裂力学［M］．北京：清华大学出版社，1985.

[24] 庄茁，蒋持平．工程断裂与损伤［M］．北京：机械工业出版社，2004.

[25] 沈成康．断裂力学［M］．上海：同济大学出版社，1996.

[26] Ienq. Y. S. and Shah, S. P.. Determination of Fracture Parameters(K_{IC}^{s} and $CTOD_{C}$) of Plain Concrete Using Three-Point Bend Tests. Material and Structures[J]. Materials and Structures ,1990,23(138):457-460.

[27] 徐世烺，赵国藩．混凝土断裂力学研究［M］．大连：大连理工大学出版社，1991.

第 10 章　混杂纤维高强混凝土断裂性能

混凝土高强化后，随着强度等级的增加，脆性也相应增加。试验研究表明，HSC 试件破坏过程存在大量粗集料被剪断或拉断的现象，力学行为上呈现显著的脆性破坏特征。在混凝土基体中掺入纤维是强化、韧化混凝土，改善其性能的有效途径[1]。钢纤维弹模较高，将其掺入混凝土基体后能够显著地改善基体的抗拉、抗弯、抗冲击及抗疲劳性能，降低基体脆性，使之具有较好的延性。尽管目前应用最广、技术上最成熟、基本性能研究最透、商业化程度最高的当属钢纤维混凝土[2]，但钢纤维混凝土存在钢纤维价格高、钢纤维品种、形状等对其力学性能有很大影响、施工难度相对较大等问题，因此其应用领域受到一定限制。与钢纤维混凝土相比，合成纤维混凝土具有钢纤维掺量少、成本低、耐化学腐蚀等优点[3]。聚丙烯作为合成纤维的一种，能够在混凝土基体硬化过程中起到约束裂缝扩展的作用，即早期的阻裂效果较好。但是混凝土硬化以后，特别是在混凝土受荷以后，由于聚丙烯纤维的弹模低，并不能有效阻止裂缝的扩展，对混凝土的抗压、抗拉、抗弯、抗折强度的提高贡献不是很显著，因此，采用两种不同特性和优点的纤维掺入 HSC 基体是一种获得高性能混凝土的有效方法。目前，混杂纤维高强混凝土（Hybrid Fiber Reinforced High Strength Concrete，简称 HFHSC）已经逐步得到了应用，如在长江口深水航道治理工程中的大圆筒结构上使用[4]。混杂纤维混凝土具有单一纤维混凝土不能具有的力学特性，同时，通过合理的配合比设计，混杂纤维混凝土又能够减低混凝土自重并降低工程总造价，因此其应用的领域将会十分广阔。

10.1　混杂纤维混凝土断裂性能研究概况

由于多相、多组分混凝土本身具有多尺度层次的结构特征，因而单一纤维增强作用是有限的。采用不同性能和不同尺度的纤维混杂增强，能使其在混凝土不同的结构层次、性能层次上充分发挥各种纤维的尺度和性能效应，达到逐级阻裂与强化的功能[5~7]。复合材料观点认为[8]，混凝土材料的组织结构可分为三级，即：硬化水泥浆、砂浆和混凝土。第一级混凝土中可认为砂浆为基相，粗骨料为分散相，粗骨料与砂浆的结合面为薄弱面，该处产生结合缝，混凝土的破坏首先从这些结合缝开始。第二级砂浆中可认为水泥浆为基相，砂为分散相，砂与水泥浆的结合面是薄弱面，常产生结合缝，其尺寸比砂浆与粗骨料的结合缝至少小一个数量级。第三级硬化水泥浆中可认为硬化水泥浆体为基相，一些缺陷如未水化的水泥颗粒和孔隙可看作分散相。有研究表明，这些缺陷的尺寸比砂和水泥浆的结合缝至少小几个数量级。依据复合材料理论，通过不同纤维之间的混杂，复合材料各相之间也可以产生性能互补、工艺互补、使用效能互补、经济互补，使复合材料出现协同效应（正混杂效应），产生性能可靠、经济和社会效益均较理想的复合材料。混凝土属水泥基复合材料，是复合材料的一种，也存在纤维混杂叠加增强的可能性。一般而言，高弹纤维增强、增韧效果均很好，但价格较高；低弹纤维增强效果较差，增韧效果较好，价格便宜，可通过合理的材料设计，经纤维混杂，相互取长补短，在不同层次和受荷阶段发挥“混杂效应”来增强混凝土[9]。混杂纤维混凝土是混凝土研究的一个新兴领域，在许多方面尚有待进一步系统地探讨和研究，诸如各组分掺量、纤维混杂比例、复合材料各组分间的关系及其对混凝土强度、耐久性、工作性的影响。

混杂纤维混凝土复合材料可以分为两类[10,11]：一类为不同尺寸的纤维混杂。这种尺寸混杂的观点源自于混凝土自身的特点，即不同尺寸的颗粒组合在一起可获得致密的混凝土和尺寸稳定性，因此可以将大尺寸的宏观纤维（提高宽裂缝韧性）和细的微观尺寸的纤维（增强基体和峰前或刚起裂情况下的荷载效应）混杂，利用微观尺寸的纤维来改善宏观纤维的拔出特性，从而产生具有高强度和高韧性的混凝土复合材料。第二类混杂形式为具有相似尺寸特点但是弹性模量不同的纤维混杂，例如，将高弹模的钢纤维或碳纤维与低弹模的聚丙烯纤维混杂。对此类纤维的混杂效应解释不尽相同，文献［10～12］认为：高弹模的纤维如果能够粘结合适，就能在小开裂或中度开裂位移条件下达到最优化的增强能力，低弹模的纤维（如聚丙烯纤维）只有在大开裂位移的情况下才能完全发挥其增强作用；通过纤维混杂能够在大范围开裂位移条件下获得具有高韧性的混凝土复合材料。文献［13］认为：混凝土基体开裂首先是微开裂，如果纤维相距太远就不能阻止微裂缝，一旦微裂缝聚积形成宏观裂缝，大纤维就可以阻止宏观裂缝的衍生，因此可以极大地提高复合材料的韧性，随着微裂缝的出现，微纤维因为对于给定体积率的纤维来说，它们相对距离较小，可以桥联微裂缝，极大地提高复合材料的抗拉强度。文献［14］认为：当在混凝土中同时掺入两种或两种以上纤维时，一方面，弹性模量较混凝土高的纤维（如钢纤维、抗碱玻璃纤维、碳纤维等）起增强材料的作用，抑制裂缝的扩展。弹性模量与混凝土相当的化纤类纤维（如聚丙烯纤维、丙纶纤维、聚乙烯纤维等）能显著提高纤维增强混凝土的裂后变形能力，形成所谓的多点开裂；另一方面，随混凝土中纤维体积含量的增加，混凝土中纤维间距将明显减小，从而可明显提高纤维混凝土的抗裂性和断裂韧性。

文献［5］从断裂力学理论出发，采用应力强度因子解释了混杂纤维改善混凝土物理力学性能的机理，指出由于水泥基复合材料各结构层次存在不同尺度量级的孔缝，因而其裂缝尖端的应力强度 K 值不同，可假设众多裂缝的应力强度因子构成一个分布函数 $\phi(K)$。另一方面，纤维的掺入对裂缝尖端产生一个反向的应力场，从而降低裂缝尖端的应力强度因子。纤维的阻裂增韧作用及其性能与特征参数密切相关，特征参数主要有纤维体积率 V_f、纤维弹模 E_f、纤维长度 l_f、纤维直径 d_f 和长径比 l_f/d_f 等，这些特征参数又构成一个分布函数 $F=f$（V_f、E_f、l_f、d_f、l_f/d_f）。显然，各种纤维的 F 值是不同的。裂缝尖端的应力强度因子的分布函数 ϕ（K）与函数 F 有一定的对应关系。纤维混杂整体实现了裂缝尖端的应力强度因子降低，达到最优的阻裂与增强效果，从而显著提高纤维增强水泥基复合材料的物理力学性能和耐久性。

文献［15］基于纤维水泥基材料的桥联法则（桥联应力裂缝张开位移关系）和 K 叠加原理，建立了混杂纤维水泥基复合材料的桥联裂缝模型，并针对三点受弯梁建立了简化的断裂分析模型。桥联裂缝模型能够描述混杂纤维水泥基复合材料断裂全过程的裂缝扩展规律，灵活地分析不同纤维对断裂韧度的贡献，并可以计算混杂纤维水泥基复合材料裂缝尖端应力强度因子、断裂韧度和临界缝长。并对采用纤维混杂的方法提高复合材料的抗拉强度和韧度的机理进行了探讨，认为复合材料的抗拉强度取决于纤维的间距，粗长纤维虽然能提高复合材料的断裂韧度，但对抗拉强度的提高贡献不大，因为拉伸破坏是由于微裂缝逐渐延伸、汇集成宏观裂缝造成的，一般体积分数的粗长纤维间距较大，不能有效抑制或钝化微裂缝。微细纤维的直径与水泥粒径具有相同的数量级（$<25\mu m$），当纤维体积分数一定时，微细纤维要比长纤维间距密，能阻止微裂缝汇聚成宏观裂缝。一旦临界裂缝形成，较长的纤维能桥联较宽的裂缝，有益于提高材料韧度。

文献［16］采用楔劈拉伸试验研究了 HFHSC 的断裂韧度和断裂能。试验结果表明，在聚丙烯纤维掺量一定的条件下，HFHSC 断裂韧度增益比和断裂能的增益比随着钢纤维体积率的增加呈线性上升，断裂韧度在 1.053 和 1.583 之间，断裂能在 3.25 和 11.82 之间，表明钢纤维在 HFHSC 断裂性能的改善方面起着主导作用；在钢纤维体积率一定的条件下，聚丙烯纤维掺量变化对断裂韧度和断裂能增益比的影响没有明显的规律性；纤维的掺入可以极大地改善 HSC 的断裂性能，纤维掺量较小的 HFHSC 表现出了纤维的正混杂效应，随着纤维掺量的增加，纤维的混杂效应逐渐消失。

文献［17］采用楔劈拉伸试验研究了 HFHSC 断裂参数的纤维混杂效应。试验结果表明，钢纤维在 HFHSC 断裂性能的改善方面起着主导作用，而聚丙烯纤维对断裂性能的改善具有较大的局限性；当钢纤维体积率为 1.5% 时，掺加 $0.6\sim1.2kg/m^3$ 的聚丙烯纤维，对 HSC 断裂韧度及断裂能均能起到较好的协同混杂效应，尤以断裂能更为显著；当聚丙烯纤维掺量为 $0.9kg/m^3$ 时，从 HFHSC 的断裂韧度增益效果和断裂能的增益效果方面考虑，较小的钢纤维体积掺量能获得更为理想的协同混杂效应；不同类型的钢纤维与聚丙烯纤维的混杂对 HSC 各断裂参数具有不同的影响。钢纤维类型对 HSC 断裂韧度的混杂效应没有明显差别，但对断裂能和裂缝张开位移混杂效应的影响相对较为显著，铣削型钢纤维与聚丙烯纤维的综合作用优于切断型和剪切型钢纤维。

文献［18］采用三点弯曲试验研究了纤维混杂混凝土的断裂能和混杂效应。试验结果表明：各种直径的钢纤维与聚丙烯纤维混杂对提高水泥基材料的断裂能均可产生混杂效应，而且以较大钢纤维-聚丙烯纤维混杂体系的断裂能最大；由于钢纤维与聚丙烯纤维增韧耗能机制的差异，在变形较小阶段，钢纤维尺度越小，其与聚丙烯纤维的混杂效应发挥得越好。而在变形较大的阶段，若钢纤维尺度较小，则在其与聚丙烯纤维混杂时的混杂增强效果不如较大尺度钢纤维与聚丙烯纤维混杂的效果；两种不同弹性模量的纤维，在复合材料各个受荷阶段通过各自的桥接作用和耗能机制，对改善水泥基材料的力学行为具有显著的混杂效应。

文献［19，20］采用带预制裂缝的、尺寸为 $100mm\times100mm\times500mm$ 的棱柱体四点弯曲试验研究了纤维混凝土的断裂性能。试验结果表明：在小变形范围内，聚丙烯和钢纤维对于承载能力具有协同效应，但是这种效应随着变形的增加而消失；尺寸大、弹性模量高的钢纤维相对于尺寸小的钢纤维或弹性模量低的聚丙烯纤维而言，前者对于提高水泥基复合材料的能量吸收能力具有更好的效果；由于聚丙烯纤维的分散效应，在小变形时的聚丙烯纤维作用随着纤维掺量的增加而减小。

文献［21］采用楔劈拉伸试验研究了钢纤维与聚丙烯纤维混杂效应及其对 HSC 断裂韧度、断裂能和临界裂缝张开位移的影响，建立了 HFHSC 断裂性能指标与 HSC 断裂性能指标以及钢纤维含量特征参数之间的统计关系。试验结果表明，混杂纤维的掺入提高了

HSC 的断裂韧度、断裂能和裂缝嘴张开位移，随着聚丙烯纤维掺量的增加，断裂参数增益比变化没有明显的规律性，随着钢纤维体积率的增加，断裂参数增益比线性增加，钢纤维在 HFHSC 断裂性能的改善方面起着主导作用；在钢纤维体积率为 1.5% 时，聚丙烯纤维掺量 0.6kg/m^3 的 HFHSC 中，试件的断裂韧度、断裂能和裂缝嘴张开位移均有明显的改善，该纤维掺量组合为这次试验配合比条件下的最佳纤维组合；与 SFHSC 相比，HFHSC 荷载-裂缝嘴张开位移曲线的线性发展过程稍有增加，曲线下降段的阶梯下降比 SFHSC 更为明显。

从已有的研究成果来看，对混杂纤维混凝土基本力学性能研究取得了一些进展，但是对于混杂纤维混凝土断裂性能的研究相对较少。本章通过三点弯曲断裂试验，主要研究钢纤维和聚丙烯纤维在不同混杂比例条件下对 HFHSC 的断裂韧度、断裂能和裂缝张开位移的影响。

10.2 试验概况

1. 试件设计

为了研究钢纤维-聚丙烯混杂纤维掺入 HSC 基体对其断裂性能的影响，比较聚丙烯纤维、钢纤维、混杂纤维 3 种掺入条件下 HSC 的断裂性能差异，设计制作了三点弯曲切口梁试件进行断裂力学试验，试件尺寸如第 4 章图 4.1 所示，相对切口深度为 0.4。立方体抗压强度和劈裂抗拉强度均采用 150mm × 150mm × 150mm 的标准立方体试块测试。

根据纤维种类和参数不同，共计进行 4 个系列切口梁试件的三点弯曲断裂力学试验：

（1）聚丙烯纤维系列。纤维掺量 W_f（重量分数）为 0.6kg/m^3、0.9kg/m^3 和 1.2kg/m^3。

（2）钢纤维系列。纤维掺量 ρ_f（体积分数）为 0.5%、1.0% 和 1.5%。

（3）PMF 纤维系列。即钢纤维体积率固定（ρ_f = 1.0%），W_f = 0.6kg/m^3、0.9kg/m^3 和 1.2kg/m^3。

（4）MPF 纤维系列。即聚丙烯纤维掺量固定（W_f = 0.6kg/m^3），ρ_f = 0.5%、1.0%、1.5%。

为消除基体混凝土强度变异对试验结果的影响，在浇筑 4 个系列试件的同时，浇筑与该纤维掺量混凝土配合比相同的同强度等级的 HSC 对比三点弯曲试件。4 个系列的断裂性能测试及试验结果分析流程见图 10.1。

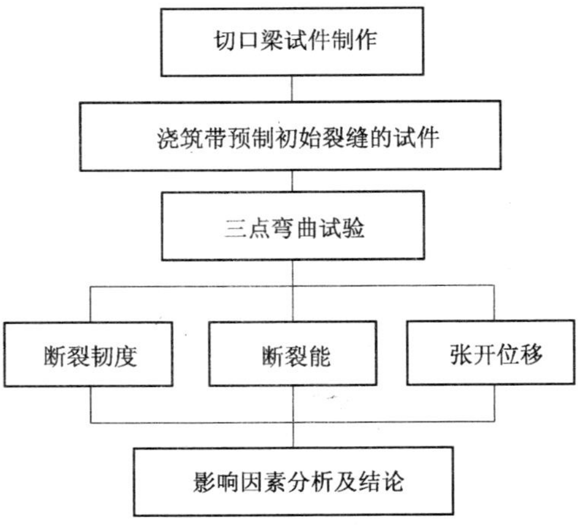

图 10.1 断裂性能试验流程图

试验共计制作 24 组共 132 个三点弯曲切口梁试件，掺纤维试件每组 5 个，对比组 HSC 试件每组 6 个，用于抗压强度和劈裂抗拉强度测试的标准立方体试块各 6 个。试验 SFHSC 设计强度等级为 FC60。三点弯曲切口梁试件组成情况见表 10.1 和表 10.2。表 10.1 中聚丙烯纤维高强混凝土（Polypropylene Fiber Reinforced High Strength Concrete，简称 PPHSC）和 SFHSC 试件的表示方法如下：PF 表示聚丙烯纤维，其后数字表示 10 倍纤维含量，－0 表示对比组 HSC 试件；MF 表示钢纤维类型，即铣削型钢纤维；MF 后数字表示 10 倍钢纤维含量，－0 表示对比组 HSC 试件。表 10.2 中 HFHSC 试件的表示方法如下：HF 表示混杂纤维，其后数字分别对应钢纤维（MF）或聚丙烯纤维（PF）10 倍纤维含量，－0 表示对比组 HSC 试件。如HF0905-0 表示聚丙烯纤维掺量 $W_f=0.9\text{kg/m}^3$，铣削型钢纤维体积率为 0.5% 的 HFHSC 三点弯曲试件的对比组试件。

聚丙烯、钢纤维试件　　**表 10.1**

纤维掺量	W_f（kg·m^3）			ρ_f（%）		
	0.6	0.9	1.2	0.5	1.0	1.5
试件编号	PF06	PF09	PF12	MF05	MF10	MF15
	PF06-0	PF09-0	PF12-0	MF05-0	MF10-0	MF15-0

混杂纤维试件　　**表 10.2**

纤维掺量	$W_f=0.9\text{kg}\cdot\text{m}^3$，$\rho_f$（%）			$\rho_f=1.0\%$，W_f（kg·m^3）	
	0.5	1.0	1.5	0.6	1.2
试件编号	HF0905	HF0910	HF0915	HF1006	HF1012
	HF0905-0	HF0910-0	HF0915-0	HF1006-0	HF1012-0

2. 三点弯曲切口梁试件制作及试验

试验所需水泥、石子、砂、高效减水剂和钢纤维的选用原则参见第 4 章 4.1.3 节。钢纤维材料性能见第 4 章表 4.5. 聚丙烯纤维采用美国兄弟化工公司生产的杜拉纤维，其材料性能见表 10.3。

聚丙烯纤维材料性能　　**表 10.3**

纤维形状	纤维长度（mm）	纤维公称直径（μm）	比重（g/cm^3）	屈服强度（MPa）	弹性模量（GPa）
束状单丝	19	48	0.9	500	4.5

SFHSC 配合比设计及配合比见第 4 章表 4.6。由于聚丙烯配合比设计没有相应的试验规程，在此参照《钢纤维混凝土试验规程》(CECS13：89）中有关钢纤维混凝土的配合比设计方法。考虑聚丙烯纤维加入对 HSC 工作性能的要求，采用$\rho_f=1.0\%$的 SFHSC 试件配合比，PPHSC 用水量不随其纤维掺量变化。表 10.4 为配合比结果。

PPHSC 试验配合比　　**表 10.4**

单位：kg/m^3

水　泥	水	砂	石	高效减水剂
547	164	696	1044	5.47

混杂纤维配合比参照《钢纤维混凝土试验规程》(CECS13：89）中有关钢纤维混凝土配合比设计方法。钢纤维体积率每增加 0.5 个百分点，用水量相应增加 8kg，聚丙烯纤维的掺入不改变 HFHSC 单位用水量。表 10.5 为配合比结果。

HFHSC 试验配合比 表 10.5

单位：kg/m^3

试件编号	水泥	水	砂	石子	高效减水剂	纤维掺量	
						钢纤维	聚丙烯
HF0905	520	156	710	1065	5.20	39.3	0.9
HF0905-0	520	156	710	1065	5.20	0.0	0.0
HF0910	547	164	696	1044	5.47	78.6	0.9
HF0910-0	547	164	696	1044	5.47	0.0	0.0
HF0915	573	172	682	1023	5.73	117.9	0.9
HF0915-0	573	172	682	1023	5.73	0.0	0.0
HF1006	547	164	696	1044	5.47	78.6	0.6
HF1006-0	547	164	696	1044	5.47	0.0	0.0
HF1012	547	164	696	1044	5.47	78.6	1.2
HF1012-0	547	164	696	1044	5.47	0.0	0.0

SFHSC 试件的成型养护方法见第 4 章 4.1.5。PPHSC 加料与拌和过程与 SFHSC 相同。HFHSC 原材料也采用强制式搅拌机拌和，加料顺序与拌和过程如图 10.2 所示。

图 10.2 HFHSC 拌制流程图

本次试验采用的是预制裂缝的方法制作初始裂缝，即试件初始裂缝采用在混凝土浇筑前于钢模内预先设置薄钢片的办法制作。待试件浇筑完成，养护 24h 后，钢片与模具一并拆除，形成一条预留缝。钢板厚 2mm，制作时将钢片端部磨成刀尖状，以达到较理想的预留裂缝效果。为了便于脱模和把钢片取出，在模内和钢片上刷上一层机油。为了减小钢纤维重力效应对纤维高强混凝土断裂性能测试结果的影响，预制切口位置设计在试件正浇面的侧面。就 SFHSC 而言，这种裂缝制作的方法有一定的不足之处，在前文已经做了说明。实际上，本章的试验研究要早于前文所述的内容，正是基于本章试验过程中遇到的问题，前文才改善了试验技术与方法，进而顺利完成多因素影响下 SFHSC 断裂性能的试验研究。

PPHSC、HFHSC 及其对比组 HSC 三点弯曲试验方法与 SFHSC 相同，参见第 4 章 4.2 节。与三点弯曲切口梁试件对应的立方体抗压、劈裂抗拉强度测试根据《钢纤维混凝土试验方法》(CECS13：89) 规定进行。

10.3 抗压与劈裂抗拉强度

本节通过 PPHSC、SFHSC 和 HFHSC 及其对比组 HSC 立方体抗压与劈裂抗拉试验，研究了钢纤维和聚丙烯纤维在不同混杂比例条件下对 HFHSC 的抗压与劈裂抗拉强度的影响。

10.3.1　抗压与劈裂抗拉强度试验结果

与三点弯曲切口梁试件对应的 PPHSC、SFHSC 和 HFHSC 及其对比组 HSC 试件的抗压、劈裂抗拉强度测试结果见表 10.6 ~表 10.8。表中，f_{pcu}（f_{cu}）为 PPHSC（对比组）抗压强度；f_{pt}（f_t）为 PPHSC（对比组）劈裂抗拉强度；f_{fcu}（f_{cu}）为 SFHSC（对比组）抗压强度；f_{ft}（f_t）为 SFHSC（对比组）劈裂抗拉强度；f_{hcu}（f_{cu}）为 HFHSC（对比组）抗压强度；f_{ht}（f_t）为 HFHSC（对比组）劈裂抗拉强度。本章仍采用增益比概念反映纤维对 HSC 基本力学性能（抗压、劈裂抗拉强度指标）以及断裂性能指标的影响。

PPHSC 立方体抗压、劈裂抗拉性能试验结果　　**表 10.6**

试件编号	W_f（kg/m³）	抗压强度 f_{pcu}（f_{cu}）(MPa)	抗压强度增益比	劈裂抗拉强度 f_{pt}（f_t）(MPa)	抗拉强度增益比
PF06	0.6	66.21	1.05	4.60	0.96
PF06-0	0	62.81		4.79	
PF09	0.9	71.63	1.00	4.69	0.95
PF09-0	0	71.35		4.92	
PF12	1.2	72.43	1.03	4.26	0.93
PF12-0	0	70.16		4.59	

SFHSC 立方体抗压、劈裂抗拉性能试验结果　　**表 10.7**

试件编号	ρ_f/%	抗压强度 f_{fcu}（f_{cu}）/MPa	抗压强度增益比	劈裂抗拉强度 f_{ft}（f_t）/MPa	抗拉强度增益比
MF05	0.5	55.07	0.99	4.88	1.03
MF05-0	0	55.75		4.73	
MF10	1.0	68.43	1.28	5.73	1.28
MF10-0	0	53.27		4.47	
MF15	1.5	70.22	1.29	7.21	1.69
MF15-0	0	54.39		4.27	

HFHSC 立方体抗压、劈裂抗拉性能试验结果　　**表 10.8**

试件编号	W_f（kg/m³）	ρ_f（%）	抗压强度 f_{hcu}（f_{cu}）(MPa)	抗压强度增益比 C_1	劈裂抗拉强度 f_{ht}（f_t）(MPa)	抗拉强度增益比 C_2
HF0905	0.9	0.5	70.68	0.91	5.56	1.09
HF0905-0	0	0	77.69		5.12	
HF0910	0.9	1.0	79.38	1.22	6.30	1.21
HF0910-0	0	0	65.01		5.18	
HF0915	0.9	1.5	76.83	1.24	7.48	1.71
HF0915-0	0	0	61.79		4.37	
HF1006	0.6	1.0	86.84	1.26	6.91	1.42
HF1006-0	0	0	68.81		4.85	
HF1012	1.2	1.0	73.70	1.18	6.01	1.23
HF1012-0	0	0	62.52		4.88	

10.3.2 抗压强度

图 10.3 和图 10.4 分别为 $W_f=0.9kg/m^3$ 时，钢纤维体积率对 HFHSC 抗压强度和及其增益比的影响。从图中可以看出，在 $\rho_f=0.5\%$ 时，抗压强度最小，随着钢纤维体积率的增加，HFHSC 抗压强度与钢纤维体积率之间没有明显相关性，抗压强度增益比随钢纤维体积率的增加呈现增大趋势，增益比在 0.91 和 1.24 之间变化。

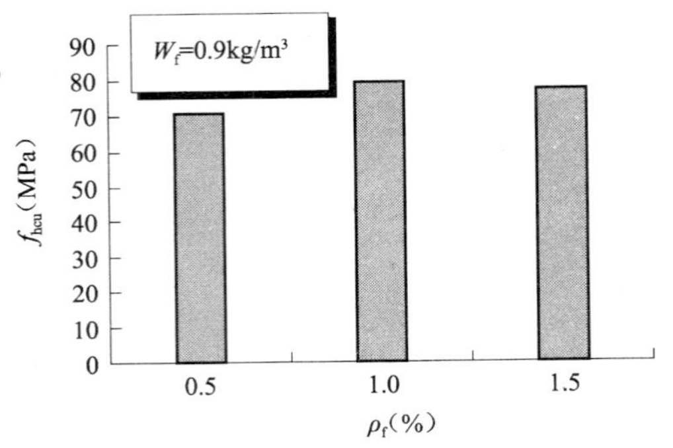

图 10.3 ρ_f 对 HFHSC 抗压强度的影响

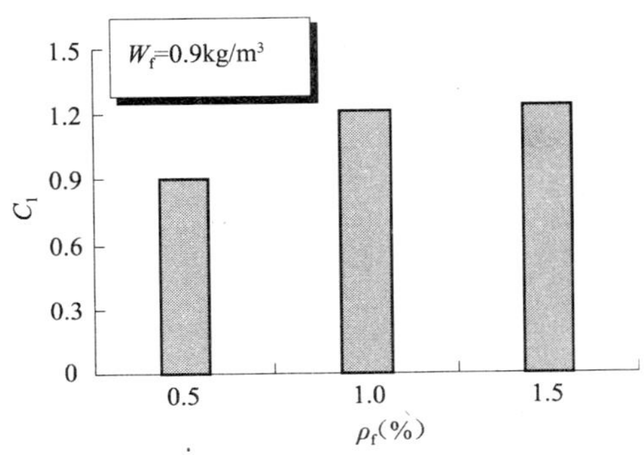

图 10.4 ρ_f 对 HFHSC 抗压强度增益比的影响

图 10.5 和图 10.6 分别为 $\rho_f=1.0\%$ 时，聚丙烯掺量变化对 HFHSC 抗压强度和抗压强度增益比的影响。随着聚丙烯纤维掺量增加，抗压强度和增益比均呈现减小趋势，增益比在 1.18 和 1.26 之间变化。

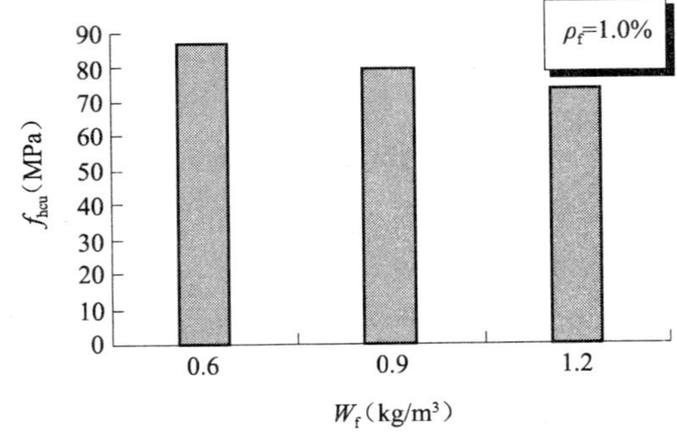

图 10.5 W_f 对 HFHSC 抗压强度的影响

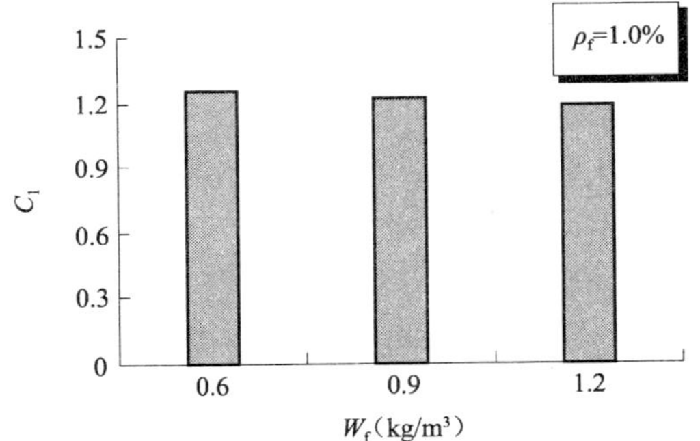

图 10.6 W_f 对 HFHSC 抗压强度增益比的影响

从增益比变化看，当聚丙烯纤维掺量一定时，HFHSC 增益比出现从小于 1 变化到超过 1 的情况，增益比受钢纤维体积率影响显著，最大变幅为 26.61%；当钢纤维体积率一定时，HFHSC 增益比随聚丙烯纤维掺量增加变化幅度小，最大变幅为 6.35%，从试验结果看，聚丙烯纤维的掺加不能较大提高 HSC 的抗压强度。

钢纤维、聚丙烯纤维混杂的效果可以用混杂系数来反映[22,23]。定义纤维混凝土相对于基准混凝土的强度增强系数为：

$$\beta=f/f_m \tag{10-1}$$

式中 f——纤维混凝土强度，MPa；

f_m——基准混凝土强度，MPa。

钢纤维、聚丙烯纤维、混杂纤维混凝土抗压强度增强系数可分别表示为：$\beta_{c,M}$、$\beta_{c,P}$ 和 $\beta_{c,M\text{-}P}$。定义混杂纤维混凝土的混杂系数为：

$$\alpha_{c,M\text{-}P}=\frac{\beta_{c,M\text{-}P}}{\beta_{c,M}\beta_{c,P}} \tag{10-2}$$

式中　$\alpha_{c,M\text{-}P}$—抗压强度混杂系数。

当 $\alpha_{c,M\text{-}P}>1$ 时，掺量值组合对混杂纤维混凝土强度为正混杂效应，$\alpha_{c,M\text{-}P}<1$ 时，为负混杂效应。从配合比表 10.5 可知 HF1006、HF0910 和 HF1012 组试件的基体 HSC 混凝土配合比为 m(water)：m(cement)：m(sand)：m(stone)：m(super plasticizer) = 164：547：696：1044：5.47。MF10、PF06、PF09 和 PF12 组试件基体 HSC 混凝土也是该配合比，见第 4 章表 4.6 和表 10.4。如果采用混杂系数来反映 $\rho_f=1.0\%$ 时的纤维混杂效果，则基准混凝土可采用上述配合比，根据表 10.8 试验结果，由式（10-1）可得钢纤维、聚丙烯纤维、混杂纤维混凝土抗压强度增强系数如表 10.9。由式（10-2）可得 $\rho_f=1.0\%$、W_f 分别为 0.6kg/m^3、0.9kg/m^3 和 1.2kg/m^3 聚丙烯掺量时，纤维混杂系数 $\alpha_{c,M\text{-}P}$ 分别为：1.25、1.05 和 0.97，前 2 种掺量条件下，$\alpha_{c,M\text{-}P}>1$，钢-聚丙烯掺量值组合对混杂纤维混凝土强度为正混杂效应，第 3 种掺量条件下，$\alpha_{c,M\text{-}P}<1$ 时，为负混杂效应。

抗压强度增强系数　　**表 10.9**

$\beta_{c,M}$	$\beta_{c,P}$			$\beta_{c,M\text{-}P}$		
MF10	PF06	PF09	PF12	HF1006	HF0910	HF1012
1.05	1.02	1.10	1.11	1.34	1.22	1.13

抗压强度增益比为 HFHSC 的抗压强度与其对比组 HSC 抗压强度的比值，抗压强度增益比是消除基体 HSC 变异对试验结果的影响后，比较不同纤维掺加对于 HSC 抗压强度的影响。混杂系数则是在 HFHSC 的抗压强度与基准 HSC 抗压强度之比的基础上，考虑钢纤维和聚丙烯纤维在单一掺加时对于 HSC 抗压强度的影响，比较 2 种不同弹模的纤维在变化掺量时的混杂效果，这种效果通过抗压强度来定量表示时，就是抗压强度混杂系数。当 $\rho_f=1.0\%$，W_f 为 0.6kg/m^3、0.9kg/m^3 和 1.2kg/m^3 聚丙烯掺量时，纤维混杂 HSC 抗压强度增益比和抗压强度混杂系数变化规律是一致的，均呈现逐渐下降的趋势。

10.3.3　劈裂抗拉强度

图 10.7 和图 10.8 分别为 $W_f=0.9$kg/m^3 时，钢纤维体积率对 HFHSC 劈裂抗拉强度及其增益比的影响。从图中可以看出，钢纤维的掺入可以显著提高 HSC 的抗拉强度。随着钢纤维体积率的增加，抗拉强度逐渐增大；HFHSC 抗拉强度增益比明显增加，最大增益幅度达到 71.3%。可见钢纤维可以有效改善 HSC 的抗拉性能。

图 10.9 和图 10.10 分别为 $\rho_f=1.0\%$ 时，聚丙烯掺量对 HFHSC 劈裂抗拉强度及其增益比的影响。从图中可以看出，抗拉强度及其增益比与聚丙烯纤维掺量之间没有明显的相关性，当 $W_f=0.6$kg/m^3 时，抗拉强度和增益比均为最大值。根据表 10.8 试验结果，由式（10-1）可得钢纤维、聚丙烯纤维、混杂纤维混凝土抗拉强度增强系数如表 10.10 所示。由式（10-2）可得 $\rho_f=1.0\%$，W_f 为 0.6kg/m^3、0.9kg/m^3 和 1.2kg/m^3 聚丙烯掺量

时，纤维混杂系数$\alpha_{c,M\text{-}P}$分别为1.36、1.21和1.28，$\alpha_{c,M\text{-}P}>1$，钢-聚丙烯掺量值组合对混杂纤维混凝土强度为正混杂效应。从增益比和混杂系数计算结果看，与钢纤维或聚丙烯纤维单掺相比，钢-聚丙烯混杂掺入HSC能够改善HSC抗拉性能，表现出良好的正混杂效应。

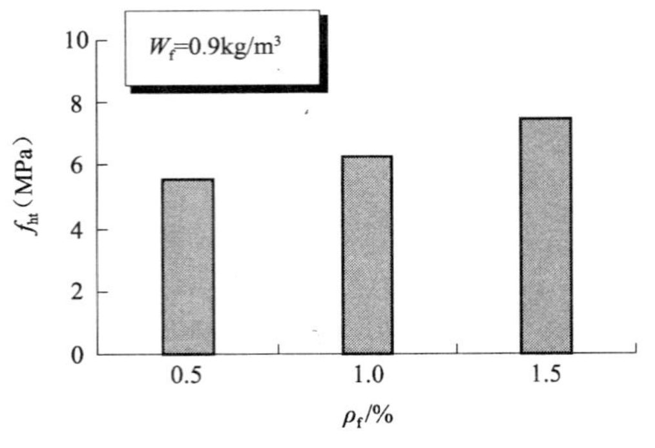

图10.7 ρ_f对HFHSC劈裂抗拉强度的影响

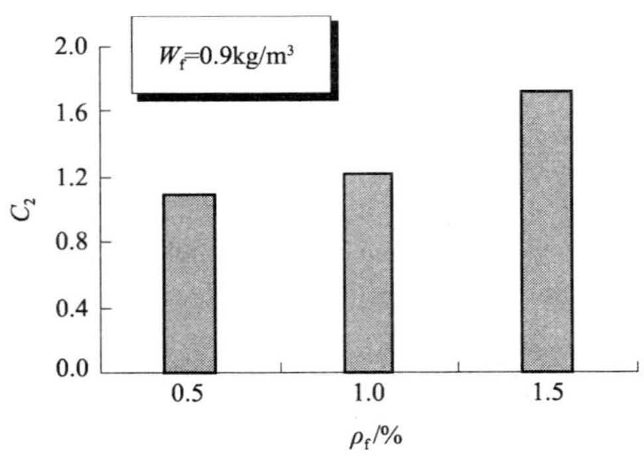

图10.8 ρ_f对HFHSC劈裂抗拉强度增益比的影响

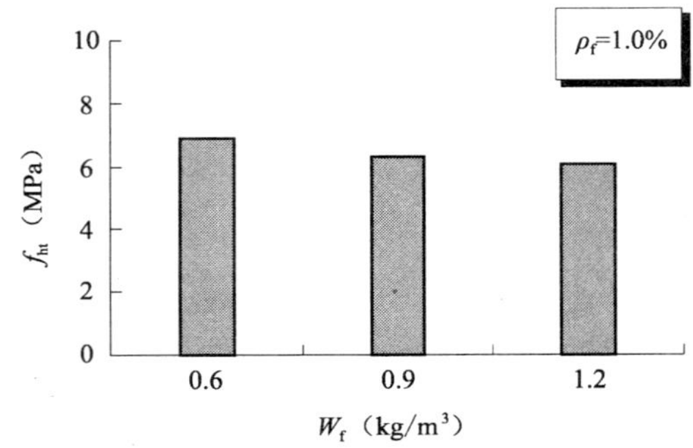

图10.9 W_f对HFHSC劈裂抗拉强度的影响

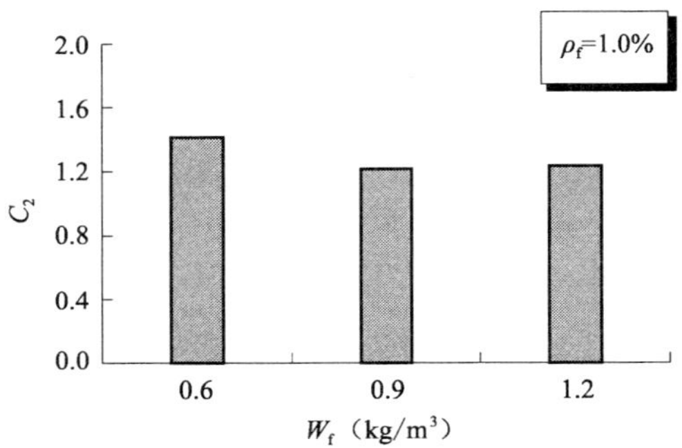

图10.10 W_f对HFHSC劈裂抗拉强度增益比的影响

抗拉强度增强系数 **表10.10**

$\beta_{c,M}$	$\beta_{c,P}$			$\beta_{c,M\text{-}P}$		
MF10	PF06	PF09	PF12	HF1006	HF0910	HF1012
1.11	0.89	0.91	0.82	1.33	1.22	1.16

综上所述，混杂纤维提高了HSC的基本力学性能，纤维效应得到了不同程度的优势叠加，材料性能得到了优势互补。

10.3.4 纤维掺加方式对抗压与劈裂抗拉强度影响

1. 聚丙烯纤维掺量变化

图10.11、图10.12分别为$\rho_f=1.0\%$时，聚丙烯纤维掺量为变化参数的混杂纤维混凝土（第一种混杂方式）、$\rho_f=1.0\%$的SFHSC和聚丙烯掺量为变化参数的PPHSC抗压强度及其增益比。图中横坐标“1”代表的柱状图组，从左向右依次表示：$\rho_f=1.0\%$，$W_f=0.6\text{kg/m}^3$的混杂纤维混凝土，$\rho_f=1.0\%$的SFHSC和$W_f=0.6\text{kg/m}^3$的PPHSC抗压强度，

"2" 和 "3" 中柱状图组的含义同 "1"，"1"、"2" 和 "3" 组中，SFHSC 钢纤维体积率均为 1.0%，因此抗压强度及其增益比相同，通过这种图组方式，能够比较直观地得到不同纤维掺加方式对抗压强度及其增益比的影响差异，本文在对劈裂抗拉强度及断裂性能研究时，也采用这种分析方法。结合表 10.6 ~表 10.8 的试验结果，从图 10.11 可以看出，随着聚丙烯纤维掺量的增加，PPHSC 抗压强度逐渐增加，但增幅减小。W_f 为 0.9kg/m^3 和 1.2kg/m^{3}时，PPHSC 抗压强度高于 $\rho_f=1.0\%$ 时的 SFHSC 抗压强度，HFHSC 抗压强度均高于 3 种掺量的 PPHSC 和 $\rho_f=1.0\%$ 时的 SFHSC 抗压强度。从图 10.11 可以看出，$\rho_f=1.0\%$ 时的 SFHSC 抗压强度增益比最大，HFHSC 增益比次之，PPHSC 增益比最小，接近于 1，因此，单掺聚丙烯纤维对于增强 HSC 抗压强度的作用是有限的，通过与钢纤维混杂，得到 HFHSC，能够改善 HSC 的抗压强度。

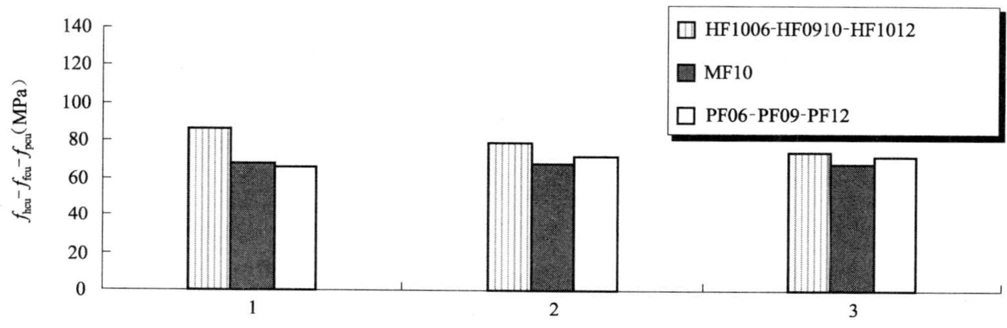

图 10.11　纤维单掺与第一种纤维混杂方式下纤维高强混凝土抗压强度

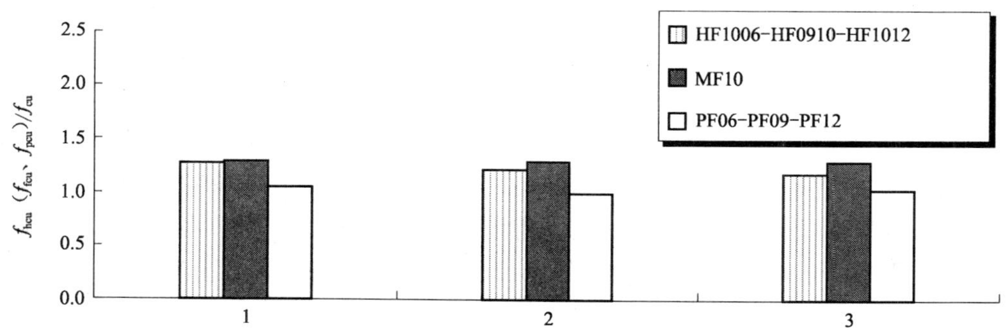

图 10.12　纤维单掺与第一种纤维混杂方式下纤维高强混凝土抗压强度增益比

图 10.13、图 10.14 分别为 $\rho_f=1.0\%$ 时，聚丙烯纤维掺量为变化参数的混杂纤维混凝土（第一种混杂方式）、$\rho_f=1.0\%$ 的 SFHSC 和聚丙烯掺量为变化参数的 PPHSC 劈裂抗拉强度及其增益比。"1"、"2" 和 "3" 图组中，柱状图的表示方法同图 10.11 和图 10.12。从图 10.12 可以看出，HFHSC 劈裂抗拉强度均高于 3 种掺量的 PPHSC 和 $\rho_f=1.0\%$ 时的 SFHSC 强度值。随着聚丙烯纤维掺量的增加，PPHSC 劈裂抗拉强度变化不大，变化最小时仅为 4.60%。$\rho_f=1.0\%$ 时的 SFHSC 劈裂抗拉强度高于 3 种掺量的 PPHSC 强度值。从图 10.14 可以看出，PPHSC 劈裂抗拉强度增益比均小于 1，$W_f=0.9$kg/m^3，$\rho_f=1.0\%$ 时，HFHSC 劈裂抗拉强度增益比最大，即此时的增益效果最好，除此组试件外，$\rho_f=1.0\%$ 时的

SFHSC劈裂抗拉强度增益比均高于HFHSC和PPHSC的相应增益比。从试验结果看，单掺聚丙烯纤维对于增强HSC劈裂抗拉强度的作用是有限的，通过与钢纤维混杂，得到HFHSC，能够改善HSC的劈裂抗拉强度。

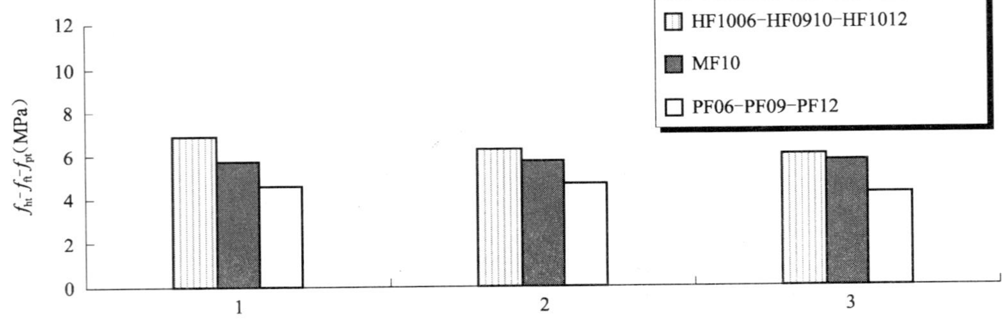

图 10.13　纤维单掺与第一种纤维混杂方式下纤维高强混凝土劈裂抗拉强度

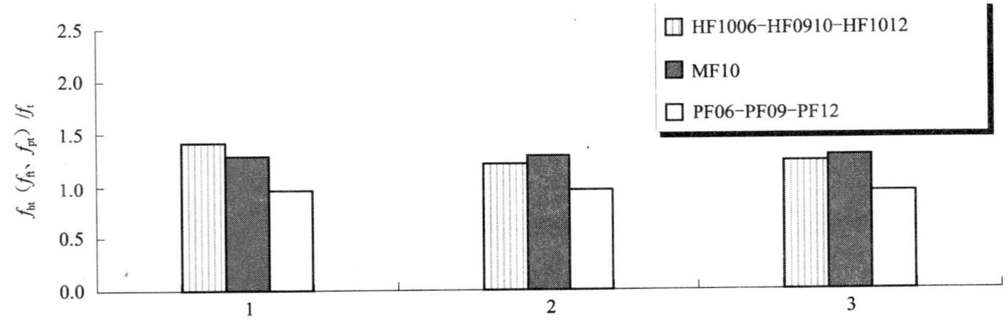

图 10.14　纤维单掺与第一种纤维混杂方式下纤维高强混凝土劈裂抗拉强度增益比

2. 钢纤维体积率变化

图10.15、图10.16分别为$W_f=0.9\text{kg/m}^3$，钢纤维体积率为变化参数的混杂纤维混凝土（第二种混杂方式）、$W_f=0.9\text{kg/m}^3$的PPHSC和钢纤维体积率为变化参数的SFHSC抗压强度及其增益比。“1”、“2”和“3”图组中，柱状图的表示方法同图10.11和图10.12。结合表10.7、表10.8试验结果，从图10.14可以看出，随着钢纤维体积率的增加，SFHSC抗压强度逐渐增加；在3个图组中，$W_f=0.9\text{kg/m}^3$的PPHSC抗压强度均高于SFHSC，但高出值不断减小。在“1”图组中，$W_f=0.9\text{kg/m}^3$的PPHSC抗压强度显著高于$\rho_f=0.5\%$的SFHSC，略高于HFHSC；在“2”、“3”图组中，HFHSC抗压强度最大，PPHSC次之，$\rho_f=1.0\%$的SFHSC最小，仅从单掺纤维对HSC抗压强度的增强效果看，当$W_f=0.9\text{kg/m}^3$时，聚丙烯对HSC抗压强度的贡献最大，甚至高于3种钢纤维单掺时对HSC抗压强度的贡献，两种纤维混杂以后，除$W_f=0.9\text{kg/m}^3$，$\rho_f=0.5\%$时，HFHSC抗压强度均高于单掺纤维的HSC抗压强度。

图10.17、图10.18分别为$W_f=0.9\text{kg/m}^3$时，钢纤维体积率为变化参数的混杂纤维混凝土（第二种混杂方式）、$W_f=0.9\text{kg/m}^3$的PPHSC和钢纤维体积率为变化参数的SFHSC劈裂抗拉强度及其增益比。“1”、“2”和“3”图组中，柱状图的表示方法同图10.11和

图 10.12。结合表 10.7、表 10.8 试验结果，从图 10.17 可以看出，HFHSC 劈裂抗拉强度均高于 3 种掺量的 SFHSC 和 $W_f=0.9\text{kg/m}^3$时的 PPHSC 强度值。随着钢纤维体积率的增加，SFHSC 的劈裂抗拉强度逐渐增加。$W_f=0.9\text{kg/m}^3$时的 PPHSC 劈裂抗拉强度低于 3 种掺量的 SFHSC 相应强度值。从图 10.18 可以看出，SFHSC 劈裂抗拉强度增益比均大于 1，随着钢纤维体积率的增加，SFHSC 劈裂抗拉强度增益比逐渐增大，增幅明显，最大增幅为 41.32%。从图 10.17、图 10.18 可以明显看出，HFHSC 与 SFHSC 劈裂抗拉强度及其增益比变化趋势一致，因此，钢纤维对于混杂纤维混凝土劈裂抗拉强度的影响是显著的，通过与聚丙烯纤维混杂，得到 HFHSC，能够进一步改善 HSC 的劈裂抗拉强度。

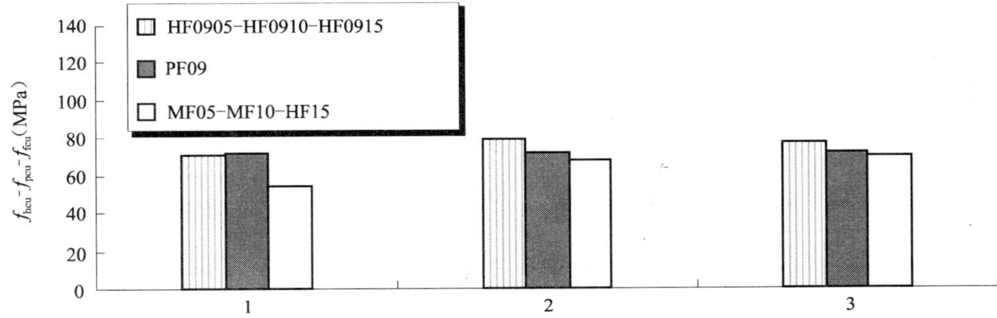

图 10.15　纤维单掺与第二种纤维混杂方式下纤维高强混凝土抗压强度

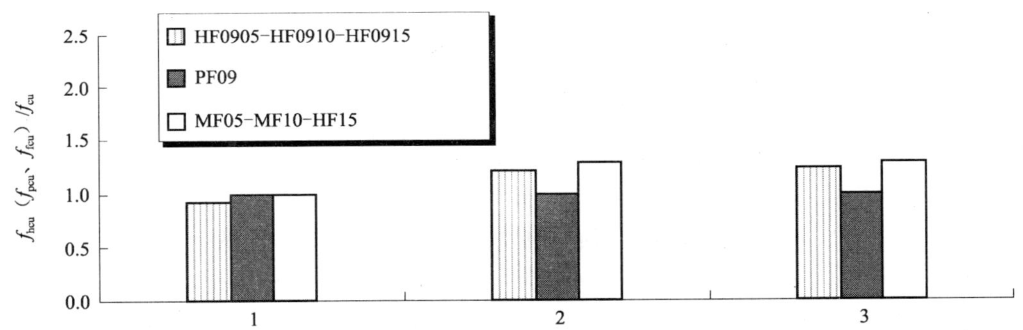

图 10.16　纤维单掺与第二种纤维混杂方式下纤维高强混凝土抗压强度增益比

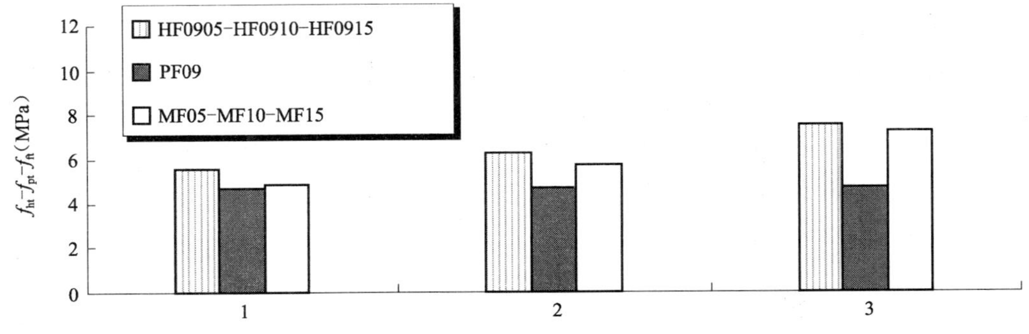

图 10.17　纤维单掺与第二种纤维混杂方式下纤维高强混凝土劈裂抗拉强度

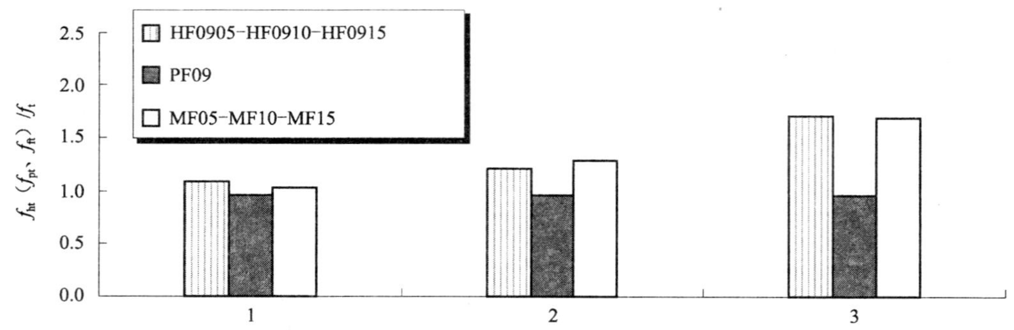

图 10.18 纤维单掺与第二种纤维混杂方式下纤维高强混凝土劈裂抗拉强度增益比

10.3.5 抗压与劈裂抗拉强度计算方法

1. 聚丙烯纤维掺量变化

本文对 PPHSC 抗压与劈裂抗拉强度的试验结果表明：聚丙烯纤维的掺入对 HSC 的抗压与劈裂抗拉强度影响不大，从增益比可以看出，W_f 为 0.6kg/m^3、0.9kg/m^{3}和 1.2kg/m^{3}时的抗压强度增益比分别为 1.05、1.00 和 1.03，劈裂抗拉强度增益比分别为 0.96、0.95 和 0.93，但 HFHSC 增益比均超过 15%，因此，$\rho_f = 1.0\%$ 的钢纤维掺入对于混杂效应的影响起着决定作用。本章按照对试验结果的统计分析，建立 HFHSC 抗压和劈裂抗拉强度公式：

$$f_{hcu} = C\sqrt{f_{pcu}f_{fcu}} \tag{10-3}$$

$$f_{ht} = C\sqrt{f_{pt}f_{ft}} \tag{10-4}$$

式中 C——钢纤维和聚丙烯混杂对 HSC 强度的影响系数。

根据对试验结果的回归分析，式（10-3）中，C 值为 1.045，HFHSC 抗压强度试验值与式（10-3）计算值之比的平均值为 1.023，标准差为 0.054，变异系数为 0.053；式（10-4）中，C 值为 1.137，HFHSC 劈裂抗拉试验值与式（10-4）计算值之比的平均值为 1.047，标准差为 0.024，变异系数为 0.023。标准差和变异系数较小，说明采用式（10-3）和式（10-4）计算 HFHSC 抗压和劈裂抗拉强度数据变异性小，因此采用式（10-3）和式（10-4）计算 HFHSC 抗压和劈裂抗拉强度比较合适。

2. 钢纤维体积率变化

本文对 SFHSC 抗压与劈裂抗拉强度试验结果表明：钢纤维对于 HFHSC 抗压和劈裂抗拉强度的影响是显著的，从图 10.15 ~ 图 10.18 可以看出，随着钢纤维体积的变化，HFHSC 抗压和劈裂抗拉强度及其增益比变化趋势与 SFHSC 相同，因此，钢纤维的掺入对于 HFHSC 抗压和劈裂抗拉强度起着决定作用。本章按照对试验结果的统计分析，建立 HFHSC 抗压和劈裂抗拉强度公式：

$$f_{hcu} = Cf_{fcu} \tag{10-5}$$

$$f_{ht} = Cf_{ft} \tag{10-6}$$

式中 C——钢纤维和聚丙烯混杂对 HSC 强度的影响系数。

根据对试验结果的回归分析，式（10-5）中，C 值为 1.081，HFHSC 抗压强度试验值与式（10-5）计算值之比的平均值为 1.091，标准差为 0.073，变异系数为 0.067；式（10-6）中，C 值为 1.092，HFHSC 劈裂抗拉试验值与式（10-6）计算值之比的平均值为 1.000，标准差为 0.038，变异系数为 0.038。标准差和变异系数较小，说明采用式（10-5）和式（10-6）计算 HFHSC 抗压和劈裂抗拉强度数据变异性小，因此采用式（10-5）和式（10-6）计算 HFHSC 抗压和劈裂抗拉强度比较合适。

表 10.11 为文献［24］得到的 SFHSC、聚丙烯纤维混凝土和纤维混杂混凝土抗压和劈裂抗拉强度。表中字母编号同表 10.1、表 10.2，字母后数字表示不同纤维掺量，即每 m^3 钢纤维混凝土中，钢纤维掺量 50kg 记为 MF-1、64kg 记为 MF-2、78kg 记为 MF-3；每 m^3 聚丙烯纤维混凝土中，PF-1 为 0.5kg、PF-2 为 1.0kg、PF-3 为 1.5kg 钢纤维掺量；混杂纤维混凝土第一个数字表示聚丙烯纤维掺量，如 HF-2-1 表示第 2 种掺量聚丙烯纤维与第 1 种掺量钢纤维混杂，详细的配合比情况见文献，此处不再赘述。图 10.13 为钢纤维体积率确定，聚丙烯纤维掺量变化时，文献［24］所述混杂纤维混凝土抗压和劈裂抗拉强度试验值与按式（10-3）~式（10-6）得到的计算值之比的统计量数字特征，括号内数字为劈裂抗拉强度试验值与计算值之比的统计量数字特征。表中符号含义同表 10.11，如 HF-1（2、3）-1 表示钢纤维掺量为 50kg/m^3 时，聚丙烯纤维掺量分别为 0.5kg/m^3、1.0kg/m^3 和 1.5kg/m^3 的试件组，括号内数字“2、3”对应 1.0kg/m^3 和 1.5kg/m^3 掺量；HF-1-1（2、3）表示聚丙烯纤维掺量为 0.5kg/m^3 时，钢纤维掺量分别为 50kg/m^3、64kg/m^3 和 78kg/m^3 的试件组，括号内数字“2、3”对应 64kg/m^3 和 78kg/m^3 掺量。

（钢、聚丙烯、混杂）纤维混凝土抗压和劈裂抗拉强度　　表 10.11

试件编号	抗压强度（MPa）	劈裂抗拉强度（MPa）	试件编号	抗压强度（MPa）	劈裂抗拉强度（MPa）	试件编号	抗压强度（MPa）	劈裂抗拉强度（MPa）
MF-1	43.7	2.18	PF-1	41.2	2.07	HF-1-1	36.2	2.13
MF-2	44.6	2.35	PF-2	40.0	1.99	HF-1-2	41.0	2.48
MF-3	43.5	1.95	PF-3	43.4	2.12	HF-1-3	42.1	2.33
HF-2-1	40.1	2.33	HF-2-2	40.1	2.48	HF-2-3	45.6	2.69
HF-3-1	40.5	2.37	HF-3-2	41.1	2.24	HF-3-3	47.2	2.69

试验值与计算值之比的统计量数字特征　　表 10.12

试件编号 ＼ 数字特征	平均值 μ	标准差 σ	变异系数 δ
HF-1（2、3）-1	0.890（0.899）	0.060（0.021）	0.068（0.023）
HF-1（2、3）-2	0.906（0.923）	0.009（0.022）	0.010（0.024）
HF-1（2、3）-3	1.000（0.955）	0.043（0.031）	0.043（0.032）
HF-1-1（2、3）	0.837（0.986）	0.053（0.084）	0.064（0.085）
HF-2-1（2、3）	0.883（1.071）	0.061（0.139）	0.070（0.130）
HF-3-1（2、3）	0.905（1.045）	0.070（0.164）	0.078（0.157）

从表 10.12 可以看出，钢纤维（聚丙烯）掺量一定，聚丙烯（钢纤维）掺量变化时，钢纤维（聚丙烯）掺量越高，统计量数字特征越好。统计公式（10-3）~式(10-6）是依据 HSC 基体得到的，因此，混杂纤维混凝土强度越高，采用该组公式计算得到的结果相

对越好。从表 10.11 可以看出，当纤维混杂比例越高，抗压强度或劈裂抗拉强度相对较高，所以统计量数字特征较好。但总体而言，按照公式（10-3）~式（10-6）计算得到混杂纤维混凝土抗压和劈裂抗拉强度结果是可以接受的。公式（10-3）~式（10-6）主要表达了 HFHSC 强度与 SFHSC 或 PPHSC 强度之间的统计关系，理论上，只用单掺纤维混凝土强度就可以得到与之掺量对应的混杂纤维混凝土强度，可以用来预测混杂纤维混凝土的抗压和劈裂抗拉强度，因而具有一定的应用价值。

10.4 混杂纤维高强混凝土断裂性能

10.4.1 断裂性能试验结果

SFHSC、HFHSC 断裂韧度计算公式见第 6 章式（6-17）；聚丙烯纤维弹模低，在 PPHSC 试件所受荷载达到峰值时，其对裂缝亚临界扩展的阻止作用有限，因此其断裂韧度计算仍采用第 6 章介绍的 ASTM 推荐使用的混凝土标准三点弯曲试件断裂韧度公式。PPHSC、SFHSC 和 HFHSC 断裂能计算式见第 8 章式（8-10），计算结果见表 10.13 ~表 10.15。表中，K_{pIC}、K_{fIC}和 K_{hIC}分别表示 PPHSC、SFHSC 和 HFHSC 的断裂韧度；G_{pF}、G_{fF}和 G_{hF}分别表示 PPHSC、SFHSC 和 HFHSC 的断裂能；δ_{pm}（δ_{pt}）、δ_m（δ_t）和 δ_{hm}（δ_{ht}）分别表示 PPHSC、SFHSC 和 HFHSC 的临界裂缝嘴（尖端）张开位移；K_{IC}、G_{0F}、δ_{0m}（δ_{0t}）分别表示与 PPHSC、SFHSC 和 HFHSC 对应的对比组 HSC 断裂参数。

PPHSC 断裂性能试验结果 　　表 10.13

试件编号	K_{pIC}（K_{IC}）（$MPa \cdot m^{1/2}$）	K_{pIC} 增益比	G_{pF}（G_{0F}）（$N \cdot m^{-1}$）	G_{pF} 增益比	δ_{pm}（δ_{0m}）（mm）	δ_{pm} 增益比	δ_{pt}（δ_{0t}）（mm）	δ_{pt} 增益比
PF06	1.965	0.97	128.551	1.03	0.076	1.10	0.026	1.07
PF06-0	2.016		124.946		0.069		0.024	
PF09	2.063	1.07	138.919	1.07	0.078	1.14	0.027	1.13
PF09-0	1.922		129.839		0.068		0.024	
PF12	1.932	1.11	152.669	1.20	0.069	1.21	0.025	1.17
PF12-0	1.737		127.539		0.057		0.021	

SFHSC 断裂性能试验结果 　　表 10.14

试件编号	K_{fIC}（K_{IC}）（$MPa \cdot m^{1/2}$）	K_{fIC} 增益比	G_{fF}（G_{0F}）（$N \cdot m^{-1}$）	G_{fF} 增益比	δ_m（δ_{0m}）（mm）	δ_m 增益比	δ_t（δ_{0t}）（mm）	δ_t 增益比
MF05	2.289	1.33	290.798	2.37	0.098	1.61	0.033	1.55
MF05-0	1.722		122.884		0.061		0.021	
MF10	2.629	1.49	614.519	6.31	0.118	1.85	0.037	1.67
MF10-0	1.762		97.403		0.064		0.022	
MF15	4.890	2.76	1023.524	9.87	0.205	3.27	0.074	2.54
MF15-0	1.773		104.651		0.063		0.029	

HFHSC 断裂性能试验结果 表 10.15

试件编号	K_{hIC} (K_{IC}) (MPa·m$^{1/2}$)	K_{hIC} 增益比	G_{hF} (G_{0F}) (N·m^{-1})	G_{hF} 增益比	δ_{hm} (δ_{0m}) (mm)	δ_{hm} 增益比	δ_{ht} (δ_{0m}) (mm)	δ_{ht} 增益比
HF0905	1.842	1.06	392.409	3.48	0.055	1.02	0.022	0.96
HF0905-0	1.738		112.720		0.054		0.023	
HF0910	3.128	1.75	908.213	9.17	0.117	2.17	0.031	1.29
HF0910-0	1.786		99.056		0.054		0.024	
HF0915	6.368	3.57	1361.808	12.68	0.321	4.98	0.140	5.46
HF0915-0	1.786		107.432		0.064		0.026	
HF1006	3.248	1.81	847.231	8.24	0.063	1.08	0.023	1.01
HF1006-0	1.791		102.791		0.058		0.023	
HF1012	4.163	2.38	1039.145	9.99	0.194	3.75	0.092	4.02
HF1012-0	1.752		104.013		0.057		0.023	

10.4.2 断裂韧度

1. 聚丙烯纤维掺量变化

图 10.19 和图 10.20 分别为 $\rho_f=1.0\%$ 时，聚丙烯纤维掺量对 HFHSC 试件断裂韧度及其增益比的影响。从图 10.19 中可以看出，在 $\rho_f=1.0\%$ 时，聚丙烯纤维掺量对 HFHSC 试件断裂韧度的影响没有明显的规律性，$W_f=1.2\text{kg/m}^3$ 的 HFHSC 试件断裂韧度比 $W_f=0.6\text{kg/m}^3$ 试件的断裂韧度减小 3.8%，$W_f=1.2\text{kg/m}^3$ 的 HFHSC 试件断裂韧度比 $W_f=0.9\text{kg/m}^3$ 的断裂韧度增加 33%。从图 10.20 可以看出，不论纤维掺量如何，与其对比组 HSC 相比，HFHSC 试件的断裂韧度均有不同程度的提高，增益比变化在 1.75 和 2.38 之间，平均增益比为 1.98；与 K_{IC} 和聚丙烯纤维掺量的关系相似，K_{IC} 增益比变化与聚丙烯纤维掺量之间也没有直接的相关性。可见，聚丙烯纤维掺量变化对 HFHSC 断裂韧度影响不显著，聚丙烯纤维对 HFHSC 断裂韧度的增益作用有限。

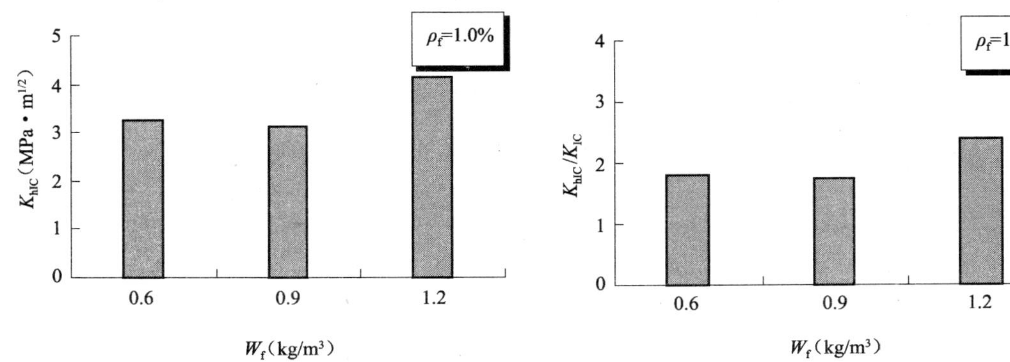

图 10.19 W_f 对 HFHSC 断裂韧度的影响　　图 10.20 W_f 对 HFHSC 断裂韧度增益比的影响

产生这种聚丙烯纤维增益作用局限性的主要原因是：在 HSC 中掺入混杂纤维使得混凝土的内部结构发生改变，产生较多新的界面，混凝土内部产生孔隙的几率增加，薄弱环节也相应增多。混杂纤维的掺入量、搅拌情况、纤维被砂浆包裹的情况都将会对混凝土各种性能产生极为重要的影响[9]。就本质而言，混凝土的破坏是由于混凝土内部存在裂缝、孔隙等多种缺陷，在外力作用下，其缺陷部位产生较大的应力集中，从而使裂缝进一步扩展，导致整个混凝土结构或构件的破坏[24]。尤其是由于低模量聚丙烯纤维的不亲水性，纤维—基材界面往往具有比基材更高的水灰比，这将造成聚丙烯—纤维基材界面效应呈弱界面效应。因而聚丙烯纤维的掺入对 HSC 的 K_{IC}产生负面影响。此外，本文试验中聚丙烯纤维掺量较低，而钢纤维掺量相对较高，钢纤维的增强增韧作用有可能掩盖聚丙烯纤维的增益作用。第三，由于混杂纤维混凝土配合比设计没有相应的试验规程，试验中混凝土配合比设计仍采用《钢纤维混凝土试验规程》的规定，且没有考虑聚丙烯纤维的掺入对 HSC 配合比的影响，是否这也是影响 HFHSC 断裂性能的一个原因，还有待于进一步的试验研究。第四，聚丙烯纤维刚度较小（只有硬化混凝土的 1/4）限制了聚丙烯纤维对 HFHSC 断裂性能的改善。有研究表明[25]：纤维刚度不仅影响到纤维的拔出位移，也影响到界面剪应力的分布。试验研究表明，纤维的拔出位移一般由两部分组成：纤维的刚体位移即滑动位移和纤维在拔出载荷作用下自身变形引起的拔出端位移。显然纤维刚度越小同样的拔出载荷下表现出的拔出位移越大，主要表现为纤维脱粘之前的位移变大。所以低弹性模量、大变形纤维在拔出过程中会产生较大的变形，在纤维混凝土中限制基体变形的能力比高弹性模量纤维差。

文献［26］对 HFHSC 基本力学性能的试验研究表明：聚丙烯纤维弹性模量较低，在高应力情况下，不能阻止裂缝的形成和发展；与聚丙烯纤维相比，钢纤维具有较高的弹性模量和较长的长度，可以提供比较大的控制裂缝发展的潜能；聚丙烯纤维掺量的增加并不意味着混杂纤维混凝土力学性能的提高。虽然这个结论不能直接反映聚丙烯纤维在混杂纤维中对断裂性能的影响，但可以从侧面反映聚丙烯纤维对 HFHSC 断裂性能改善的局限性。

这里，为了研究钢纤维、聚丙烯纤维混杂对 HSC 断裂韧度的影响，也采用混杂系数的概念。

定义的纤维高强混凝土相对于基准高强混凝土的断裂韧度增强系数为：

$$\beta = K_{f(p)IC}/K_{mIC} \tag{10-7}$$

式中 $K_{f(p)IC}$——纤维混凝土强度，$MPa \cdot m^{1/2}$；

K_{mIC}——基准混凝土强度，$MPa \cdot m^{1/2}$。

钢纤维、聚丙烯纤维、混杂纤维高强混凝土断裂韧度增强系数可分别表示为：$\beta_{c,M}$、$\beta_{c,P}$和$\beta_{c,M\text{-}P}$。定义混杂纤维混凝土的断裂韧度混杂系数为：

$$\alpha_{c,M\text{-}P} = \frac{\beta_{c,M\text{-}P}}{\beta_{c,M}\beta_{c,P}} \tag{10-8}$$

式中 $\alpha_{c,M\text{-}P}$——断裂韧度混杂系数。

根据表 10.15 试验结果，由式（10-7）可得钢纤维、聚丙烯纤维、混杂纤维高强混凝土断裂韧度增强系数如表 10.16。由式（10-8）可得$\rho_f = 1.0\%$，W_f 为 0.6kg/m^3、0.9kg/m^{3}和 1.2kg/m^{3}聚丙烯掺量时，纤维混杂系数 $\alpha_{c,M\text{-}P}$分别为：1.12、1.03 和 1.46，3 种掺量条件下，$\alpha_{c,M\text{-}P} > 1$，钢-聚丙烯掺量值组合对 HFHSC 断裂韧度为正混杂效应。

断裂韧度增强系数 **表 10.16**

$\beta_{c,M}$	$\beta_{c,P}$			$\beta_{c,M\text{-}P}$		
MF10	PF06	PF09	PF12	HF1006	HF0910	HF1012
1.47	1.10	1.16	1.08	1.82	1.75	2.33

2. 钢纤维体积率变化

图 10.21 和图 10.22 分别为 $W_f=0.9\text{kg/m}^3$ 时，HFHSC 断裂韧度及其增益比随钢纤维体积率的变化。可以看出：随着钢纤维体积率的增加，断裂韧度及其增益比均表现出了良好的增加趋势。钢纤维体积率每增加 0.5%，断裂韧度平均增加 20.5%；断裂韧度增益比在 1.06 和 3.57 之间变化，平均增益比 2.13。比较图 10.19～图 10.22 可见：钢纤维和聚丙烯纤维对 HSC 断裂韧性的改善存在较大差异，随着钢纤维体积率的增加，HFHSC 的断裂韧度及其增益比均表现出了良好的增加趋势，而聚丙烯纤维掺量的变化与上述参数变化之间却没有直接的相关性。这充分说明 HFHSC 中钢纤维对 HSC 断裂性能改善的有效性，钢纤维对 HFHSC 断裂韧度的改善起着主导作用。

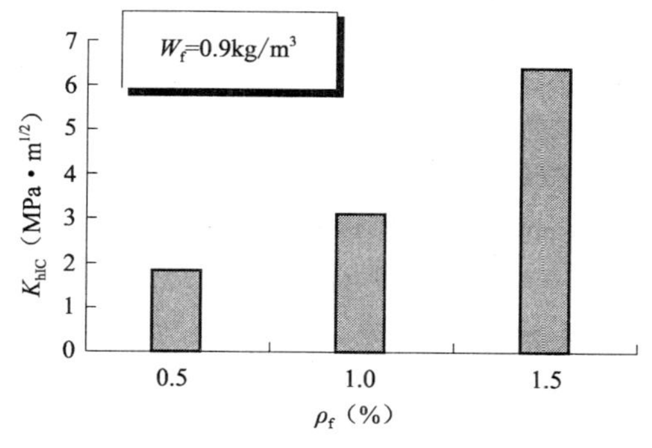

图 10.21 ρ_f 对 HFHSC 断裂韧度的影响

图 10.22 ρ_f 对 HFHSC 断裂韧度增益比的影响

3. 纤维掺加方式对断裂韧度的影响

（1）聚丙烯纤维掺量变化

图 10.23、图 10.24 分别为 $\rho_f=1.0\%$ 时，聚丙烯纤维掺量为变化参数的混杂纤维混凝土（第一种混杂方式）、$\rho_f=1.0\%$ 的 SFHSC 和聚丙烯掺量为变化参数的 PPHSC 断裂韧度及其增益比。“1”、“2” 和 “3” 图组中，柱状图的表示方法同图 10.11 和图 10.12。

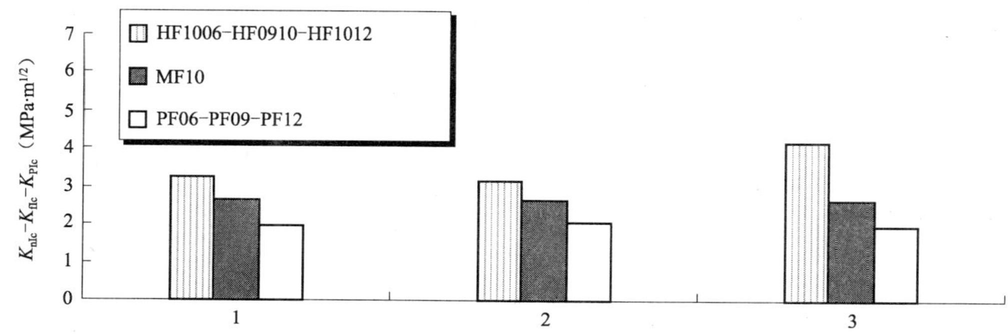

图 10.23 纤维单掺与第一种纤维混杂方式下纤维高强混凝土断裂韧度

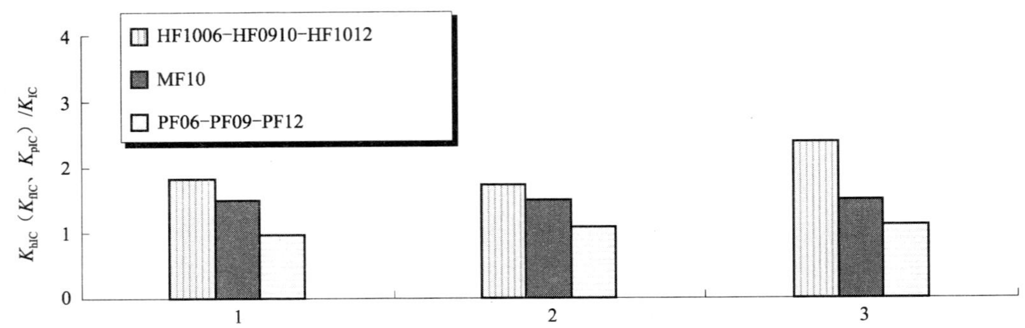

图 10.24　纤维单掺与第一种纤维混杂方式下纤维高强混凝土断裂韧度增益比

从图 10.23 可以看出，与 3 种掺量的 PPHSC 和 $\rho_f=1.0\%$ 时的 SFHSC 相比，HFHSC 断裂韧度最大，与对应掺量 PPHSC 相比，断裂韧度提高幅度分别为 65.3%、51.6% 和 115.5%。随着聚丙烯纤维掺量的增加，PPHSC 断裂韧度变化不大，变化最小时仅为 4.98%。$\rho_f=1.0\%$ 时的 SFHSC 断裂韧度高于 3 种掺量的 PPHSC 的值。从图 10.24 可以看出，随着聚丙烯纤维掺量增加，PPHSC 断裂韧度增益比呈逐渐增大趋势，最小为 0.97，最大为 1.11，$\rho_f=1.0\%$ 时的 SFHSC 断裂韧度增益比高于 3 种掺量的 PPHSC 的相应值。与 3 种掺量的 PPHSC 和 $\rho_f=1.0\%$ 时的 SFHSC 相比，HFHSC 断裂韧度增益比最大，与对应掺量 PPHSC 相比，断裂韧度增益比提高幅度分别为 65.3%、51.6% 和 115.5%。从试验结果看，单掺聚丙烯纤维对于增强 HSC 断裂韧度的作用是有限的，通过与钢纤维混杂，得到 HFHSC，可以较大幅度提高 PPHSC 的断裂韧度。

（2）钢纤维体积率变化

图 10.25、图 10.26 分别为 $W_f=0.9\text{kg/m}^3$ 时，钢纤维体积率为变化参数的混杂纤维混凝土（第二种混杂方式）、$W_f=0.9\text{kg/m}^3$ 的 PPHSC 和钢纤维体积率为变化参数的 PPHSC 断裂韧度及其增益比。“1”、“2” 和 “3” 图组中，柱状图的表示方法同图 10.11 和 10.12。

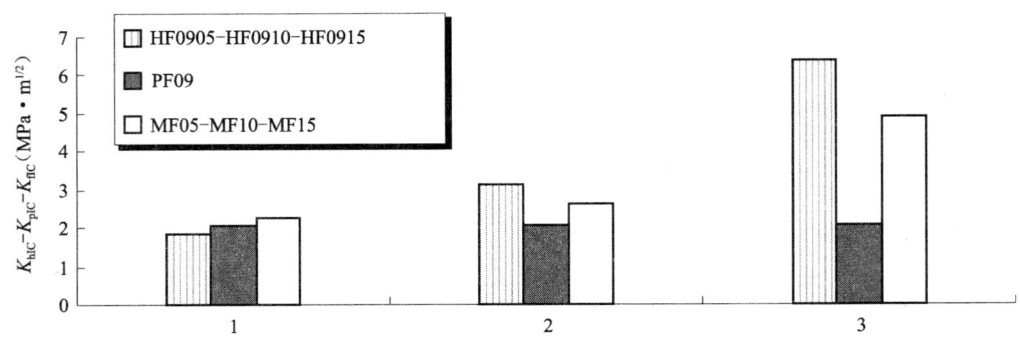

图 10.25　纤维单掺与第二种纤维混杂方式下纤维高强混凝土断裂韧度

从图 10.25 可以看出，$\rho_f=0.5\%$ 的 SFHSC 与 PPHSC 断裂韧度均高于 HFHSC 的断裂韧度，即钢-聚丙烯纤维混杂后掺入 HSC 并未能提高其断裂韧度，HFHSC 断裂韧度为

SFHSC断裂韧度的 0.80，为 PPHSC 的 0.90，混杂效果不好。$\rho_f=1.0\%$ 和 $\rho_f=1.5\%$ 时，纤维混杂效果好，HFHSC 断裂韧度分别为对应钢纤维体积率的 HSC 断裂韧度的 1.19 和 1.30 倍，为 PPHSC 的 1.52 和 3.09 倍。3 种钢纤维体积率的 SFHSC 断裂韧度均高于 $W_f=0.9kg/m^3$ 的 PPHSC，随着钢纤维体积率的增加，SFHSC 断裂韧度逐渐增加，最大增长幅度为 86.01%，HFHSC 断裂韧度显著增加，最大增长幅度为 103.58%。

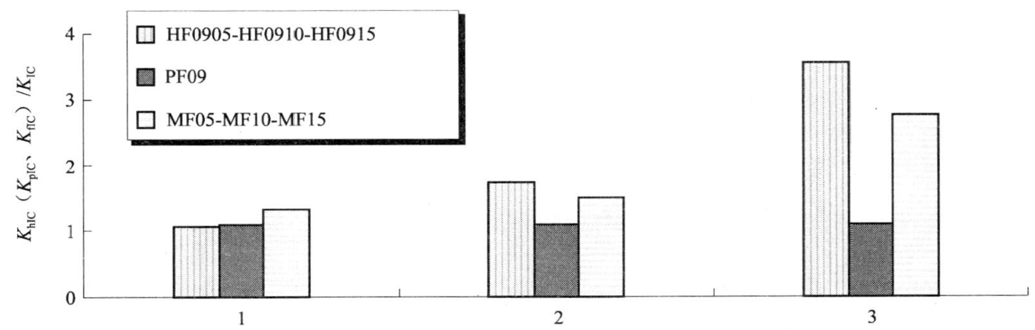

图 10.26　纤维单掺与第二种纤维混杂方式下纤维高强混凝土断裂韧度增益比

从图 10.26 可以看出，$\rho_f=0.5\%$，$W_f=0.9kg/m^3$ 时的 HFHSC 断裂韧度增益比小于 $\rho_f=0.5\%$ 的 SFHSC 和 $W_f=0.9kg/m^3$ 的 PPHSC 之相应值，混杂效果不好，HFHSC 断裂韧度增益比为 SFHSC 的 0.80 倍，为 PPHSC 的 0.99 倍。$\rho_f=1.0\%$ 和 $\rho_f=1.5\%$ 时，纤维混杂效果好，HFHSC 断裂韧度增益比分别为对应钢纤维体积率的 HSC 的 1.17 和 1.29 倍，为 PPHSC 的 1.63 和 3.32 倍。3 种钢纤维体积率的 SFHSC 断裂韧度增益比均高于 $W_f=0.9kg/m^3$ 的 PPHSC 之相应值，随着钢纤维体积率的增加，SFHSC 断裂韧度增益比逐渐增加，最大增长幅度为 84.84%，HFHSC 断裂韧度增益比显著增加，最大增长幅度为 104.00%，这与从图 10.25 得到的结论一致。

通过对图 10.23 ~ 图 10.26 及表 10.13 ~ 表 10.5 的分析可知，在 HFHSC 中，只有当钢纤维掺量达到一定比例后，钢纤维和聚丙烯纤维才可以通过在混凝土基体裂缝扩展的不同阶段发挥协同效应提高 HSC 的断裂韧度，钢纤维和聚丙烯纤维之间效应叠加现象明显。HFHSC 力学性能的改善取决于所掺纤维在混凝土中的阻裂机制差异，纤维阻裂机制的不同与纤维种类有关。文献［27］在对碳纤维和钢纤维混杂混凝土的力学性能研究后认为：在较低体积掺量下（0.5%），混杂纤维混凝土的抗压、抗拉强度，断裂能和抗弯韧性得到显著提高。不同纤维在阻裂机制上有差异的根本原因在于纤维与混凝土基材的界面特性和纤维几何尺寸与混凝土特征尺度的匹配关系不同。

在高性能混凝土中掺入少量纤维，使混凝土的韧性得到提高，主要得益于纤维的阻裂机制，由于碳纤维和钢纤维的强度和延性都远高于基准混凝土，因此，当混凝土中的微小裂缝在外载作用下发生扩展时，纤维横跨在裂缝之间起桥接作用，缓解了裂缝尖端的应力集中，增加了裂缝的扩展阻力，提高了混凝土的断裂性能。这种原理同样适用于钢纤维与聚丙烯纤维之间的混杂。文献［19，20］采用四点弯曲试验，研究了纤维总体积率为 0.4% ~0.95%、聚丙烯纤维（$W_f=0.15\%$）与 3 种尺寸的钢纤维混杂增强水泥基复合材料的混杂纤维阻裂效果。试验结果表明，在小变形范围内，聚丙烯纤维与钢纤维对于提高承载能力具有协同效应，但该效应随着变形的增加而消失。尺寸大、弹性模量高的钢纤维相对于尺寸小的钢纤维或弹性模量低的聚丙烯纤维而言，前者对于提高水泥基复合材料的能量吸收能力具有更好的效果，正是由于钢纤维和聚丙烯纤维与混凝土的匹配关系特点，使之产生了如此的试验结果。钢纤维和聚丙烯纤维的纤维尺度和弹性模量的不同，可以在混凝土破坏的不同层次和不同阶段发挥作用，从而提高了单掺纤维时纤维的增益效应。

10.4.3 断裂能

1. 聚丙烯纤维掺量变化

图 10.27 和图 10.28 分别为 $\rho_f=1.0\%$ 时，聚丙烯纤维掺量对 HFHSC 试件断裂能及其增益比的影响。从图中可以看出，随着聚丙烯纤维掺量增加，HFHSC 断裂能及其增益比呈现增加趋势。与 $W_f=0.6\text{kg/m}^3$ 的 HFHSC 断裂能及其增益比相比，W_f 为 0.9kg/m^3 和 1.2kg/m^3 的断裂能及其增益比分别提高 7.2%、14.4% 和 11.2%、9.0%，尽管断裂能增幅增加，但增益比增幅减小，两者的变化幅度不一致，因此，增加聚丙烯纤维掺量对增益 HSC 断裂能的作用有限。

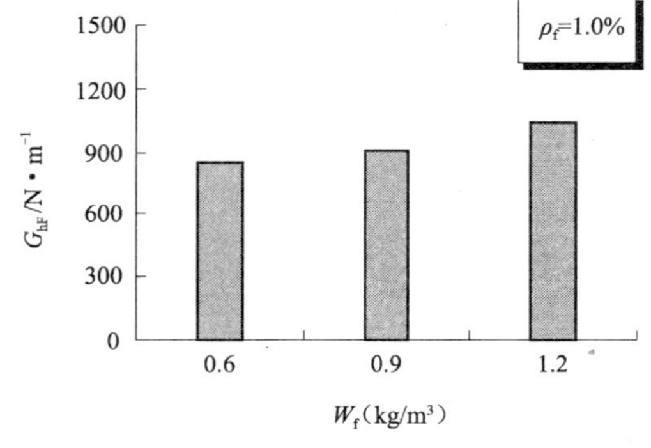

图 10.27 W_f 对 HFHSC 断裂能的影响

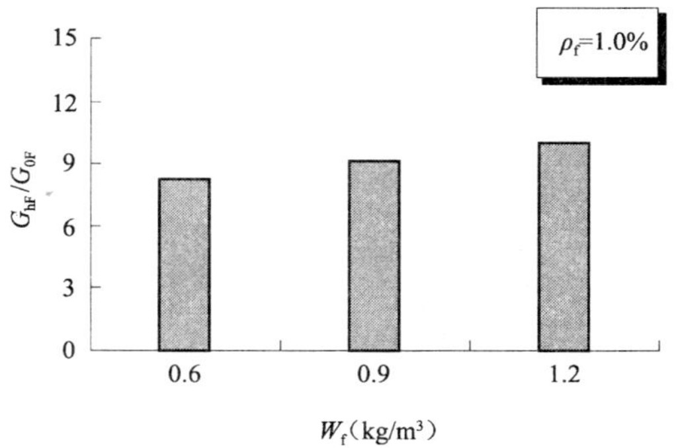

图 10.28 W_f 对 HFHSC 断裂能增益比的影响

HFHSC 断裂能增强系数及混杂效应的定义方式同断裂韧度。根据表 10.15 试验结果，可求得钢纤维、聚丙烯纤维、混杂纤维高强混凝土的断裂能增强系数如表 10.17。由此表可求得 $\rho_f=1.0\%$，W_f 为 0.6kg/m^3、0.9kg/m^3 和 1.2kg/m^3 聚丙烯掺量时，纤维混杂系数 $\alpha_{c,M\text{-}P}$ 分别为：1.06、1.05 和 1.10，3 种掺量条件下，$\alpha_{c,M\text{-}P}>1$，钢-聚丙烯掺量值组合对 HFHSC 断裂能为正混杂效应。

断裂能增强系数 **表 10.17**

$\beta_{c,M}$	$\beta_{c,P}$			$\beta_{c,M\text{-}P}$		
MF10	PF06	PF09	PF12	HF1006	HF0910	HF1012
6.20	1.30	1.40	1.54	8.55	9.17	10.49

图 10.29 为不同聚丙烯纤维掺量的 HFHSC 典型试验荷载—挠度曲线。可以看出，在加载初期，不同聚丙烯纤维掺量的 HFHSC 试件的荷载—挠度曲线没有明显的区别，

挠度随荷载的增加线性增加；随着荷载的增加，基体混凝土开裂，HFHSC 试件的荷载—挠度曲线逐渐偏离线性，但由于纤维的桥联作用，试件仍然可以承受相当的外加荷载。与对比组 HSC 相比，HF-HSC 试件峰值荷载、极限挠度随着纤维的掺入明显增加，极限挠度可以达到 HSC 的十几倍，曲线丰满程度提高显著。

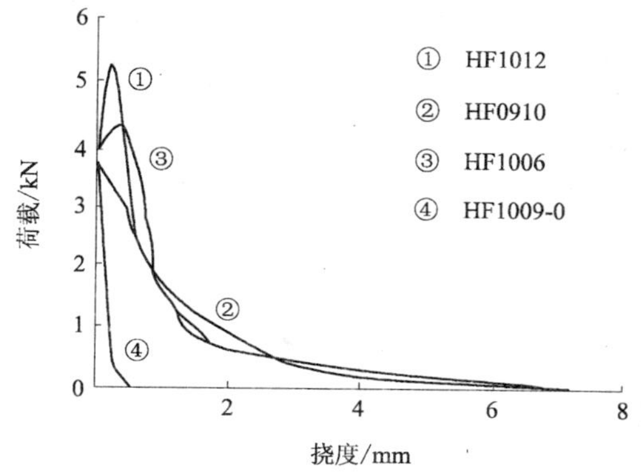

图 10.29　典型 HFHSC 荷载～挠度曲线

从 HFHSC 断裂过程中纤维与基体的相互作用分析可知[11]，在基体初裂前，其内在缺陷在荷载作用下引发微裂缝，但此时微裂缝仅随外荷载的增加而稳定地张开，并不发生扩展。基体通过界面的粘结力将荷载传递给纤维，此时纤维和基体作为一个整体共同承受荷载，两者变形协调。根据纤维增强的平均间距理论，纤维的桥接作用可降低微裂缝尖端的应力集中程度。相对于单一纤维而言，混杂纤维体系中的纤维数量多且间距小，阻裂增强能力增强。因此，混杂纤维体系对于提高水泥基体初裂强度作用更大。随着裂缝的进一步扩展，基体变形逐渐增加，钢纤维与基体之间的粘结力逐渐被削弱，开始从基体中拔出或逐渐达到其抗拉强度被拉断，这个过程中将会耗散大量的能量。而弹性模量较低的聚丙烯纤维由于其承载能力较低，随着裂缝的扩展，聚丙烯纤维不断被拉断，只有裂缝尖端附近区域的聚丙烯纤维承担部分拉应力。除此之外，在纤维混杂体系中，两种纤维彼此交织，聚丙烯纤维和钢纤维之间还存在机械咬合力，从而加大了钢纤维从基体中拔出的难度。聚丙烯纤维的掺入增大了基体的延性，使得钢纤维周围的基体不至于过早地开裂，进而通过 Snubbing 机制[28]增大纤维的拔出摩阻力，进一步提高钢纤维的桥接应力。因此，混杂纤维产生混杂效应是由于钢纤维和聚丙烯纤维共同发挥了增强作用，聚丙烯纤维减小混凝土的塑性收缩，进而提高钢纤维和基体之间的粘结增强。钢纤维跨接在裂缝之间，开裂混凝土基体所受荷载逐渐转移到钢纤维上，并向未裂混凝土基体传送；聚丙烯减少原生裂缝的产生，对混凝土原生裂缝起到约束作用，从而减少了混凝土内部缺陷，增强了混凝土的整体性，间接起到增强混凝土的作用。

图 10.30 为不同聚丙烯纤维掺量的 HFHSC 试件破坏形态对比。可以看出：随着纤维的掺入，裂缝扩展路径变得较为曲折，但是随着聚丙烯纤维掺量的增加，HFHSC 试件的破坏形态没有本质的区别，说明聚丙烯纤维对 HFHSC 破坏形态的影响不显著。图 10.31 为不同聚丙烯纤维掺量的 HFHSC 试件断裂面破坏形态对比。可以看出：HFHSC 试件中的石子大部分被拉断，试件破坏面较为平整，随着聚丙烯纤维掺量的增加，破坏面的起伏程度略有增加，意味着裂缝扩展路径随着聚丙烯纤维掺量的增加略有调整，裂缝扩展路径的曲折性增加，因而试件吸收能量的能力增强，从而提高了 HSC 的断裂能。从断裂面的观察可见，钢纤维大部分表现为拉断，聚丙烯纤维有部分拔出现象，钢纤维和聚丙烯纤维表面粘结有少量硬化混凝土颗粒，可见基体混凝土强度的提高，增加了混凝土基体与钢纤维和聚丙烯纤维的界面粘结应力。

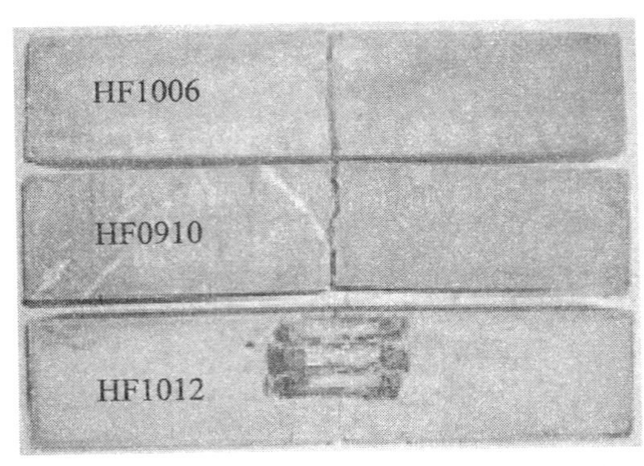

图 10.30　不同 W_f 的 HFHSC 试件破坏形态比较

图 10.31　不同 W_f 的 HFHSC 试件破坏断面比较

2. 钢纤维体积率变化

图 10.32 和图 10.33 分别为 $W_f=0.9\mathrm{kg/m^3}$ 时，钢纤维体积率变化对 HFHSC 试件断裂能及其增益比的影响。从图中可以看出，随着钢纤维体积率的增加，HFHSC 试件断裂能及其增益比增加显著。ρ_f 为 1.0% 和 1.5% 的 HFHSC 试件断裂能及其增益比分别是 ρ_f 为 0.5% 的 HFHSC 试件的 2.31、2.63 和 3.47、3.64 倍。通过纤维混杂，HSC 试件断裂能最大增益比达 12.68，最小增益比也有 3.48，平均增益比为 8.44，HSC 抵抗裂缝扩展的能力得到了提高，吸收外界输入能量的能力也相应得到提高，断裂性能得到改善。

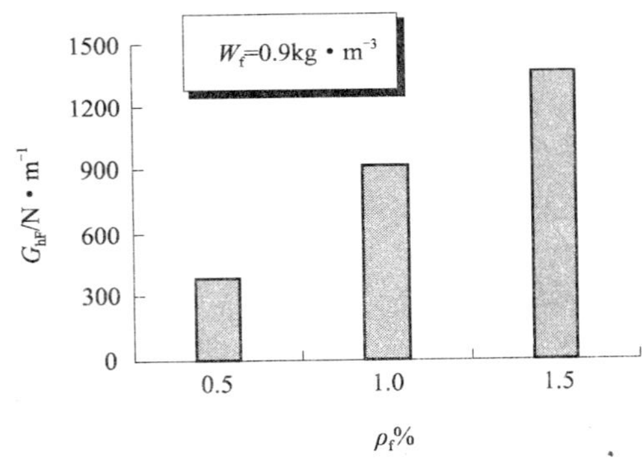

图 10.32　ρ_f 对 HFHSC 断裂能的影响

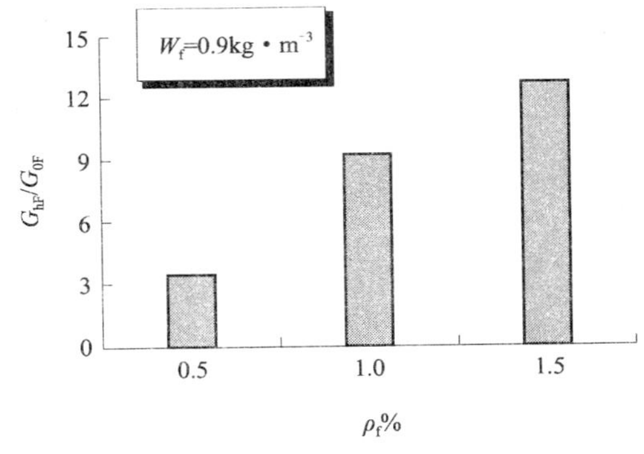

图 10.33　ρ_f 对 HFHSC 断裂能增益比的影响

图 10.34 为不同钢纤维体积率的 HFHSC 试件的典型荷载—挠度曲线。可以看出：随着钢纤维体积率的增加，HFHSC 试件的峰值荷载、峰值挠度和极限挠度均有较大幅度的提高，曲线变得更为丰满。与 SFHSC 的荷载—挠度曲线相比，HFHSC 试验曲线的线性上升段略有提高，意味着聚丙烯纤维在小开裂位移条件下，对 HSC 开裂有约束作用。聚丙烯纤维与钢纤维混杂后，与同钢纤维体积率的 SFHSC 相比，钢纤维由于与聚丙烯纤维的交织，与混凝土基体的结合力有了一定的削弱，表现在荷载—挠度曲线下降

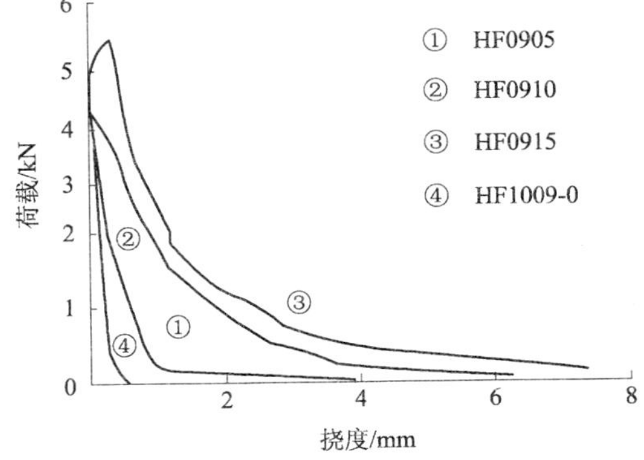

图 10.34　典型 HFHSC 荷载～挠度曲线

段的阶梯降低比 SFHSC 更为明显，但与 SFHSC 相比，试件的峰后变形并没有期望的那么高，且随着钢纤维体积率的增加，极限变形能力的增加也并不充分。

图 10.35 和图 10.36 分别为不同钢纤维体积率的 HFHSC 试件的破坏形态和断裂面破坏形态对比。可以看出，随着混杂纤维体系的掺入，试件的破坏形态变得相对曲折，而且随着钢纤维体积率的增加，裂缝扩展路径变得更为曲折；与对比组 HSC 相比，HFHSC 断裂面变得相对粗糙。

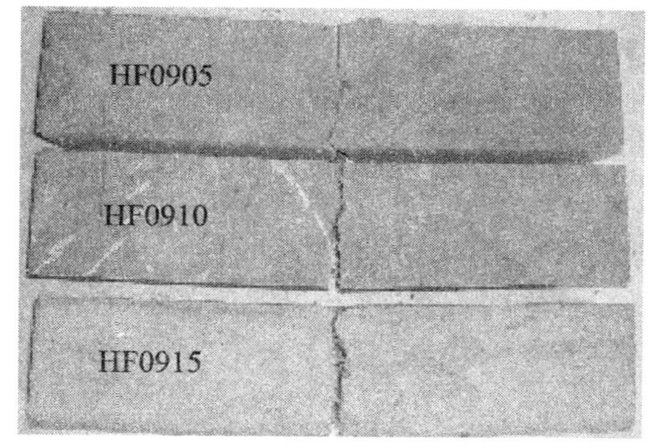

图 10.35　不同 ρ_f 的 HFHSC 试件破坏形态比较

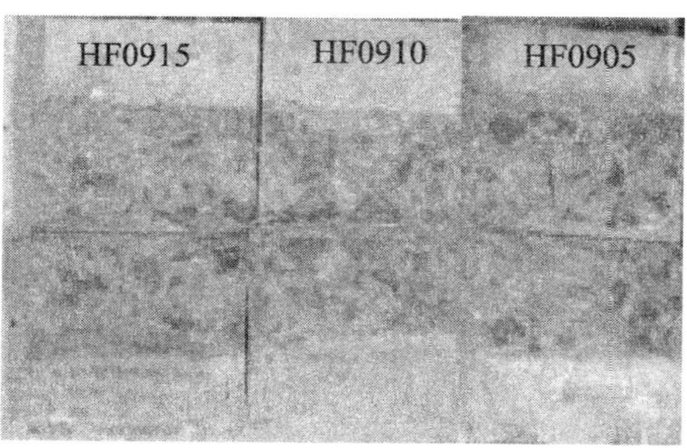

图 10.36　不同 ρ_f 的 HFHSC 试件破坏断面比较

有研究表明[8]，在混凝土凝结初期由于水泥石的收缩、泌水、脱模后湿度梯度及骨料下沉等原因，在接触面及水泥石中形成原生微裂缝。而在混杂纤维高性能混凝土中，存在着纤维与混凝土的粘结界面、骨料与水泥浆体的过渡区这样两个薄弱环节，纤维数量、分布及其与混凝土之间粘结力的大小对于纤维所起阻裂效应的大小直接相关，从而决定着混凝土韧性的大小，也是混凝土原生缺陷多少的重要影响因素之一。过渡区粘结情况及粘结力的大小，孔隙的数量、尺寸和微裂缝的数量及二者的分布都对混凝土的强度及破坏产生较大影响。这两个薄弱环节及水泥石内的微裂缝成为混杂纤维混凝土破坏的重要发源地。载荷作用下，混凝土的破坏是由于原生微观裂缝在局部拉应力作用下的逐渐扩展所引发的。

综合分析两种纤维混杂得到的 HSC 荷载—挠度曲线，并结合试验观察，可以将 HFHSC 的破坏分为以下几个过程[11]：

（1）微观裂缝的引发

加载初期，低应力条件下，混凝土内薄弱环节及水泥石内的原生裂缝处于稳定状态，还未出现扩展趋势，随着荷载增加，微观裂缝开始活跃，尤其是张开型的微裂缝，开始出现扩展趋势，但该阶段混凝土中产生的拉应力还很低，裂缝拉应力主要由聚丙烯纤维承担，并由于其优越的抗拉性能及在混凝土中形成的网状结构（由于聚丙烯纤维数量大，分布均匀，形同一种网状结构）对混凝土裂缝的引发起到一定程度的约束作用。

（2）微观裂缝的稳定扩展

荷载进一步增加时，微观裂缝开始缓慢扩展，一旦停止加载，裂缝的扩展也会停止，此阶段通常情况下称为裂缝稳定扩展阶段。这一阶段混凝土的破坏主要是过渡区的破坏，骨料与砂浆界面出现较为严重的裂缝，或裂缝贯穿整个粗骨料，尤其发生在 HSC 中。由于钢纤维与骨料之间的边壁效应，钢纤维沿平行于骨料边壁分布，与界面裂缝和贯穿裂缝平行，起不到阻裂增强的作用。随着混凝土内应力增大，跨越裂缝的钢纤维开始发挥增强作用。对聚丙烯纤维同样存在着与上述钢纤维相同的情况，同时对跨接于裂缝两端的聚丙烯纤维，由于其极限变形值很大，表现出良好的延性，微观裂缝的扩展受到聚丙烯纤维网一定程度的阻止，因而基体微裂缝的扩展是缓慢的，仅当拉应力大于聚丙烯纤维与基体在纤维长度内积聚的粘结应力或是大于纤维抗拉强度时，纤维才会被拉断或拔出。这一阶段裂缝将开始稳定、缓慢地发展，过渡区的致密程度直接关系到破坏强度的高低，聚丙烯纤维随着拉应力增大逐渐失去作用，混凝土内应力开始迅速向钢纤维转移，钢纤维逐步起到主要作用。

（3）裂缝贯通阶段

荷载继续增大，裂缝逐渐扩展进入混凝土基体，微裂缝逐渐连接贯通，形成若干条宏观裂缝，失稳扩展速度加快。裂缝尖端的应力强度大于聚丙烯纤维抗拉强度或纤维与混凝土基体之间的粘结应力，聚丙烯纤维被拉断或拔出，退出作用。该阶段中拉应力主要由跨接裂缝的钢纤维来承担，钢纤维增强作用进一步加强，裂缝的扩展受到钢纤维的约束，从而有效地阻止了裂缝的进一步扩展，减慢了裂缝的扩展速度，延缓了混凝土的破坏，增加了基体韧性。

（4）钢纤维的拉断破坏阶段

随着荷载进一步增加，混凝土内部产生的拉应力增大，宏观裂缝不断扩展，由于HSC基体的致密性，增加了其与钢纤维的界面粘结力，当裂缝拉应力大于钢纤维极限抗拉强度时，钢纤维逐渐达到其应力应变曲线的下降段，钢纤维的阻裂效应逐渐减弱，最后钢纤维被拉断，HFHSC完全破坏。

可见，混凝土中裂缝的扩展到破坏基本经历了：微观裂缝的引发、聚丙烯纤维增韧——裂缝稳定扩展、聚丙烯纤维增韧机制降低并逐渐退出作用、钢纤维开始起主导作用——裂缝贯通、裂缝开始不稳定扩展、钢纤维作用增强——钢纤维拉断、HFHSC完全破坏这样一个过程。

3. 纤维掺加方式对断裂能的影响

（1）聚丙烯纤维掺量变化

图10.37、图10.38分别为$\rho_f=1.0\%$时，聚丙烯纤维掺量为变化参数的混杂纤维混凝土（第一种混杂方式）、$\rho_f=1.0\%$的SFHSC和聚丙烯掺量为变化参数的PPHSC断裂能及其增益比。“1”、“2”和“3”图组中，柱状图的表示方法同图10.11和图10.12。

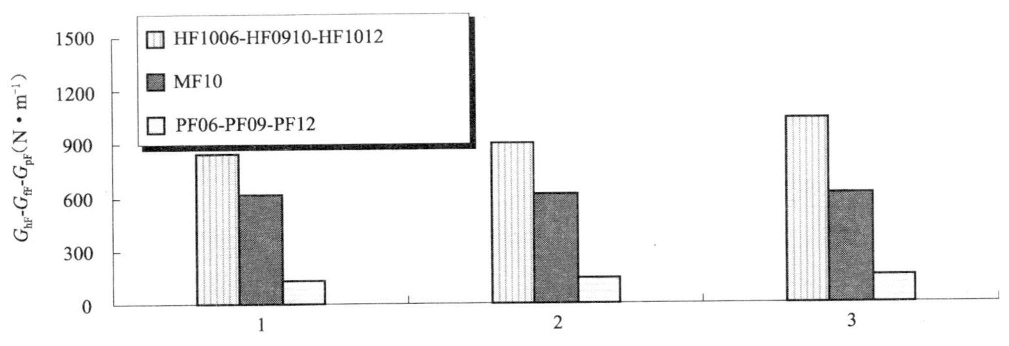

图10.37　纤维单掺与第一种纤维混杂方式下纤维高强混凝土断裂能

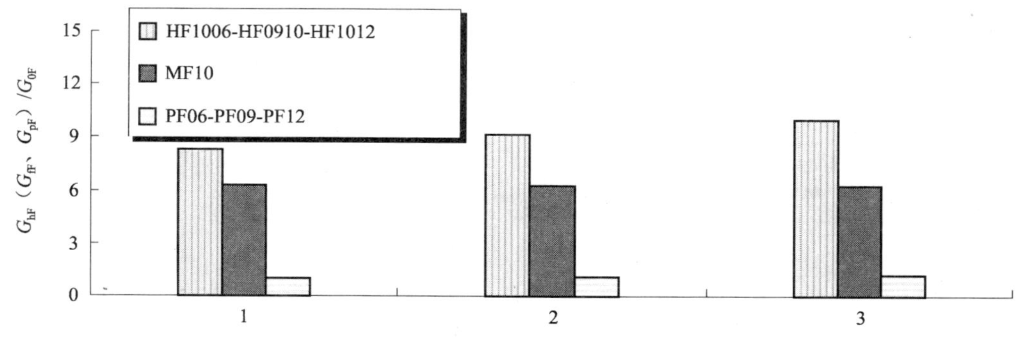

图 10.38　纤维单掺与第一种纤维混杂方式下纤维高强混凝土断裂能增益比

从图 10.37 可以看出，与 3 种掺量的 PPHSC 和 $\rho_f = 1.0\%$ 时的 SFHSC 相比，HFHSC 的断裂能最大，HFHSC 断裂能是对应掺量的 PPHSC 断裂能的 6 倍以上。随着聚丙烯纤维掺量的增加，PPHSC 断裂能逐渐增大，增幅为 8.07% 和 9.90%。$\rho_f = 1.0\%$ 时的 SFHSC 断裂能是 3 种掺量的 PPHSC 断裂能的 4 倍以上。从图 10.38 可以看出，随着聚丙烯纤维掺量增加，HFHSC 和 PPHSC 的断裂能增益比呈逐渐增大趋势，但 W_f 为 0.6kg/m^3 和 0.9kg/m^{3}时，增益比变化不大。与单掺聚丙烯纤维相比，钢纤维的掺入极大提高了 PPHSC 的断裂能，钢纤维在 PPHSC 断裂能的改善方面起明显的主导作用，聚丙烯纤维对 HFHSC 断裂能的改善作用有限，这主要是因为两种纤维的弹性模量不同。当基体中的裂缝较小时，因钢纤维的弹性模量较大，其通过纤维与基体的粘结对裂缝的桥接作用更好，而弹性模量低于水泥基体的聚丙烯纤维产生的变形大于基体，在基体形成局部裂缝前，纤维难以抑制外荷载作用下微裂缝的生成和扩展；在基体混凝土开裂后，由于聚丙烯纤维的抗拉强度的局限，混杂纤维体系的韧性难以达到最佳效果。而且本文试验中聚丙烯纤维含量偏低，相应于本文试验的 0.9kg/m^3 纤维掺量，只相当于体积掺量的 0.1%，明显小于钢纤维的体积掺量。最后，断裂能是反映从受荷开始到破坏时，试件吸收能量的过程，聚丙烯纤维发挥作用往往在试件所受荷载不大时，当试件受荷载较大时，内部裂缝张开变大，聚丙烯纤维很难起到完全阻止其进一步扩展的作用，特别是荷载接近峰值时，主要阻止裂缝扩展的就只有钢纤维，此时试件吸收的能量基本都是依靠钢纤维传导耗散的，峰值荷载以后，裂缝进一步扩展，裂缝的宏观尺寸已经较大了，聚丙烯纤维基本被拉断，只有钢纤维可以通过其与混凝土基体的结合力继续发挥作用，因此在 PPHSC 中掺入钢纤维才能起到较好改善基体耗能能力，增强韧性的作用。

（2）钢纤维体积率变化

图 10.39、图 10.40 分别为 $W_f = 0.9$kg/m^3 时，钢纤维体积率为变化参数的混杂纤维混凝土（第二种混杂方式）、$W_f = 0.9$kg/m^3 的 PPHSC 和钢纤维体积率为变化参数的 PPHSC 断裂能及其增益比。“1”、“2” 和 “3” 图组中，柱状图的表示方法同图 10.11 和图 10.12。

从图 10.39、图 10.40 可以看出，随着钢纤维体积率的增加，HFHSC 和 SFHSC 断裂能及其增益比显著增大。聚丙烯纤维的掺入提高了 SFHSC 的断裂能及其增益比，与单掺钢纤维的 SFHSC 试件相比，对应于 3 种不同钢纤维体积率的 HFHSC 断裂能分别提高 34.9%、47.8%、33.1%，增益比分别提高 47.06%、45.35% 和 29.65%。因此，从断裂

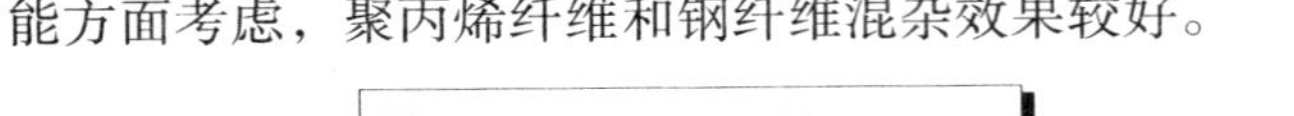

能方面考虑，聚丙烯纤维和钢纤维混杂效果较好。

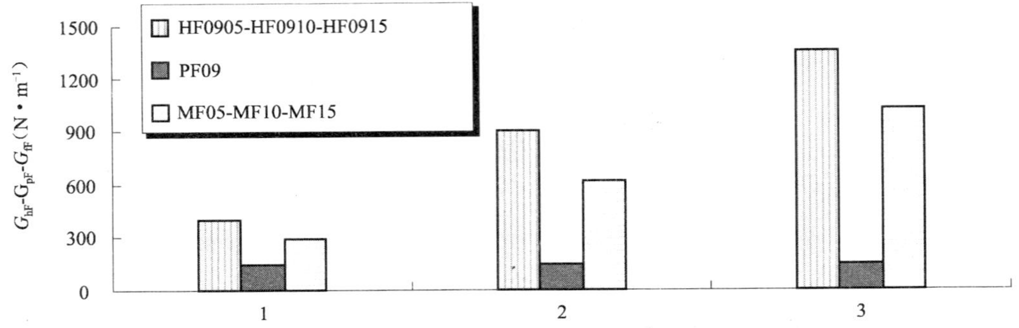

图 10.39　纤维单掺与第二种纤维混杂方式下纤维高强混凝土断裂能

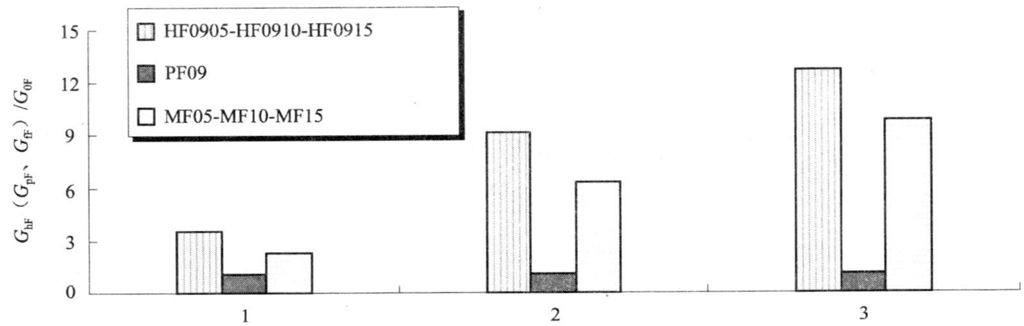

图 10.40　纤维单掺与第二种纤维混杂方式下纤维高强混凝土断裂能增益比

当在 HSC 中少量掺入钢-聚丙烯两种纤维时，混凝土断裂能得以显著提高主要得益于纤维的阻裂机制：一方面，弹性模量高的钢纤维起增强材料的作用，当混凝土中的微小裂缝在外载作用下发生扩展时，纤维横跨在裂缝之间起桥接作用，缓解了裂缝尖端的应力集中，增加了裂缝的扩展阻力，提高了混凝土的断裂能；另一方面，弹性模量与混凝土相当的聚丙烯纤维能显著提高纤维增强混凝土的裂后变形能力，形成所谓的多点开裂，从而消耗一部分能量[14]。随着钢纤维体积率的增加，跨越裂缝的钢纤维数量增多，纤维平均纤维间距将明显减小，消耗的能量也相应增加，从而明显地提高了 HSC 的抗裂能力和断裂能。

10.4.4　裂缝嘴张开位移

1. 聚丙烯纤维掺量变化

图 10.41 和图 10.42 分别为 $\rho_f = 1.0\%$ 时，聚丙烯纤维掺量对 HFHSC 试件临界裂缝嘴张开位移及其增益比的影响。从图 10.41 可以看出，随着聚丙烯纤维掺量的增加，临界裂缝嘴张开位移表现出了良好的增加趋势，$W_f = 0.9\text{kg/m}^3$ 和 $W_f = 1.2\text{kg/m}^3$ 的 HFHSC 试件的临界裂缝嘴张开位移分别是 $W_f = 0.6\text{kg/m}^3$ 时的 1.87 倍和 3.10 倍。从图 10.42 可以看出，混杂纤维的掺入提高了 HSC 的临界裂缝嘴张开位移，试件临界裂缝嘴张开位移增益比介于 1.08 和 3.75 之间，平均增益比为 2.34。

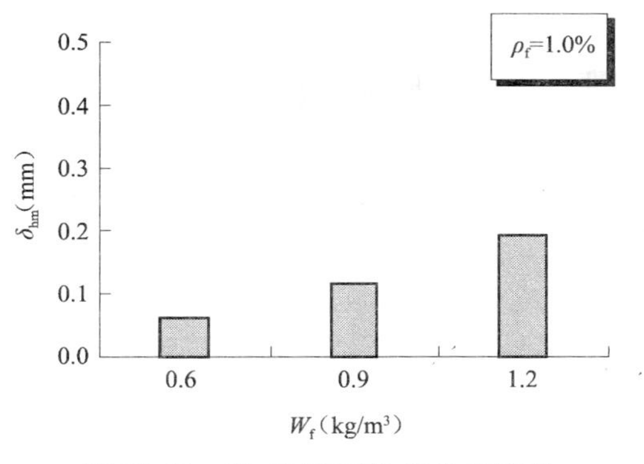

图 10.41　W_f 对 HFHSC 临界裂缝嘴张开位移的影响

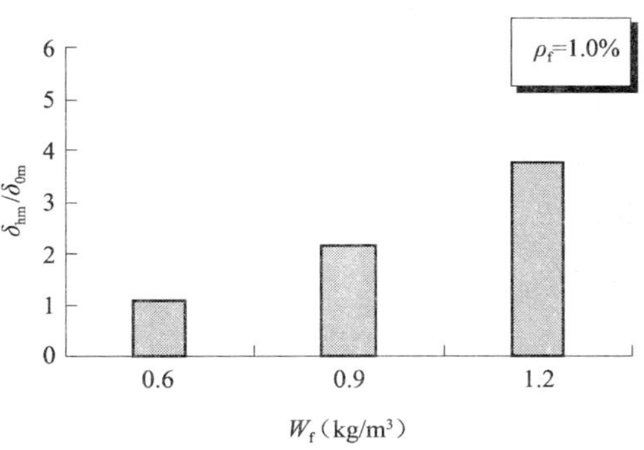

图 10.42　W_f 对 HFHSC 临界裂缝嘴张开位移增益比的影响

HFHSC 临界裂缝嘴张开位移增强系数及混杂效应的定义方式同断裂韧度。根据表 10.15 试验结果，可求得钢纤维、聚丙烯纤维、混杂纤维高强混凝土临界裂缝嘴张开位移增强系数如表 10.18。由此表可求得 $\rho_f=1.0\%$，W_f 为 0.6kg/m³、0.9kg/m³和 1.2kg/m³聚丙烯掺量时，纤维混杂系数 $\alpha_{c,M\text{-}P}$分别为：0.38、0.69 和 1.29，前 2 种掺量条件下，$\alpha_{c,M\text{-}P}<1$，钢-聚丙烯掺量值组合对 HFHSC 临界裂缝嘴张开位移为负混杂效应，第 3 种掺量条件下，$\alpha_{c,M\text{-}P}>1$ 时，为正混杂效应。

临界裂缝嘴张开位移增强系数　　**表 10.18**

$\beta_{c,M}$	$\beta_{c,P}$			$\beta_{c,M\text{-}P}$		
MF10	PF06	PF09	PF12	HF1006	HF0910	HF1012
2.19	1.40	1.44	1.27	1.17	2.17	3.59

2. 钢纤维体积率变化

图 10.43 和图 10.44 分别为 $W_f=0.9$kg/m³ 时，钢纤维体积率对 HFHSC 试件临界裂缝嘴张开位移及其增益比的影响。从图中可以看出，随着钢纤维体积率的增加，HFHSC 试件临界裂缝嘴张开位移及其增益比增加显著。与 $\rho_f=0.5\%$ 时相比，ρ_f 为 1.0% 和 1.5% 时，HFHSC 试件临界裂缝嘴张开位移分别是前者的 2.13 倍和 2.74 倍；临界裂缝嘴张开位移增益比变化在 1.02 和 4.98 之间，平均增益比为 2.72，增益比增加明显。

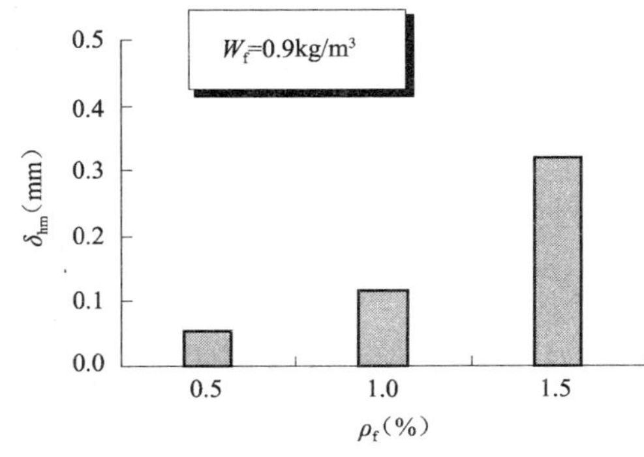

图 10.43　ρ_f 对 HFHSC 临界裂缝嘴张开位移的影响

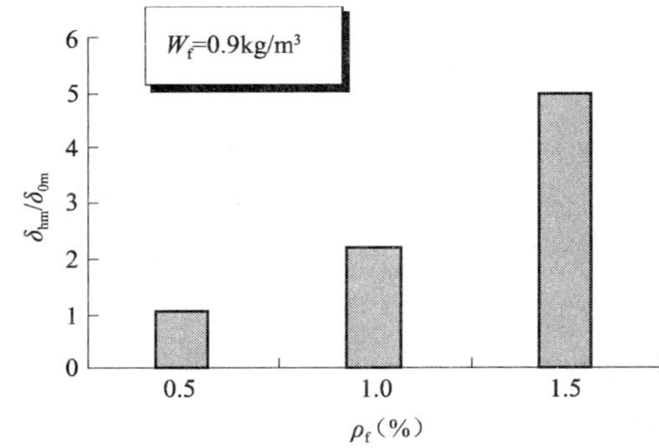

图 10.44　ρ_f 对 HFHSC 临界裂缝嘴张开位移增益比的影响

3. 纤维掺加方式对裂缝嘴张开位移的影响

（1）聚丙烯纤维掺量变化

图 10.45、图 10.46 分别为 $\rho_f=1.0\%$ 时，聚丙烯纤维掺量为变化参数的混杂纤维混凝土（第一种混杂方式）、$\rho_f=1.0\%$ 的 SFHSC 和聚丙烯掺量为变化参数的 PPHSC 临界裂缝嘴张开位移及其增益比。"1"、"2"和"3"图组中，柱状图的表示方法同图 10.11 和图 10.12。

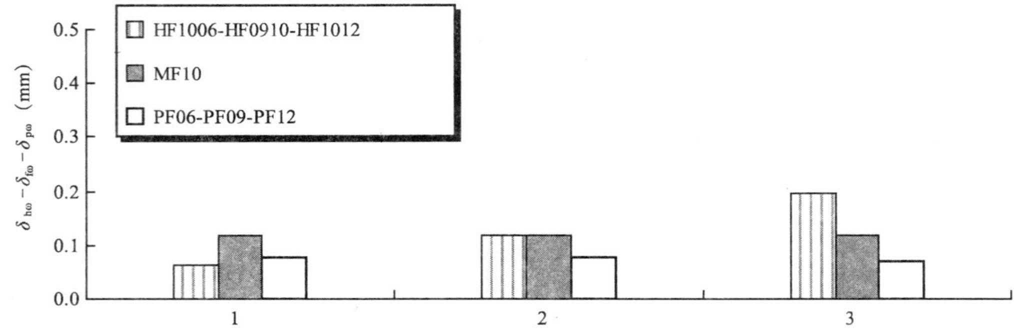

图 10.45　纤维单掺与第一种纤维混杂方式下纤维高强混凝土临界裂缝嘴张开位移

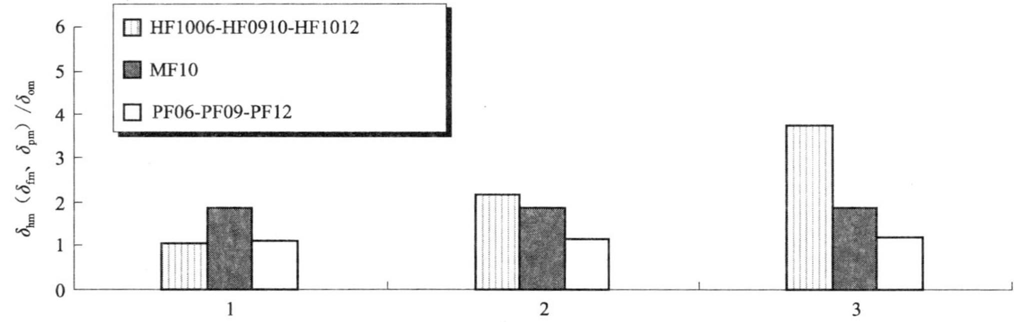

图 10.46　纤维单掺与第一种纤维混杂方式下纤维高强混凝土临界裂缝嘴张开位移增益比

从图 10.45 可以看出，与 3 种掺量的 PPHSC 相比，$\rho_f=1.0\%$ 时的 SFHSC 临界裂缝嘴张开位移均高于前者；PPHSC 临界裂缝嘴张开位移值随纤维掺量增加呈减小趋势，最大减幅为 11.23%；随着聚丙烯纤维掺量的增加，HFHSC 临界裂缝张开位移逐渐增加，增幅高达 85.71% 和 65.81%，因此，与单掺聚丙烯纤维相比，钢纤维的掺入极大提高了 PPHSC 临界裂缝嘴张开位移，聚丙烯纤维对 HSC 临界裂缝嘴张开位移的改善作用需通过与钢纤维混杂的方式才能较好实现。

从图 10.46 可以看出，与 $W_f=0.6\text{kg/m}^3$ 相比，W_f 为 0.9kg/m^3 和 1.2kg/m^3 时 HFHSC 临界裂缝嘴张开位移增益比显著高于 $\rho_f=1.0\%$ 时的 SFHSC 之值。随着聚丙烯纤维掺量增加，HFHSC 和 PPHSC 临界裂缝嘴张开位移增益比呈逐渐增大趋势，HFHSC 临界裂缝嘴张开位移增益比增幅高达 100.93% 和 72.81%，相比而言，PPHSC 临界裂缝嘴张开位移增益比增幅较小，仅为 3.87% 和 5.97%，因此，钢纤维对于 PPHSC 临界裂缝嘴张开位移的变化起主导作用。

（2）钢纤维体积率变化

图 10.47、图 10.48 分别为 $W_f=0.9\text{kg/m}^3$ 时，钢纤维体积率为变化参数的混杂纤维

混凝土（第二种混杂方式）、$W_f=0.9\mathrm{kg/m^3}$ 的 PPHSC 和钢纤维体积率为变化参数的 PPHSC 临界裂缝嘴张开位移及其增益比。“1”、“2” 和 “3” 图组中，柱状图的表示方法同图 10.11 和图 10.12。

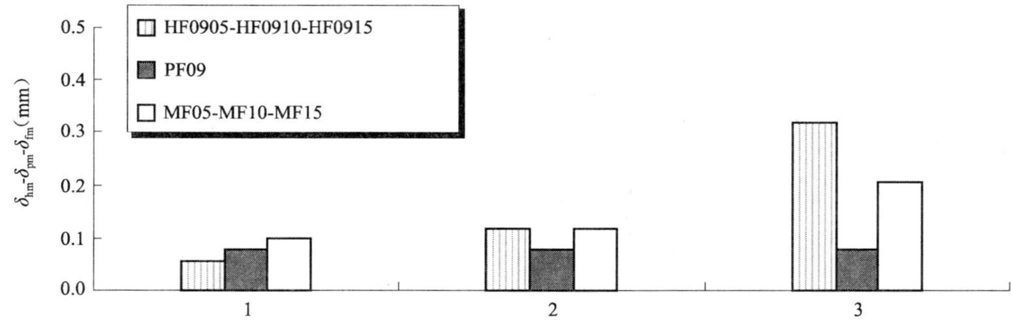

图 10.47　纤维单掺与第二种纤维混杂方式下纤维高强混凝土临界裂缝嘴张开位移

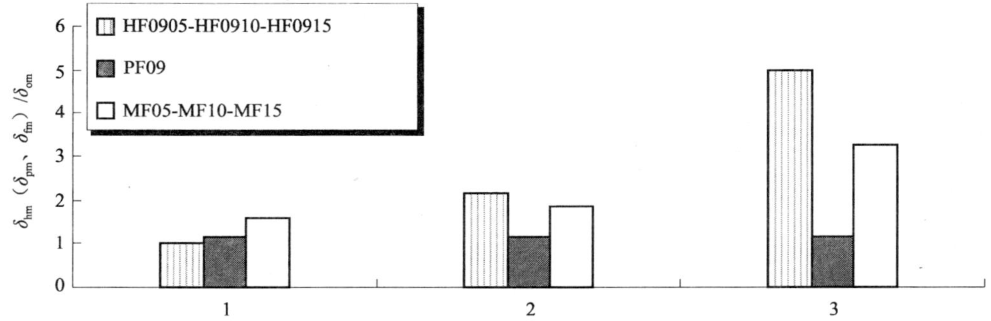

图 10.48　纤维单掺与第二种纤维混杂方式下纤维高强混凝土临界裂缝嘴张开位移增益比

从图 10.47 可以看出，ρ_f 为 0.5% 和 1.0% 的 SFHSC 临界裂缝嘴张开位移均高于 HFHSC 的相应值，也高于 $W_f=0.9\mathrm{kg/m^3}$ 的 PPHSC 之值。$\rho_f=0.5\%$ 时，HFHSC 临界裂缝嘴张开位移为 SFHSC 临界裂缝嘴张开位移的 0.56 倍，为 PPHSC 的 0.71 倍，混杂效果不好。$\rho_f=1.0\%$ 时，HFHSC 临界裂缝嘴张开位移与 SFHSC 之值接近，相差约 1%；$\rho_f=1.5\%$ 时，纤维混杂效果好，HFHSC 临界裂缝嘴张开位移为 HSC 之值的 1.51 倍。随着钢纤维体积率的增加，SFHSC 临界裂缝嘴张开位移逐渐增加，最大增长幅度为 73.40%，HFHSC 临界裂缝嘴张开位移显著增加，最大增长幅度为 174.36%。

从图 10.48 可以看出，$\rho_f=0.5\%$ 的 SFHSC 和 PPHSC 临界裂缝嘴张开位移增益比均高于 HFHSC 之值，HFHSC 增益比分别是 SFHSC 和 PPHSC 之值的 0.63 和 0.89 倍，混杂效果不好。随着钢纤维体积率的增加，SFHSC 临界裂缝嘴张开位移逐渐增加，最大增长幅度为 76.43%，HFHSC 临界裂缝嘴张开位移显著增加，最大增长幅度为 129.49%。

10.4.5　裂缝尖端张开位移

1. 聚丙烯纤维掺量变化

图 10.49 和图 10.50 分别为 $\rho_f=1.0\%$ 时，聚丙烯纤维掺量对 HFHSC 试件临界裂缝尖端张开位移及其增益比的影响。从图 10.49 可以看出，随着聚丙烯纤维掺量的增加，临界

裂缝尖端张开位移逐渐增加，$W_f=0.9\text{kg/m}^3$，$W_f=1.2\text{kg/m}^3$ 的 HFHSC 试件的临界裂缝尖端张开位移分别是$W_f=0.6\text{kg/m}^3$ 的 1.35 倍和 4.00 倍。从图 10.50 可以看出，混杂纤维的掺入提高了 HSC 的临界裂缝尖端张开位移，试件临界裂缝尖端张开位移增益比介于 1.01 和 4.02 之间，平均增益比为 2.11。

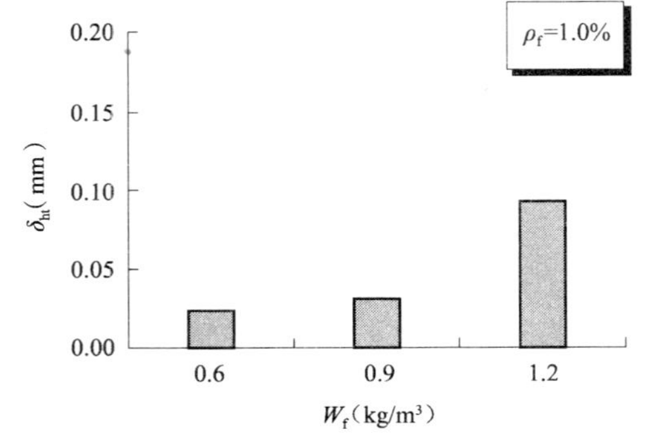

图 10.49　W_f 对 HFHSC 临界裂缝尖端张开位移的影响

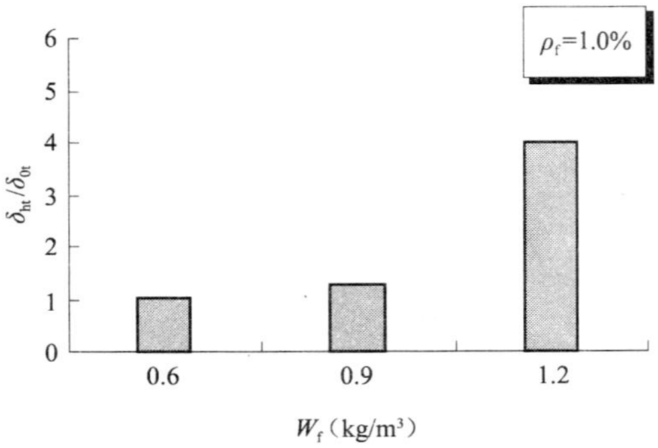

图 10.50　W_f 对 HFHSC 临界裂缝尖端张开位移的影响

HFHSC 临界裂缝尖端张开位移增强系数及混杂效应的定义方式同断裂韧度。根据表 10.15 试验结果，可求得钢纤维、聚丙烯纤维、混杂纤维高强混凝土临界裂缝尖端张开位移增强系数如表 10.19。由此表可求得$\rho_f=1.0\%$，W_f 为0.6kg/m^3、0.9kg/m^3和1.2kg/m^3聚丙烯掺量时，纤维混杂系数 $\alpha_{c,M\text{-}P}$分别为：0.57、0.74 和 2.37，前 2 种掺量条件下，$\alpha_{c,M\text{-}P}<1$，钢-聚丙烯掺量值组合对混杂纤维高强混凝土临界裂缝尖端张开位移为负混杂效应，第 3 种掺量条件下，$\alpha_{c,M\text{-}P}>1$ 时，为正混杂效应。

临界裂缝尖端张开位移增强系数　　　　**表 10.19**

$\beta_{c,M}$	$\beta_{c,P}$			$\beta_{c,M\text{-}P}$		
MF10	PF06	PF09	PF12	HF1006	HF0910	HF1012
1.55	1.08	1.13	1.04	0.96	1.29	3.83

2. 钢纤维体积率变化

图 10.51 和图 10.52 分别为 $W_f=0.9\text{kg/m}^3$ 时，钢纤维体积率对 HFHSC 试件临界裂缝尖端张开位移及其增益比的影响。从图中可以看出，随着钢纤维体积率的增加，HFHSC 试件临界裂缝尖端张开位移及其增益比逐渐增加。与 $\rho_f=0.5\%$ 时相比，ρ_f 为 1.0% 和 1.5% 时，HFHSC 试件临界裂缝尖端张开位移是其 1.51 倍和 6.36 倍；临界裂缝尖端张开位移增益比变化在 0.96 和 5.46 之间，平均增益比为 2.57，钢纤维体积率从 1.0% 增加到 1.5% 时，临界裂缝尖端张开位移及其增益比增加显著。

3. 纤维掺加方式对裂缝尖端张开位移的影响

（1）聚丙烯纤维掺量变化

图 10.53 和图 10.54 分别为$\rho_f=1.0\%$，聚丙烯纤维掺量为变化参数的混杂纤维混凝土（第一种混杂方式）、$\rho_f=1.0\%$ 的 SFHSC 和聚丙烯掺量为变化参数的 PPHSC 临界裂缝尖端张开位移及其增益比。“1”、“2” 和 “3” 图组中，柱状图的表示方法同图 10.11 和图 10.12。

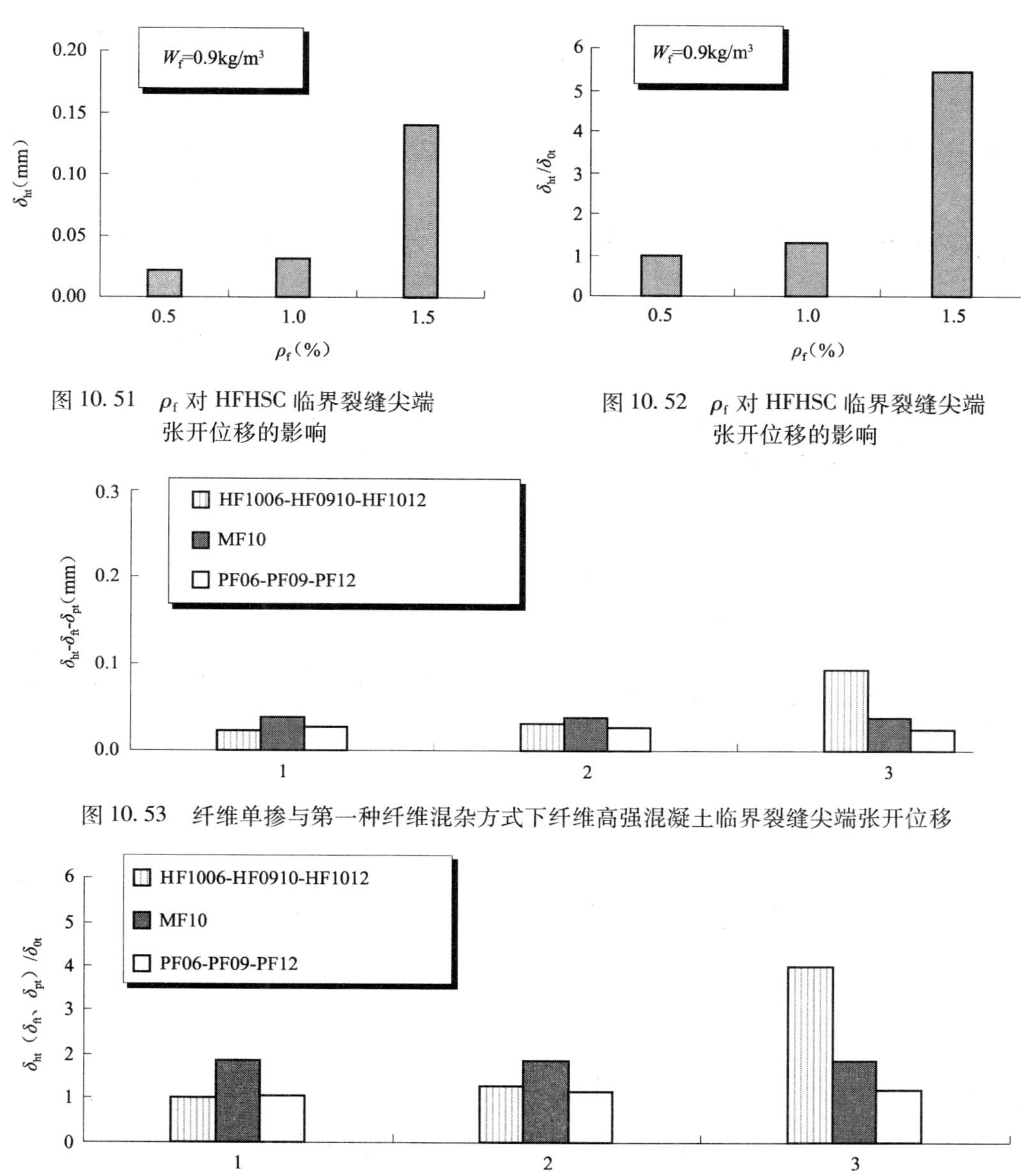

图 10. 51　ρ_f 对 HFHSC 临界裂缝尖端张开位移的影响

图 10. 52　ρ_f 对 HFHSC 临界裂缝尖端张开位移的影响

图 10. 53　纤维单掺与第一种纤维混杂方式下纤维高强混凝土临界裂缝尖端张开位移

图 10. 54　纤维单掺与第一种纤维混杂方式下纤维高强混凝土临界裂缝尖端张开位移增益比

从图 10. 53 可以看出，与 3 种掺量的 PPHSC 相比，$\rho_f=1.0\%$ 时的 SFHSC 临界裂缝尖端张开位移均高于前者；PPHSC 临界裂缝尖端张开位移值随纤维掺量变化幅度不大，最大为 7. 75%；随着聚丙烯纤维掺量的增加，HFHSC 临界裂缝尖端张开位移逐渐增加，增幅高达 34. 78% 和 196. 77%，当聚丙烯掺量较小时，即使掺加了钢纤维，HFHSC 试件的临界裂缝尖端张开位移也相差不大。

从图 10. 54 可以看出，与 W_f 为 0. 6kg/m^3 和 0. 9kg/m^3 时相比，$W_f=1.2$kg/m^3 时的 HFHSC 临界裂缝尖端张开位移增益比显著高于 $\rho_f=1.0\%$ 时 SFHSC 的相应值。随着聚丙烯纤维掺量增加，HFHSC 和 PPHSC 临界裂缝尖端张开位移增益比呈逐渐增大趋势，HFH-

SC 临界裂缝尖端张开位移增益比增幅高达 27.72% 和 211.63%，相比而言，PPHSC 临界裂缝尖端张开位移增益比增幅较小，仅为 5.98% 和 3.51%，可以认为，在低聚丙烯纤维掺量条件下，由于聚丙烯纤维和钢纤维分布相对分散，钢纤维与聚丙烯纤维之间难以表现出较好的混杂效应，钢纤维的作用难以正常发挥。由此可见，纤维间距是保证纤维增益效应发挥的重要控制因素。为了保证纤维获得较好的混杂效果，必须使纤维的掺量达到一定数值，亦即纤维间距在合理的范围内。

（2）钢纤维体积率变化

图 10.55、图 10.56 分别为 $W_f=0.9kg/m^3$，钢纤维体积率为变化参数的混杂纤维混凝土（第二种混杂方式）、$W_f=0.9kg/m^3$ 的 PPHSC 和钢纤维体积率为变化参数的 PPHSC 临界裂缝尖端张开位移及其增益比。“1”、“2”和“3”图组中，柱状图的表示方法同图 10.11 和图 10.12。

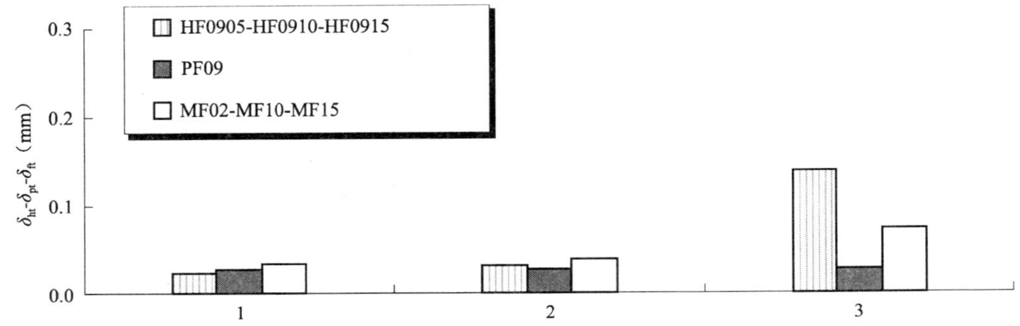

图 10.55　纤维单掺与第二种纤维混杂方式下纤维高强混凝土临界裂缝尖端张开位移

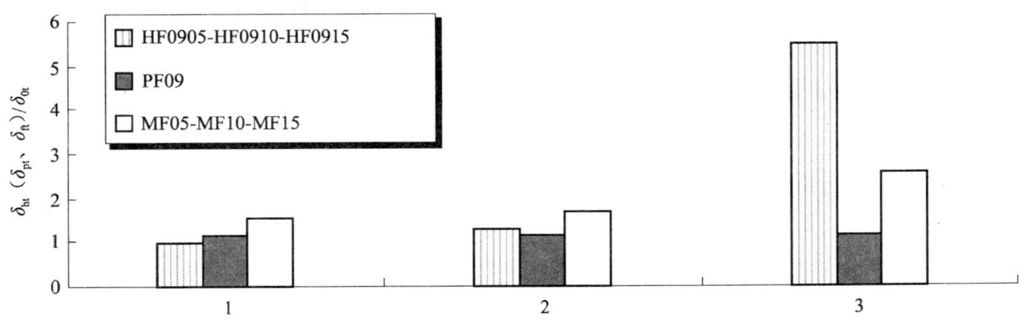

图 10.56　纤维单掺与第二种纤维混杂方式下纤维高强混凝土临界裂缝尖端张开位移增益比

从图 10.55 和图 10.56 可以看出，3 种体积率下的 SFHSC 临界裂缝尖端张开位移及其增益比均高于 $W_f=0.9kg/m^3$ 的 PPHSC 之值，$\rho_f=0.5\%$ 时，HFHSC 临界裂缝尖端张开位移及其增益比小于 $W_f=0.9kg/m^3$ 的 PPHSC 之值，随着钢纤维体积率的增加，SFHSC 临界裂缝尖端张开位移及其增益比逐渐增加，HFHSC 临界裂缝尖端张开位移及其增益比也逐渐增加，并逐渐超过 PPHSC 之值，张开位移增幅分别为 40.91% 和 351.61%，增益比增幅为 34.38% 和 323.26%，混杂效果呈现较好变化趋势。

为了全面比较钢纤维、聚丙烯纤维混杂对断裂参数的影响，在表 10.20 列出了断裂参数的混杂系数，表中，钢纤维体积率为 1.0%。

从表 10.20 可以看出，即使钢纤维、聚丙烯纤维混杂比例相同，断裂参数不同时，得到的混杂系数也不尽相同。聚丙烯纤维混杂比例高（$W_f=1.2\text{kg/m}^3$）时，对于 4 种断裂参数，混杂系数均大于 1，呈现正混杂效应；聚丙烯纤维混杂比例高（$W_f=1.2\text{kg/m}^3$）时，对于断裂韧度和断裂能而言，呈现正混杂效应，对于临界裂缝嘴张开位移和临界裂缝尖端张开位移而言，呈现负混杂效应。这种不一致性导致了混杂效果判断的不确定性，但是，总体而言，聚丙烯纤维混杂比例相对较高时，容易得到一致的混杂效应。因此，混杂效应确定方法具有断裂参数依赖性，针对不同断裂参数，得到的混杂效应有所不同。临界裂缝尖端张开位移是直接利用夹式引伸仪测得的断裂参数，断裂韧度和断裂能均为根据测得的试验数据（如峰值荷载、张开位移），再依靠公式得到的计算量，断裂韧度和断裂能包含的物理量较多，从试验研究的角度讲，纤维混杂效应本身就包含了多种因素的影响，既有纤维本身的特点，也有试验方法的影响，因此，笔者倾向于采用纤维对断裂韧度和断裂能的混杂系数确定混杂效应，实际上，从表 10.20 的计算结果看，对于 4 种断裂参数，混杂系数变化具有一致的趋势，如 $W_f=0.9\text{kg/m}^3$ 时，临界裂缝嘴张开位移和临界裂缝尖端张开位移均明显小于 1，但和 $W_f=0.6\text{kg/m}^3$ 时相比，均有所增加，同时，对于断裂韧度和断裂能，混杂系数也与 1 较为接近，相差最大为 5%，此时的混杂效应仅比 $W_f=0.6\text{kg/m}^3$ 时略好。

断裂参数混杂系数　　　　**表 10.20**

断裂参数 \ W_f/kg/m³	0.6	0.9	1.2
断裂韧度	1.12	1.03	1.46
断裂能	1.06	1.05	1.10
临界裂缝嘴张开位移	0.38	0.69	1.29
临界裂缝尖端张开位移	0.57	0.74	2.37

总之，钢纤维和聚丙烯纤维混杂改善 HSC 断裂性能的研究还需深入，本章介绍的仅是依靠试验结果得到的统计结论，还有待在理论上深化，依靠这些研究工作的持续开展，HFHSC 才能具有更加广泛的应用。

10.5　小　　结

通过对钢纤维、聚丙烯纤维和混杂纤维高强混凝土及其对比组 HSC 立方体抗压、劈裂抗拉和三点弯曲切口梁试件的试验研究及分析，得到以下结论：

1. 抗压和劈裂抗拉试验

（1）$W_f=0.9\text{kg/m}^3$ 时，随着钢纤维体积率的增加，HFHSC 抗压强度与钢纤维体积率之间没有明显相关性，抗压强度增益比随钢纤维体积率的增加呈现增大趋势；$\rho_f=1.0\%$ 时，随着聚丙烯纤维掺量增加，抗压强度和增益比均呈现减小趋势。

（2）$W_f=0.9\text{kg/m}^3$ 时，随着钢纤维体积率的增加，抗拉强度逐渐增大，HFHSC 抗拉强度增益比明显增加，钢纤维可以有效改善 HSC 的抗拉性能；$\rho_f = 1.0\%$ 时，抗拉强度及其增益比与聚丙烯纤维掺量之间没有明显的相关性。

（3）单掺纤维对于增强 HSC 抗压、抗拉强度的作用是有限的，通过纤维混杂，得到 HFHSC，能够改善 HSC 的抗压、抗拉性能。

（4）HFHSC 抗压和劈裂抗拉强度具有式（10-3）~式（10-6）所示统计关系。

2. 三点弯曲试验

（1）$\rho_f = 1.0\%$ 时，聚丙烯纤维掺量对 HFHSC 试件断裂韧度及其增益比的影响没有明显的规律性，与对比组 HSC 相比，HFHSC 试件的断裂韧度均有不同程度的提高，平均增益比 1.98；$W_f = 0.9\text{kg/m}^3$ 时，随着钢纤维体积率的增加，断裂韧度及其增益比均表现出了良好的增加趋势；单掺纤维对于增强 HSC 断裂韧度的作用是有限的，通过纤维混杂，得到 HFHSC，能够明显提高 HSC 断裂韧度。

（2）$\rho_f = 1.0\%$ 时，随着聚丙烯纤维掺量增加，HFHSC 断裂能及其增益比呈现增加趋势；$W_f = 0.9\text{kg/m}^3$ 时，随着钢纤维体积率的增加，HFHSC 试件断裂能及其增益比增加显著；纤维混杂掺入 HSC 中，能够起到较好改善基体耗能能力、增强韧性、提高断裂能及其增益比的作用。

（3）$\rho_f = 1.0\%$ 时，随着聚丙烯纤维掺量增加，临界裂缝嘴（尖端）张开位移及其增益比表现出了良好的增加趋势；$W_f = 0.9\text{kg/m}^3$ 时，随着钢纤维体积率的增加，HFHSC 试件临界裂缝嘴（尖端）张开位移及其增益比增加显著；纤维混杂掺入 HSC 中，能够提高裂缝嘴（尖端）张开位移。

（4）在两种不同的混杂方式下，钢纤维掺量变化对于断裂参数的变化起着主导作用，聚丙烯纤维只有在掺量达到 1.2kg/m^3 时，才会对 HFHSC 断裂参数起到一定影响，在进行纤维混杂时，应该充分利用不同弹性模量纤维的特性，才能得到满意的混杂效果，同时，混杂效果的确定也与断裂参数本身的计算与测试方法有一定关系，采用混杂系数来反映混杂效果时，要全面比较不同断裂参数下的混杂效果，进而得出满意的混杂效果评价。

参考文献

[1] 王成启，吴科如. 不同几何尺寸纤维混杂混凝土的混杂效应［J］. 建筑材料学报，2005，8（3）：250-255.

[2] 程秀菊. 钢纤维混凝土的增强机理及断裂韧性的研究［D］. 南京：河海大学硕士学位论文，2005.

[3] 黄承逵. 纤维混凝土结构［M］. 机械工业出版社，2004.

[4] 李俊毅，叶国良，刘大伟. 钢纤维和聚丙烯纤维混凝土配合比试验研究［J］. 中国港湾建设，2003，（1）：9-13.

[5] 王成启，吴科如. 混杂纤维水泥基复合材料及其应用［J］. 工业建筑，2002，32（9）：51-53.

[6] 孙伟，钱红萍，陈惠苏. 纤维混杂及其与膨胀剂复合对水泥基材料的物理性能的影响［J］. 硅酸盐学报，2000，28（2）：95-104.

[7] 许碧莞，施惠生. 混杂纤维在混凝土中的应用［J］. 房材与应用，2005，33（184）：50-54.

[8] 高丹盈，刘建秀. 钢纤维混凝土基本理论［M］. 北京：科学技术文献出版社，1994.

[9] 王正友，廖明成，耿运贵. 混杂纤维（钢/聚丙烯）高性能混凝土正交试验研究［J］. 焦作工学院

学报（自然科学版），2003，22（1）：16-21.

[10] N. Banthia，N. Nandakumar. Crack growth resistant of hybrid fiber reinforced cement composite [J]. Cement and Concrete Composites，2003，(25)：3-9.

[11] 王占桥. 纤维增强与加固混凝土断裂与粘结能力 [D]. 郑州：郑州大学博士学位论文，2007.

[12] John Steven Lawler. Hybrid fiber-reinforcement in mortar and concrete [D]. Northwestern university，2001.

[13] L. R. Betterman，C. Ouyang，S. P. Shah. Fiber-matrix interaction in micro fiber-reinforced mortar [J]. Advanced cement based material，1995，(2)：53-61.

[14] 连俊英，邓勇，华渊. 混杂纤维混凝土强度研究 [J]. 石家庄铁道学院学报，1995，8（4）：21-26.

[15] 陈瑛，姜弘道，朱为玄，冯新权. 混杂纤维水泥基复合材料断裂分析 [J]. 河海大学学报（自然科学版），2005，33（5）：571-574.

[16] 王宝庭，高丹盈，王占桥，赵军. 混杂纤维高强混凝土断裂性能试验研究 [C]. 第十届全国纤维混凝土学术会议论文集. 上海，2004.

[17] 朱海堂，王占桥. 钢-聚丙烯混杂纤维高强混凝土断裂性能的混杂效应 [J]. 新型建筑材料，2009，(2)：24-24.

[18] 李淑进，吴科如. 钢-PP 纤维混杂水泥基材料的力学行为研究 [J]. 混凝土与水泥制品，2005，(4)：35-37.

[19] Guo Hongding，Qian Chunxiang，Piet Stroeven. Fracture Properties of Cement Composite Reinforced with Steel Polypropylene Hybrid Fibers. Journal of Southeast University (English Edition)，1999，15（2）：55-62.

[20] Chunxiang Qian，Piet Stroeven. Fracture properties of concrete reinforced with steel-polypropylene hybrid fibers [J]. Cement and concrete composites，2000，22（5）：343-351.

[21] 高丹盈，王占桥，朱海堂，王宝庭. 混杂纤维高强混凝土断裂性能 [J]. 水力发电学报，2008，27（1）：129-134.

[22] 小林一辅，邹崇富译. 纤维补强混凝土 [M]. 北京：中国铁道出版社，1985.

[23] 华渊，曾艺. 纤维混杂效应的试验研究 [J]. 混凝土与水泥制品，1998，(4)：45-49.

[24] 王凯，张义顺，金祖权. 低掺量 S-P 混杂纤维对高性能混凝土增强增韧的作用研究 [J]. 煤炭工程，2003，(4)：28-30.

[25] 张红州. 纤维混凝土界面性能及纤维作用机理研究 [D]. 广州：广州工业大学硕士学位论文，2004.

[26] C. X. Qian，P. Stroeven. Development of hybrid polypropylene-steel fiber-reinforced concrete [J]. Cement and Concrete Research，2000，30（1）：63-69.

[27] 姚武，蔡江宁，陈兵，吴科如. 混杂纤维增韧高性能混凝土的研究 [J]. 三峡大学学报（自然科学版），2002，24（1）：42-44.

[28] A M. Brandt，Influence of the fiber orientation on the energy absorption at fracture of SFRC specimens [C] //A. M. Brandt & H. Marshall，ed. Brittle Matrix Composites，Elsevier Applied Science Publishers，London，1986：402-420.

尊敬的读者：

感谢您选购我社图书！建工版图书按图书销售分类在卖场上架，共设22个一级分类及43个二级分类，根据图书销售分类选购建筑类图书会节省您的大量时间。现将建工版图书销售分类及与我社联系方式介绍给您，欢迎随时与我们联系。

★建工版图书销售分类表（见下表）。

★欢迎登陆中国建筑工业出版社网站www.cabp.com.cn，本网站为您提供建工版图书信息查询，网上留言、购书服务，并邀请您加入网上读者俱乐部。

★中国建筑工业出版社总编室　电　话：010—58337016　传　真：010—68321361

★中国建筑工业出版社发行部　电　话：010—58337346　传　真：010—68325420
E-mail：hbw@cabp.com.cn

建工版图书销售分类表

一级分类名称（代码）	二级分类名称（代码）	一级分类名称（代码）	二级分类名称（代码）
建筑学（A）	建筑历史与理论（A10）	园林景观（G）	园林史与园林景观理论（G10）
	建筑设计（A20）		园林景观规划与设计（G20）
	建筑技术（A30）		环境艺术设计（G30）
	建筑表现・建筑制图（A40）		园林景观施工（G40）
	建筑艺术（A50）		园林植物与应用（G50）
建筑设备・建筑材料（F）	暖通空调（F10）	城乡建设・市政工程・环境工程（B）	城镇与乡（村）建设（B10）
	建筑给水排水（F20）		道路桥梁工程（B20）
	建筑电气与建筑智能化技术（F30）		市政给水排水工程（B30）
	建筑节能・建筑防火（F40）		市政供热、供燃气工程（B40）
	建筑材料（F50）		环境工程（B50）
城市规划・城市设计（P）	城市史与城市规划理论（P10）	建筑结构与岩土工程（S）	建筑结构（S10）
	城市规划与城市设计（P20）		岩土工程（S20）
室内设计・装饰装修（D）	室内设计与表现（D10）	建筑施工・设备安装技术（C）	施工技术（C10）
	家具与装饰（D20）		设备安装技术（C20）
	装修材料与施工（D30）		工程质量与安全（C30）
建筑工程经济与管理（M）	施工管理（M10）	房地产开发管理（E）	房地产开发与经营（E10）
	工程管理（M20）		物业管理（E20）
	工程监理（M30）	辞典・连续出版物（Z）	辞典（Z10）
	工程经济与造价（M40）		连续出版物（Z20）
艺术・设计（K）	艺术（K10）	旅游・其他（Q）	旅游（Q10）
	工业设计（K20）		其他（Q20）
	平面设计（K30）	土木建筑计算机应用系列（J）	
执业资格考试用书（R）		法律法规与标准规范单行本（T）	
高校教材（V）		法律法规与标准规范汇编/大全（U）	
高职高专教材（X）		培训教材（Y）	
中职中专教材（W）		电子出版物（H）	

注：建工版图书销售分类已标注于图书封底。